广西林草种质资源丛书

广西滨海植物

林建勇　黄耀恒　刘　秀　潘良浩　著

中国林业出版社
China Forestry Publishing House

图书在版编目（CIP）数据

广西滨海植物 / 林建勇等著. -- 北京：中国林业
出版社, 2024.4
ISBN 978-7-5219-2642-2

Ⅰ . ①广… Ⅱ . ①林… Ⅲ . ①海滨－植物－广西
Ⅳ . ①Q948.526.7

中国国家版本馆CIP数据核字(2024)第047302号

策划、责任编辑：李敏
封面设计：北京八度出版服务机构
————————————————————————————————

出版发行：中国林业出版社
　　　　（100009，北京市西城区刘海胡同 7 号，电话 010-83143575）
电子邮箱：cfphzbs@163.com
网址：www.cfph.net
印刷：河北京平诚乾印刷有限公司
版次：2024 年 4 月第 1 版
印次：2024 年 4 月第 1 次
开本：889mm×1194mm　1/16
印张：32
字数：840 千字
定价：360.00 元

广西林草种质资源丛书编委会

主　　　任：蔡中平

常务副主任：李巧玉

副　主　任：蒋桂雄　　黄伯高　　李开祥

顾　　　问：陈崇征　　杨章旗　　黄仕训　　安家成　　杨世雄　　马锦林
　　　　　　赵泽洪　　刘　演　　梁瑞龙　　余丽莹　　易显凤　　代华兵
　　　　　　彭定人

总　主　编：黄伯高　　韦鼎英　　李开祥　　林建勇　　黄耀恒　　蒋日红

编　　　委：（按拼音排序）
　　　　　　岑华飞　　陈碧珍　　邓荣艳　　郝　建　　何应会　　胡仁传
　　　　　　胡兴华　　黄海英　　黄红宝　　黄耀恒　　黄云峰　　姜冬冬
　　　　　　蒋日红　　李健玲　　梁圣华　　林建勇　　刘　秀　　刘恩德
　　　　　　罗应华　　马虎生　　农　友　　盘　波　　裴　驰　　任　礼
　　　　　　王　磊　　王新桂　　韦鼎英　　韦颖文　　文淑均　　吴支民
　　　　　　武丽花　　夏泰英　　谢　乐　　徐海华　　叶晓霞　　余丽莹
　　　　　　于永辉　　周　琼　　朱宇林

《广西滨海植物》编委会

主　编：林建勇　　黄耀恒　　刘　秀　　潘良浩

副主编：何应会　　姜冬冬　　罗应华　　于永辉　　黄　婷

编　委：（按拼音排序）

陈健虹[1]	邓秋香[4]	甘　雯[3]	何应会[1]	黄红宝[1]	黄金使[1]
黄　婷[11]	黄耀恒[1]	姜冬冬[1]	蒋日红[1]	李健玲[1]	李进华[1]
李秋荔[7]	梁圣华[1]	林建勇[1]	林　源[1]	刘　秀[1]	罗应华[3]
莫竹承[2]	农　友[9]	潘良浩[2]	邱广龙[2]	史小芳[2]	苏治南[2]
秦　波[1]	覃　杰[1]	谭孟青[1]	田红灯[1]	王劲松[8]	韦海航[1]
韦江玲[5]	韦颖文[1]	夏家朗[1]	杨景竣[1]	于军庆[10]	于永辉[6]
曾　聪[2]	张继辉[1]	郑　羡[3]	周寒茜[1]		

摄　影：林建勇　　潘良浩　　姜冬冬　　于永辉　　邱广龙　　农　友

　　　　曾　聪　　李健玲　　王劲松　　李秋荔　　于军庆

主要编著单位：1.广西壮族自治区林业科学研究院

参　编　单　位：2.广西海洋科学院（广西红树林研究中心）

　　　　　　　　3.广西大学

　　　　　　　　4.广西北海滨海国家湿地公园管理处

　　　　　　　　5.广西壮族自治区山口红树林生态国家级自然保护区管理中心

　　　　　　　　6.广西壮族自治区国有高峰林场

　　　　　　　　7.广西壮族自治区国有钦廉林场

　　　　　　　　8.广西壮族自治区国有维都林场

　　　　　　　　9.广西壮族自治区中医药研究院

　　　　　　　　10.南宁市花卉公园

　　　　　　　　11.广西农业职业技术大学

前 言

　　林草种质资源是生物多样性资源的重要组成部分，是开展林草品种选育的物质基础，是我国生态安全、粮食安全的基础保障，更是实现林业与草业可持续发展的重要基础性、战略性资源。习近平总书记指出：解决好种子和耕地问题，要加强种质资源保护和利用，加强种子库建设。要尊重科学、严格监管，有序推进生物育种产业化应用。要开展种源"卡脖子"技术攻关，立志打一场种业翻身仗。根据当前社会经济发展和林草科技发展的需要，组织开展林草种质资源普查工作，摸清资源家底，制定相应政策，减少资源流失，促进林草种质资源保护与利用意义重大。为全面摸清广西林草种质资源的本底情况和动态变化，也为种质资源的收集、保存、开发利用和管理提供依据，根据国家林业与草原局的统一安排，广西于2020年启动试点调查，至2024年，计划用4年时间全面开展全区林草种质资源普查工作。

　　广西是一个海洋资源大省，拥有辽阔的海域、悠长曲折的海岸线和众多的海岛，具有得天独厚的资源优势与经济区位优势；广西红树林分布面积位居全国第二，且拥有类型多样的海岸和丰富多彩的滨海植物。滨海植物不仅是普通意义上的植物资源，同时还维系着滨海岛屿、海岸湿地生态系统的健康与稳定；许多滨海植物不仅是重要的战略性种质资源，还是独具特色的旅游资源。

　　为摸清广西滨海植物种质资源家底，筛选出广西滨海植物的优良种质资源，在实施"广西第一次林草种质资源普查与收集"项目的过程中，特立项"广西滨海植物种质资源调查"专项课题。通过专项课题的实施，已基本掌握广西滨海植物的种类、生境特点、地理分布、开发利用与保护管理状况，并在此基础上开展了种质资源评价，初步筛选出一批具有较大利用潜力的种质资源。在对专项实施成果全面总结基础上，项目组编写了本书。

　　本书分为总论、各论和附录三部分。总论介绍了广西的滨海区域自然概况、滨海植物区系特征、滨海植物分布与类型、滨海植物资源利用、滨海植物资源保护与管理。各论部分收录了544种（包括种下等级，下同）滨海植物，包括野生的滨海植物406种（真红树植物12种，半红树植物8种，滨海盐沼植物38种，海草植物5种，浪花飞溅区植物343种）和常见栽培的滨海植物138种。野生植物介绍了其学名、科属名、简要识别特征、分布、生境、特性、用途、类型等，每种植物还附有反映其生境、识别特征的照片；栽培植物提供了学名、科属名和照片。全书照片超过1700张。附录为广西滨海植物名录，收录了维管植物1038种，隶属于159科637属，其中野生植物803种，栽培植物235种。

本书物种的中文名，原则上采用《中国植物志》的中文名，学名在参照《中国植物志》和《Flora of China》的同时，还参考了最新文献对部分种类学名的考订。本书中的科名，蕨类植物按石松类和蕨类植物分类系统（PPG）；裸子植物按郑万钧系统；被子植物按APG Ⅳ分类系统。

本书是"广西第一次林草种质资源普查与收集"项目的成果，在专项课题的实施过程中得到了广西壮族自治区林业种苗站和防城港市林业局、钦州市林业局、北海市林业局以及沿海各县区林业主管部门的大力支持，同时也得到了广西北海滨海国家湿地公园、广西山口国家级红树林生态自然保护区、广西北仑河口国家级自然保护区、广西合浦儒艮国家级自然保护区、广西涠洲岛自治区级自然保护区、广西茅尾海红树林自治区级自然保护区等单位的协助，在此一并表示衷心的感谢。

广西滨海植物丰富，新种、新记录还在不断被发现，本书名录肯定存在遗漏。由于作者水平有限，书中错误难免，敬请读者朋友批评指正。

编著者

2023 年 12 月

目 录

前 言

总 论

各 论

第二部分 栽培植物   449

第一章　广西滨海区域自然概况

一、地理位置

广西滨海区域位于我国大陆海岸的最西端，地处广西南部，濒临北部湾北部；地理坐标位于北纬20°26′～22°36′，东经107°27′～109°47′。广西海岸线东起与广东接壤的合浦县山口镇洗米河口，西至中国与越南交界的北仑河口，南濒北部湾，海岸线全长1628.60km，其中防城港市海岸线最长，钦州市最短。在行政区划上，从东到西分别受北海、钦州、防城港三市管辖，土地面积2.04万km²，海域面积12.93万km²。

（一）北海市

北海市地处北部湾东北岸，东、西、南三面临海，为半岛状分布，土地总面积3337.00km²，海岸线全长537.79km，占广西滨海海岸线的33.02%。海岸线有沙质海岸、沙坝—潟湖海岸、淤泥质海岸、基岩海岸、红树林海岸等类型。潮间带滩涂总面积701.21km²，其中沙滩占比最大，总面积约478.72km²，占潮间带滩涂总面积的68.27%；其次为沙泥混合滩，总面积约67.75km²。管辖范围内有海岛70个，海岛总面积71.88km²，海岛岸线长153.44km。自东向西有英罗湾、沙田港、铁山港湾、营盘港、白龙港、西村港、沙虫寮港、侨港、南澫港、廉州湾等主要港湾。

（二）钦州市

钦州市地处北部湾北岸，土地总面积10842.74km²，海岸线全长528.16km，占广西滨海海岸线的32.43%。海岸线有沙质海岸、淤泥质海岸、基岩海岸、红树林海岸等类型。潮间带滩涂总面积248.87km²，其中面积最大的为沙滩，总面积约107.88km²，占潮间带滩涂总面积的43.35%；其次为沙泥混合滩，总面积约68.58km²。钦州市管辖范围内有海岛304个，海岛总面积41.34km²，海岛岸线长259.52km。自东向西有三娘湾、丝螺港、钦州湾、沙井港、龙门港等主要港湾。

（三）防城港市

防城港市地处中国大陆海岸线的最西南端，土地总面积6181.00km²，海岸线全长562.65km，占广西滨海海岸线的34.54%。海岸线有淤泥质海岸、沙质海岸、基岩海岸、红树林海岸等类型。潮间带滩涂总面积468.36km²，其中沙滩总面积约295.71km²，占潮间带滩涂总面积的63.14%；其次为红树林滩，总面积约53.56km²。防城港市管辖范围内有海岛335个，海岛总面积42.37km²，海岛岸线长258.21km。自东向西有茅岭港、企沙港、江山港、白龙港、珍珠湾、潭吉港、竹山港等主要港湾。

二、海岸地貌

海岸地貌是指海岸在构造运动、海水动力、生物作用和气候因素等共同作用下所形成的各种地貌的总称，包括高潮线至陆域10km范围内的海岸带和近海水下地貌。广西滨海地貌大体以钦州犀牛脚为界，东部以侵蚀—堆积的沙质夷平岸为主，西部则主要是微弱充填的曲折溺谷湾岸，海岸地貌主要有滨海陆地地貌、基岩海岸地貌、沙质海岸地貌、淤泥质海岸地貌、生物海岸地貌、人工海岸地貌等6种地貌类型。

（一）滨海陆地地貌

滨海陆地地貌以钦州市犀牛脚为界，西北侧地势较高，东南侧地势较低，东西两侧具有不同的地貌特征。东部地区主要以冲积平原为主，地势较平坦；西部地区主要由沙岩、粉沙岩、泥岩及不同时期侵入岩体构成的丘陵多级基岩剥蚀台地。受地貌的影响，东侧海岸主要是侵蚀—堆积的沙质夷平岸，海岸线平直，海成沙堤广泛发育；西侧海岸主要是微弱充填的曲折溺谷湾岸，海岸线蜿蜒曲折，海湾众多。广西入海河流两侧多为海积平原。

海积平原上的北海市城区

防城港市城区全景

（二）基岩海岸地貌

海岸基底75%以上由岩石和砾石组成的硬质海岸为基岩海岸地貌，包括岩石性沿海岛屿和海岩峭壁。广西滨海的基岩海岸主要位于北海的冠头岭、铁山港、涠洲岛和斜阳岛，以及钦州市的龙门群岛和犀牛脚。基岩海岸受潮汐和波浪的作用较强，近陆一侧岛屿受波能侵蚀，多发育形成海蚀崖、海蚀平台、海蚀洞等海蚀地貌。如冠头岭的基岩海岸，前缘接入海水，背面为悬崖。涠洲岛基岩海岸主要由玄武岩及沉凝灰岩组成，海岸表面多为岩块和突起的基岩组成，凹凸不平，部分低洼处有细岩砾和沙砾。龙门群岛的基岩海岸主要分布于岛屿沿岸海蚀崖之下，宽100～300m不等，面积较小。

火山岛的海蚀崖（北海市斜阳岛）

基岩海岸（北海市冠头岭海滩）

（三）沙质海岸地貌

基质由砂和砾石组成的海岸为沙质海岸地貌，包括一般沙质海岸、具有陡崖的沙质海岸和沙坝—潟湖海岸3种类型。广西滨海的沙质海岸主要位于垌尾至高德、大墩海至营盘、江平巫头、沥尾一带。沙质海岸由泥沙在激浪带堆积形成，通常与波浪作用关系明显。在开放的海岸形成一般沙质海岸，岸线平直沙堤广泛发育。在有海蚀崖的狭窄海滩，形成具有陡崖的沙质海岸。而沙堤—潟湖海岸是在沙质海岸堆积体及其封闭或半封闭海湾形成潟湖构成的海岸，堆积体分布在水下尚未露出海面，形成水下沙坝，露出海面的部分成为离岸堤或岛状坝，如靠近海岸或与之相连的堆积体为海岸沙坝。

（四）淤泥质海岸地貌

由粉沙和淤泥堆积发育形成的海岸为淤泥质海岸，包括平原型、堡岛型和海湾型3种类型。淤泥质海岸主要分布在泥沙供应丰富而又比较掩蔽的堆积海岸段，广西滨海的淤泥质海岸分布广泛，主要见于海湾和河口地区，北海市合浦西侧海岸、钦州市茅尾海等区域较为常见。部分海岸沿着断陷盆地和构造断裂带，这些区域的湾内波浪较小，由潮流、沿岸流和河流带来的细颗粒物会在这些区域沉积，最终形成淤泥质海岸。

广西滨海植物

沙质海岸（钦州市三娘湾）

海沙堆积形成的沙岛（防城港市企沙镇山心沙岛）

沙质海岸（北海市侨港）

沙质海岸发育的海榄雌林（防城港市企沙镇簕山村）

茅尾海入海口的淤泥质海岸（钦州市钦南区海虾楼观景台）

淤泥质海岸上发育的木榄林（防城港市珍珠湾）

（五）生物海岸地貌

海岸生物生长茂盛，在海岸上具有大量的生物量，促使悬浮泥沙沉积，形成生物海岸地貌，包括红树林海岸和珊瑚礁海岸2种类型。由于红树植物具有非常发达的根系，对风浪和潮流起到减缓作用，促进水体中的悬浮泥沙等沉积，红树植物成片分布在潮间滩涂上，从而形成红树林海岸。红树林海岸主要分布于英罗湾、丹兜海、铁山港湾、南流江口、大风江口、钦州湾、珍珠湾等地。而珊瑚礁主要由造礁珊瑚的骨骼组成，广西滨海的珊瑚礁海岸仅分布于涠洲岛和斜阳岛。

海榄雌红树林海岸（北海市银海区滨海湿地公园）

蜡烛果红树林海岸（钦州市钦南区大番坡镇北港村）

珊瑚骨骼堆积的海滩（北海市涠洲岛）

（六）人工海岸地貌

人工海岸地貌是由人为活动形成的海貌类型，最常见的是人工围堤、拦海大坝、港口、码头等。主要为修筑堤围将海滩围垦成养殖场、农田、盐田等。北海、企沙、江平等地修筑的堤围将海滩围垦成盐田及农田；营盘港、铁山港等地兴修人工堤围作为养殖场。

海堤（钦州市钦南区海虾楼观景台）

为填海修筑的海堤（钦州市钦南区海下村）

广西滨海植物

三、气候

广西海岸带地处南亚热带海洋性季风区，具有季风明显、温差小、雨量充沛、干湿季节分明、无严寒天气等特点。多年平均气温22.0～23.4℃。年均温最高在7月，为27.9～29.0℃，最低在1月，为13.4～15.2℃。历史最高温为38.4℃，最低温为-1.8℃。年均降水量1385.4～2770.9mm，年均降水量最高位于东兴，往东部逐渐减少。4～9月为雨季，降水量占全年降水总量的81%～87%。年日照时数为1539.8～2232.5h。年均蒸发量为1443.0～1840.1mm。年均相对湿度为80%～83%，各区域相差不大。主导风向为北风或偏北风，冬季盛行偏北风，夏季盛行偏南风。

四、水文

（一）水系

广西滨海区域降水量充足，河流众多，水系发达。入海河流主要有那交河、南流江、大风江、钦江、防城河、茅岭江、北仑河等。最大流量为南流江，发源于玉林市北流市大容山南侧，自北向南流，故得名，于合浦县注入廉州湾，平均年径流量为56.1亿m^3，丰水期4～9月的径流量占年径流量的80.6%，南流江孕育了中国古代丝绸之路的发源地合浦，由于泥沙淤积，南流江河口已形成广西最大的三角洲，面积达550km^2，三角洲上河网密布。

（二）海水

广西沿岸在七八月水温最高，且水温稳定，多年月平均水温都略大于30 ℃，其中滨海表层海水各季节温度如下：春季16.92～20.82℃，夏季30.5～32.7℃，秋季26.0～28.0℃，冬季16.7～19.4℃。底层海水温度冬季和秋季与表层相近，春季17.28～21.29℃，夏季30.2～31.6℃。海水平均盐度为30‰～32‰，各季节盐度如下：春季25.56‰～33.37‰，夏季13.85‰～32.84‰，秋季27.65‰～31.40‰，冬季30.78‰～32.34‰。海水含溴量约为60mg/L，是发展盐业和海水化工的良好场所。

（三）潮汐

广西滨海海域的潮汐，主要由西太平洋传入南海，经北部湾口进入北部湾而形成的。因受地形地貌、河口地面径流的注入等各种环境因素的综合影响，各岸段及港口所具有的各分潮半潮差均不同，因而构成其独特的潮汐特征，此外广西滨海潮流的类型因季节、区域和水层而不同，可划分为不规则半日潮流、不规则全日潮流和规则全日潮流三种类型，潮流系数为1.55～6.82。在大潮期，海湾区的涨潮最大流速为1.14m/s，流向为330°；落潮最大流速为1.31m/s，流向为131°。涨、落潮最大流速均在钦州湾龙门水道上口表层。

五、土壤

广西滨海陆上土壤主要类型有砖红壤、赤红壤、红壤和黄壤等，其中红壤是广西分布面积最大的土类。广西滨海土壤主要成土母岩为砂岩、砂页岩，风化物、第四纪红土及浅海沉积物，其次是紫色砂岩和花岗岩。土壤pH为4.5～6.0。

广西滨海潮间带土壤主要由滨海盐土和酸性硫酸盐土构成，是由沿海地区盐渍淤泥发育而成的土壤，其盐分主要来自海水中可溶性盐在土体浸渍累积，海水中的可溶性盐带入土壤中，受海潮周期性的淹没和浸渍，逐渐形成滨海盐土。广西滨海盐土主要分布在潮滩地带，包括潮滩盐土、草甸潮滩盐土和滨海盐土3种类型。在滨海红树林分布的潮滩盐土富含有机质，酸度较强，为酸性硫酸盐土，亦称红树林潮滩盐土。土壤多呈灰色或蓝黑色，泥土大部分为淤泥质，质地多为壤土或黏土。

六、植被

（一）红树林

红树林是生长在热带、亚海岸潮间带滩涂上的木本植物群落，由其主导形成的红树林生态系统是介于陆地和海域之间的独特生态系统。红树林环绕着全球的热带和与亚热带海岸线生长，通常仅占据在平均海平面和最高天文潮位之间的潮间带上部狭窄位置（Alongi，2009）。全世界的红树林大致分布于南、北回归线之间的热带和亚热带海岸。

红树林生态系统是广西近海高等植物分布的潮滩湿地中最主要的滨海湿地生态系统（范航清等，2015）。按照省份统计，广西是中国天然红树林分布面积第一、密度最高（国家林业局森林资源管理司，2002），总红树林分布面积第二的省份（王文卿和王瑁，2007；但新球等，2016）。我国真红树植物共11科15属27种，其中包含25个原生乡土种与2个外来种，广西共有真红树植物12种（其中外来种2种），半红树植物8种，分别占全国种类的44%和67%（潘良浩等，2018）。广西红树林在海岸潮间带中高潮滩涂呈展开式带状分布，大部分林带宽介于50～1000m之间。广西的主要海湾均有红树林连片分布，不同海湾红树植物物种数量、优势种和常见种有所差异。各海湾真红树植物物种数为8～11种，蜡烛果、海榄雌和秋茄树是广布的优势种。茅尾海、铁山港湾、珍珠湾、廉州湾、丹兜海、防城港东湾、英罗湾等海湾是广西红树林分布的主要海湾。

根据广西红树林研究中心近年来进行的红树林生物资源调查，基于覆盖全广西的270个10m×10m的典型样方调查显示：广西红树植物在潮间带10m×10m的样方中表现为物种组成简单，以2个或1个

以红海榄为优势的红树林
（广西山口红树林生态国家级自然保护区英罗站）

以蜡烛果为优势的红树林和茳芏草丛
（钦州市茅尾海海虾楼观景台）

红树物种为主，最多不超过4个物种；红树植物群落密度为9～615株/100m²，平均密度126.6株/100m²；红树林冠层普遍偏矮，群落高度变化于0.85～6.96m之间，平均高2.35m；大部分区域的红树植物生长以灌丛为主，但有部分区域如东海岸山口保护区内的木榄和红海榄植株高度可达10m，生长粗壮且年龄较老。

（二）滨海盐沼植被

滨海盐沼是基质为淤泥质或者泥沙质的一种湿地生态系统，它是海洋和陆地两大生态系统的过渡地带，被海水周期性淹没，具有较高草本或低矮灌木植被覆盖度（Adam，1990；杨世伦，2003；林鹏，2006；贺强等，2010）。滨海盐沼生态系统有别于由灌木和乔木植物组成的红树林生态系统和由长期淹没在海水中的高等植物草本组成的海草生态系统（林鹏，2006）。通常情况下滨海盐沼是指盖度≥30%的草本或低灌木植被覆盖度的湿地生态系统，而据笔者在广西潮间带滩涂的调查发现，一些种类的草本或低矮灌木呈小斑块状不连续分布或见于内滩红树林的林窗中，除盖度未达到30%外，其生境特征均符合滨海盐沼的特点，据此，本书在统计滨海盐沼植物种类时将该部分植物归为广义的滨海盐沼植物。

在广西滨海盐沼植物种类组成中，可以形成盐沼湿地的、连续分布且面积至少在1hm²以上的仅有茳芏、短叶茳芏、互花米草、海三棱藨草、芦苇、南方碱蓬等少数种类，其余种类分布较零散。广西滨海盐沼植被分为以下几个主要分布类型：①互花米草群落；②茳芏群落；③短叶茳芏群落；④海雀稗群落；⑤芦苇群落；⑥茳芏-芦苇群落等。盐沼植被有时也与红树林共生，常见的分布类型有茳芏-蜡烛果群落、短叶茳芏-蜡烛果群落等。原生盐沼植被中面积分布最广的种是短叶茳芏（119hm²）和茳芏（90hm²），短叶茳芏广泛分布于各沿海河口，分布区域可达河口沿河流往上数千米；后者集中分布于钦江和南流江入海口处（潘良浩等，2017）。

茳芏草丛（钦州市钦南区茅尾海）

海马齿和盐地鼠尾粟为优势种的盐沼草丛
（北海市银海区金海湾）

（三）海草植被

海草（seagrass）是一类开花的草本单子叶植物，由叶、根状茎和根系组成，生长在底质通常为淤泥质、泥沙质或沙质土壤的热带、亚热带至温带近岸浅水海域或滨海河口区水域中。面积大、连片分布的海草称为海草床。广西是海草种类较多且资源相对比较丰富的区域，在广西沿海三市中，北海市海草种类最丰富，广西所有的海草种类在北海市沿岸都有分布；防城港市有海草种类2种，而钦州市目前仅见1种海草。近年来，广西海草床退化的速度远高于全球海草床衰退的平均速率。

广西的海草床可以分为3个群系，分布在北海市合浦县以及防城港市珍珠湾。其中，合浦海草床是以二药藻、矮大叶藻和喜盐草为优势种，而珍珠湾海草床主要由矮大叶藻组成。

喜盐草海草床（防城港市港口区渔洲坪）

二药藻海草床（北海市银海区竹林村）

（四）陆域森林植被

根据《广西森林》和《广西植被》的研究，广西海岸带典型植被类型为北热带季节性雨林，但在沿海地区经济快速发展下，人工林发展、土地利用导致原生植被大面积消失。短周期桉树人工林的快速发展替代了沿海地区曾经广泛种植的马尾松、湿地松人工林；台湾相思、木麻黄等外来物种的推广，以及银合欢、仙人掌等入侵植物导致海岛原生植被消失殆尽；红鳞蒲桃、红锥、米锥、橄榄、厚皮树等树种构成的季节性雨林仅存于零星的村旁风水林中。

广西滨海陆域森林植被现状以桉树人工林和木麻黄林为主，其他常见植被有马尾松人工林、窿缘桉人工林、相思树（*Acacia* spp.）人工林。防城港市簕山村、山新村、巫头村、竹山村、沙螺寮村等沿海村庄风水林中残留有少量以红鳞蒲桃为优势的季节性雨林。仅存的风水林虽然面积小、分布零星，但群落生物多样性高，保存的物种可以反映出广西典型季节性雨林的组成特点。

村旁坟地的红鳞蒲桃林和薄果草草丛（防城港市巫头村）

海岸边的红鳞蒲桃林（防城港市簕山村）

海岛上的台湾相思林（北海市斜阳岛）

钦江入海口的桉树人工林（钦州市大番坡镇）

海岸带木麻黄林（北海市涠洲岛）

海岛上的银合欢林（北海市斜阳岛）

海滩上的木麻黄与仙人掌群落（北海市涠洲岛）

海滩上的露兜树林（北海市涠洲岛）

第二章 广西滨海植物区系特征

一、区系概况

（一）种类组成

广西滨海植物共有维管植物1038种，隶属于159科637属，其中蕨类植物12科22属33种；裸子植物7科8属13种；被子植物140科607属992种。野生植物133科505属803种，栽培植物83科177属235种（引种栽培后逸为野生的归入野生种统计，下同）。其具体组成详见表2-1。

表2-1 维管植物科、属、种组成

来源	分类群		科		属		种	
			数量	比例（%）	数量	比例（%）	数量	比例（%）
野生	蕨类植物		12	9.02	22	4.36	33	4.11
	裸子植物		2	1.50	2	0.40	5	0.62
	被子植物	双子叶植物	97	72.93	388	76.83	603	75.09
		单子叶植物	22	16.54	93	18.42	162	20.17
	被子植物		119	89.47	481	95.25	765	95.27
	合计		133	100.00	505	100.00	803	100.00
栽培	蕨类植物		0	0.00	0	0.00	0	0.00
	裸子植物		5	6.02	6	3.39	8	3.40
	被子植物	双子叶植物	63	75.90	133	75.14	175	74.47
		单子叶植物	15	18.07	38	21.47	52	22.13
	被子植物		78	93.98	171	96.61	227	96.60
	合计		83	100.00	177	100.00	235	100.00
全部	蕨类植物		12	7.55	22	3.45	33	3.18
	裸子植物		7	4.40	8	1.26	13	1.25
	被子植物	双子叶植物	112	70.44	484	75.98	778	74.95
		单子叶植物	28	17.61	123	19.31	214	20.62
	被子植物		140	88.05	607	95.29	992	95.57
	合计		159	100.00	637	100.00	1038	100.00

（二）来源组成

栽培种占总物种数比例为22.64%。蕨类植物全部为野生种，裸子植物大部分为栽培种。

在803种野生植物中，本土植物710种，占比例88.42%，外来植物（国外来源）93种，占比例11.58%，其中被列为入侵种（马金双等，2018）的种类有80种，约占全部野生种的十分之一（表2-2）。

表2-2　植物来源统计

来源	种数	比例（%）
本土植物	710	88.42
外来植物	93	11.58
其中：入侵种	80	9.96
合计	803	100.00

常见的外来种主要有海岸防护林树种木麻黄，用材林树种巨尾桉、台湾相思、马占相思，外来红树植物对叶榄李、无瓣海桑，以及分布广、数量较大的入侵种银合欢、光荚含羞草、鬼针草、仙人掌、马缨丹、飞机草、银胶菊、假臭草、藿香蓟、钻叶紫菀、铺地黍、互花米草等。

（三）生活型

广西滨海植物区系成分以草本植物为主，占维管植物的42.10%，草本植物占据了滨海地区的所有生境类型；其次为灌木植物和乔木植物，分别占23.89%和21.19%；藤本植物数量最少，占12.81%，其作为层间植物，与乔木层、灌木层和草本层共同组成了丰富多彩的生态系统（表2-3）。

表2-3　植物生长型统计

来源	乔木	灌木	藤本	草本	合计
野生	122	168	121	392	803
栽培	98	80	12	45	235
小计	220	248	133	437	1038
比例（%）	21.19	23.89	12.81	42.10	100.00

（四）科的统计分析

广西野生滨海植物共有133科，对这些科内的属、种数量组成进行统计，结果见表2-4。

表2-4　野生植物科内属数、种数统计

科中文名	科学名	属数	种数	科中文名	科学名	属数	种数
蕨类植物							
凤尾蕨科	Pteridaceae	6	10	乌毛蕨科	Blechnaceae	2	2
水龙骨科	Polypodiaceae	4	4	鳞毛蕨科	Dryopteridaceae	1	1
海金沙科	Lygodiaceae	1	4	蘋科	Marsileaceae	1	1
鳞始蕨科	Lindsaeaceae	2	3	瓶尔小草科	Ophioglossaceae	1	1
肾蕨科	Nephrolepidaceae	1	3	蚌壳蕨科	Dicksoniaceae	1	1
金星蕨科	Thelypteridaceae	1	2	里白科	Gleicheniaceae	1	1

（续）

科中文名	科学名	属数	种数	科中文名	科学名	属数	种数
			裸子植物				
买麻藤科	Gnetaceae	1	3	松科	Pinaceae	1	2
			被子植物				
豆科	Fabaceae	43	74	远志科	Polygalaceae	2	2
禾本科	Gramineae	47	65	红厚壳科	Calophyllaceae	1	2
莎草科	Cyperaceae	16	57	白花菜科	Cleomaceae	2	2
菊科	Compositae	37	44	使君子科	Combretaceae	2	2
茜草科	Rubiaceae	19	33	牛栓藤科	Connaraceae	2	2
大戟科	Euphorbiaceae	16	31	藤黄科	Guttiferae	1	2
锦葵科	Malvaceae	16	29	荨麻科	Urticaceae	2	2
桑科	Moraceae	8	26	粟米草科	Molluginaceae	2	2
叶下珠科	Phyllanthaceae	10	23	番杏科	Tetragoniaceae	2	2
夹竹桃科	Apocynaceae	15	20	冬青科	Aquifoliaceae	1	2
唇形科	Labiatae	9	17	杜英科	Elaeocarpaceae	1	2
苋科	Amaranthaceae	10	15	安神木科	Centroplacaceae	1	2
旋花科	Convolvulaceae	8	15	金丝桃科	Hypericaceae	2	2
樟科	Lauraceae	7	13	山茱萸科	Cornaceae	1	2
茄科	Solanaceae	5	11	茅膏菜科	Droseraceae	1	2
爵床科	Acanthaceae	9	11	兰科	Orchidaceae	2	2
芸香科	Rutaceae	10	11	香蒲科	Typhaceae	1	2
报春花科	Primulaceae	5	9	黄眼草科	Xyridaceae	1	2
桃金娘科	Myrtaceae	3	9	姜科	Zingiberaceae	1	2
榆科	Ulmaceae	3	8	景天科	Crassulaceae	1	1
木樨科	Oleaceae	2	7	十字花科	Cruciferae	1	1
鼠李科	Rhamnaceae	6	7	酢浆草科	Oxalidaceae	1	1
漆树科	Anacardiaceae	5	7	白花丹科	Plumbaginaceae	1	1
番荔枝科	Annonaceae	5	7	玄参科	Scrophulariaceae	1	1
野牡丹科	Melastomataceae	3	7	瑞香科	Thymelaeaceae	1	1
葡萄科	Vitaceae	5	7	伞形科	Umbelliferae	1	1
车前科	Plantaginaceae	6	6	落葵科	Basellaceae	1	1
楝科	Meliaceae	5	6	卫矛科	Celastraceae	1	1
无患子科	Sapindaceae	5	6	金粟兰科	Chloranthaceae	1	1
杨柳科	Salicaceae	4	6	古柯科	Erythroxylaceae	1	1
红树科	Rhizophoraceae	4	5	茶茱萸科	Icacinaceae	1	1
紫草科	Boraginaceae	3	4	山柚子科	Opiliaceae	1	1
柳叶菜科	Onagraceae	2	4	西番莲科	Passifloraceae	1	1
蔷薇科	Rosaceae	3	4	胡椒科	Piperaceae	1	1
葫芦科	Cucurbitaceae	4	4	檀香科	Santalaceae	1	1

科中文名	科学名	属数	种数	科中文名	科学名	属数	种数
防己科	Menispermaceae	4	4	苦木科	Simaroubaceae	1	1
山茶科	Theaceae	3	4	马钱科	Strychnaceae	1	1
紫茉莉科	Nyctaginaceae	3	4	蒺藜科	Zygophyllaceae	1	1
鸭跖草科	Commelinaceae	2	4	五桠果科	Dilleniaceae	1	1
菝葜科	Smilacaceae	2	4	金莲木科	Ochnaceae	1	1
石竹科	Caryophyllaceae	3	3	桑寄生科	Loranthaceae	1	1
蓼科	Polygonaceae	2	3	商陆科	Phytolaccaceae	1	1
马齿苋科	Portulacaceae	1	3	山龙眼科	Proteaceae	1	1
山柑科	Capparaceae	2	3	木麻黄科	Casuarinaceae	1	1
柿科	Ebenaceae	1	3	虎皮楠科	Daphniphyllaceae	1	1
草海桐科	Goodeniaceae	2	3	列当科	Orobanchaceae	1	1
母草科	Linderniaceae	1	3	胡颓子科	Elaeagnaceae	1	1
山榄科	Sapotaceae	3	3	胡桃科	Juglandaceae	1	1
山矾科	Symplocaceae	1	3	海桐花科	Pittosporaceae	1	1
五加科	Araliaceae	3	3	眼子菜科	Potamogetonaceae	1	1
仙人掌科	Cactaceae	2	3	薯蓣科	Dioscoreaceae	1	1
马鞭草科	Verbenaceae	3	3	谷精草科	Eriocaulaceae	1	1
忍冬科	Caprifoliaceae	2	3	雨久花科	Pontederiaceae	1	1
壳斗科	Fagaceae	1	3	石蒜科	Amaryllidaceae	1	1
水鳖科	Hydrocharitaceae	1	3	帚灯草科	Restionaceae	1	1
天南星科	Araceae	3	3	须叶藤科	Flagellariaceae	1	1
丝粉藻科	Cymodoceaceae	2	3	露兜树科	Pandanaceae	1	1
棕榈科	Palmae	3	3	川蔓藻科	Ruppiaceae	1	1
天门冬科	Asparagaceae	3	3	阿福花科	Asphodelaceae	1	1
千屈菜科	Lythraceae	2	2				

表2-5　植物科级数量统计

级别	科		属		种	
	数量	比例（%）	数量	比例（%）	数量	比例（%）
60种以上	2	1.50	47	9.31	65	8.09
50～59种	1	0.75	75	14.85	167	20.80
40～49种	1	0.75	37	7.33	44	5.48
30～39种	2	1.50	19	3.76	33	4.11
20～29种	4	3.01	8	1.58	26	3.24
10～19种	8	6.02	75	14.85	122	15.19
5～9种	14	10.53	92	18.22	145	18.06
2～4种	56	42.11	102	20.20	151	18.80
1种	45	33.83	50	9.90	50	6.23
合计	133	100.00	505	100.00	803	100.00

由表2-4和表2-5可知，在广西野生滨海植物各科中：

➢ 含60种以上的仅有2科，为豆科、禾本科；

➢ 含50～59种的科有1科，为莎草科；

➢ 含40～49种的科有1科，为菊科；

➢ 含30～39种的科有2科，为茜草科、大戟科；

➢ 含20～29种的科有4科，为锦葵科、桑科、叶下珠科、夹竹桃科；

➢ 含10～19种的科有8科，为唇形科、苋科、旋花科、樟科、茄科、爵床科、芸香科、凤尾蕨科；

➢ 含5～9种的科有14科，有报春花科、桃金娘科、榆科、木樨科、鼠李科、漆树科、番荔枝科、野牡丹科、葡萄科、车前科、楝科、无患子科、杨柳科、红树科；

➢ 含2～4种的科有56科，为水龙骨科、海金沙科、紫草科、柳叶菜科、蔷薇科、葫芦科、防己科、山茶科、紫茉莉科、鸭跖草科、菝葜科、鳞始蕨科、肾蕨科、买麻藤科、石竹科、蓼科、马齿苋科、山柑科、柿科、草海桐科、母草科、山榄科、山矾科、五加科、仙人掌科、马鞭草科、忍冬科、壳斗科、水鳖科、天南星科、丝粉藻科、棕榈科、天门冬科、金星蕨科、乌毛蕨科、松科、千屈菜科、远志科、红厚壳科、白花菜科、使君子科、牛栓藤科、藤黄科、荨麻科、粟米草科、番杏科、冬青科、杜英科、安神木科、金丝桃科、山茱萸科、茅膏菜科、兰科、香蒲科、黄眼草科、姜科；

➢ 仅有1种的科有45科，为鳞毛蕨科、蘋科、瓶尔小草科、蚌壳蕨科、里白科、景天科、十字花科、酢浆草科、白花丹科、玄参科、瑞香科、伞形科、落葵科、卫矛科、金粟兰科、古柯科、茶茱萸科、山柚子科、西番莲科、胡椒科、檀香科、苦木科、马钱科、蒺藜科、五桠果科、金莲木科、桑寄生科、商陆科、山龙眼科、木麻黄科、虎皮楠科、列当科、胡颓子科、胡桃科、海桐花科、眼子菜科、薯蓣科、谷精草科、雨久花科、石蒜科、帚灯草科、须叶藤科、露兜树科、川蔓藻科、阿福花科。

广西野生滨海植物中含5种以上的科仅占总科数的24.06%，但其种数却占总物种数的74.97%，这些科是广西滨海植物区系中的优势科，这些科的多数种类构成滨海植被的优势种或主要成分，在各类植物群落中常常占据重要的地位，尤其是禾本科、莎草科、豆科、大戟科、菊科、茜草科和桑科，其属数和种数都很多，在植被中占有绝对优势地位。

含4种以下的科占总科数的75.94%，但其种数仅占总物种数的25.03%。

仅含有1种的单种科，占总科数的33.83%，但种数却只占总物种数的6.23%，虽然其科内种数不多，但它们当中不但含有较多的原始类群，也是构成物种多样性的重要组成成分，尤其是在科一级上体现了较丰富的物种多样性。

二、地理成分

（一）科的地理成分

参考吴征镒（2003）世界种子植物科的分布区类型系统和中国植物志（第一卷）蕨类植物科的区系研究，把广西野生滨海植物133科的分布区类型进行统计（表2-6）。结果可知，广西滨海植物区系科的分布类型具有如下特点：

（1）以热带地理成分占优势。野生种子植物区系成分中热带性质（分布区类型2～7）共有80科，占总科数60.15%，这些科内共有224属333种。其中以泛热带分布的类型和亚型最多，共有67科。热带亚洲和热带美洲间断分布类型及其亚型次之，共有6科。

（2）世界分布类型占有一定的比例。野生种子植物中世界分布类型有39科，占比例29.32%，这些科内共有262属443种。世界分布类型科的数量虽然低于热带成分的类型，但所含属数和物种数却较多，种类以草本植物为主。

（3）温带地理成分极少。温带分布类型（类型8～14）仅有14科，占比例10.53%，这些科内共有19属27种，除杨柳科（6种）外，其他科均为含物种数仅有1～3种的小科。

各分布区类型所含科具体如下：

类型1.世界分布（39科）

豆科、禾本科、莎草科、菊科、茜草科、桑科、唇形科、苋科、旋花科、茄科、报春花科、榆科、木樨科、鼠李科、车前科、水龙骨科、紫草科、柳叶菜科、蔷薇科、石竹科、蓼科、马齿苋科、水鳖科、金星蕨科、千屈菜科、远志科、兰科、香蒲科、鳞毛蕨科、蘋科、瓶尔小草科、景天科、十字花科、酢浆草科、白花丹科、玄参科、瑞香科、伞形科、眼子菜科。

类型2.泛热带分布（55科）

大戟科、锦葵科、叶下珠科、夹竹桃科、樟科、爵床科、芸香科、凤尾蕨科、漆树科、番荔枝科、野牡丹科、葡萄科、楝科、无患子科、红树科、海金沙科、葫芦科、防己科、山茶科、鸭跖草科、菝葜科、鳞始蕨科、肾蕨科、山柑科、柿科、草海桐科、母草科、山榄科、天南星科、丝粉藻科、棕榈科、红厚壳科、白花菜科、使君子科、牛栓藤科、藤黄科、荨麻科、黄眼草科、蚌壳蕨科、里白科、落葵科、卫矛科、金粟兰科、古柯科、茶茱萸科、山柚子科、西番莲科、胡椒科、檀香科、苦木科、马钱科、蒺藜科、薯蓣科、谷精草科、雨久花科。

类型2-1.热带亚洲-大洋洲和热带美洲（南美洲或/和墨西哥）（2科）

山矾科、五桠果科。

类型2-2.热带亚洲-热带非洲-热带美洲（南美洲）（2科）

买麻藤科、金莲木科。

类型2S.以南半球为主的泛热带（8科）

桃金娘科、粟米草科、番杏科、商陆科、山龙眼科、桑寄生科、石蒜科、帚灯草科。

类型3.热带亚洲和热带美洲间断（6科）

马鞭草科、紫茉莉科、仙人掌科、五加科、杜英科、冬青科。

类型4.旧世界热带分布（1科）

天门冬科。

类型5.热带亚洲至热带大洋洲（3科）

姜科、虎皮楠科、木麻黄科。

类型7.热带亚洲（印度-马来西亚）（3科）

乌毛蕨科、安神木科、须叶藤科。

类型8.北温带分布（5科）

忍冬科、列当科、松科、金丝桃科、露兜树科。

类型8-4.北温带和南温带间断分布（7科）

杨柳科、壳斗科、山茱萸科、茅膏菜科、胡颓子科、胡桃科、川蔓藻科。

类型12-1.地中海区至中亚和南非洲和/或大洋洲间断分布（1科）

阿福花科。

类型14.东亚分布（1科）

海桐花科。

表2-6 野生滨海植物科、属的分布类型

分布区类型	科数	科占比例（%）	属数	属占比例（%）
1.世界分布	39	29.32	39	7.72
2.泛热带分布	55	41.35	180	35.64
2-1.热带亚洲–大洋洲和热带美洲（南美洲或/和墨西哥）	2	1.50	4	0.79
2-2.热带亚洲–热带非洲–热带美洲（南美洲）	2	1.50	9	1.78
2S.以南半球为主的泛热带	8	6.02	0	0.00
3.热带亚洲和热带美洲间断	6	4.51	28	5.54
4.旧世界热带分布	1	0.75	60	11.88
4-1.热带亚洲、非洲和大洋洲间断或星散分布	/	/	8	1.58
5.热带亚洲至热带大洋洲	3	2.26	40	7.92
6.热带亚洲至热带非洲	/	/	33	6.53
6-2.热带亚洲和东非或马达加斯加间断分布	/	/	2	0.40
7.热带亚洲（印度–马来西亚）	3	2.26	54	10.69
7-1.爪哇岛（或苏门答腊岛），喜马拉雅间断或星散分布到华南、西南	/	/	2	0.40
7-2.热带印度至华南（尤其云南南部）分布	/	/	1	0.20
7-4.越南（或中南半岛）至华南或西南分布	/	/	2	0.40
7a.西马来西亚，基本上在新华莱士线以西	/	/	1	0.20
热带地理成分（类型2～7）	80	60.15	424	83.96
8.北温带分布	5	3.76	16	3.17
8-4.北温带和南温带间断分布	7	5.26	1	0.20
9.东亚及北美间断	/	/	12	2.38
10.旧世界温带	/	/	3	0.59
10-1.地中海区，至西亚（或中亚）和东亚间断分布	/	/	1	0.20
10-3.欧亚和南非（有时也在澳大利亚）	/	/	1	0.20
12.地中海区、西亚至中亚	/	/	1	0.20
12-1.地中海区至中亚和南非洲和/或大洋洲间断分布	1	0.75	/	/
12-3.地中海区至温带–热带亚洲，大洋洲和/或北美南部至南美洲间断	/	/	1	0.20
14.东亚分布	1	0.75	6	1.19
温带地理成分（类型8～14）	14	10.53	42	8.32
总计	133	100.00	505	100.00

（二）属的区系成分

一个地区的植物区系特征通常用属的地理成分来分析，这种分析可以直观地揭示出该区系的地带性气候特征及其在发生、发展史上与全球植物区系的地理亲缘。植物属的区系成分能比科更有效地反映出植物区系的特征。根据吴征镒（1991）的中国种子植物属的分布区类型系统，把广西野生滨海植物的分布区类型统计如表2-6所示。

按大类划分，广西滨海植物区系热带性质属（类型2~7）数量和比例与科的统计相比均有大幅提高，达到424属、83.96%。世界分布性质属比例则大幅下降，共有39属，比例仅占7.72%。温带性质属42属，占比8.32%。热带性质属和温带性质属的比值（即R/T值）高达10.10，说明植物区系的热带性质十分强烈，与其所处的北热带地理位置相符合。

三、与邻近地区的关系

（一）共有种

在广西803种野生滨海植物中，与邻近省份共有的种类有794种，占98.88%。共有种数量最多的地区为广东，其次为海南、云南，最少的为贵州、湖南。

1. 与广东：共有种的种类最多，为734种，占广西全部野生滨海植物种数的91.41%，说明广西滨海植物与广东省的关系最近，这与两地具有直接相连的海岸线，以及相近的纬度、气候条件有关。仅分布于这两地、在其他省份没有分布的种类有圆叶豺皮樟、金叶树、肉珊瑚、针叶藻、石龙刍5种。

2. 与海南：共有种为579种，占广西全部野生滨海植物种数的72.10%，仅分布于这两地、在其他省份没有分布的种类有砂苋、铁线子、白皮素馨、广花耳草、小喜盐草、薄果草、三翅秆砖子苗等7种。

3. 与云南：共有种549种，占广西全部野生滨海植物种数的68.37%，仅分布于这两地、在其他省份没有分布的种类有下龙新木姜子、云南牛栓藤、思茅山橙等3种。

4. 与福建：共有种517种，占广西全部野生滨海植物种数的64.38%，仅分布于这两地、在其他省份没有分布的种类仅有短尖飘拂草1种。

5. 与台湾：共有种510种，占广西全部野生滨海植物种数的63.51%，仅分布于这两地、在其他省份没有分布的种类仅有细穗草1种。

6. 与贵州：共有种357种，占广西全部野生滨海植物种数的44.46%，没有两地共有的特有种。

7. 与湖南：共有种295种，占广西全部野生滨海植物种数的36.74%，没有两地共有的特有种。

表2-7　与邻近省份的共有种统计

共有种	广东	海南	云南	福建	台湾	贵州	湖南
种数	734	579	549	517	510	357	295
占比（%）	91.41	72.10	68.37	64.38	63.51	44.46	36.74

（二）非共有种

广西野生滨海植物中，在邻近省份没有分布的种类共有8种，分别为合被苋、假肥牛树、膝柄木、谢氏膝柄木、越南崖爬藤、黄果柿、矮大叶草、海三棱藨草。除谢氏膝柄木为2022年新发表的新种，仅分布于广西东兴市，其他种类在广西相邻省份中虽无分布，但在邻国越南或我国其他省份均有分布，均非广西特有种。

第三章 广西滨海植物分布与类型

一、地理分布

广西滨海区域共涉及3个设区市9个县（市、区），各行政区域的滨海植物组成详见表3-1。设区市中，北海市滨海植物最为丰富，其中野生滨海植物713种，占全区比例88.79%；栽培滨海植物229种，占全区比例97.45%；防城港市次之，但两市种数差距不大；钦州市滨海植物种类较少。

按县级行政区域统计，北海市合浦县的野生滨海植物种类最多，为688种，其他县区的种数依次为防城港市防城区、北海市铁山港区、钦州市钦南区，最少的为北海市银海区。北海市海城区栽培滨海植物种类最多，有220种，北海市银海区次之，合浦县最少。

表3-1 广西滨海植物县级行政区域分布情况

类群		钦州市	北海市					防城港市				广西
		钦南	银海	海城	铁山港	合浦	全市	港口	防城	东兴	全市	
野生	种数	608	553	593	611	688	713	584	646	592	694	803
	比例（%）	75.72	68.87	73.85	76.09	85.68	88.79	72.73	80.45	73.72	86.43	100.00
栽培	种数	201	215	220	181	166	229	205	206	191	223	235
	比例（%）	85.53	91.49	93.62	77.02	70.64	97.45	87.23	87.66	81.28	94.89	100.00
全部	种数	809	768	813	792	854	942	789	852	783	917	1038
	比例（%）	77.94	73.99	78.32	76.30	82.27	90.75	76.01	82.08	75.43	88.34	100.00

二、植物类型

关于滨海植物的划分，不同学者有多种划分方法。林鹏等（1995）把生长于海岸潮间带的红树植物划分为红树植物、半红树植物、红树林伴生植物，但这种划分方法并未包含全部滨海植物。陈征海等（2017）根据滨海生境类型分为岩质海岸植物、泥质海岸植物、沙质海岸植物、咸水水域植物、滨海丘陵植物等5类，但这种划分方法未考虑植物的耐盐能力，不同生境类型之间的植物种类多有交叉生长。

本书结合植物的耐盐能力和生境特点，把滨海植物划分为：真红树植物、半红树植物、滨海盐沼植物、海草植物、浪花飞溅区植物5类，它们的耐盐能力由大到小分别为海草植物＞真红树植物＞半红树植物＞滨海盐沼植物＞浪花飞溅区植物。

广西滨海植物中真红树植物、半红树植物、滨海盐沼植物、海草植物均为野生种，少数种类有人工栽培。仅见人工栽培无野生个体的种类则全部为浪花飞溅区植物，各类型数量情况详见表3-2。

表3-2　广西野生滨海植物类型统计

类型	科数	科占比（%）	属数	属占比（%）	种数	种占比（%）
真红树植物	7	5.26	11	2.18	12	1.49
半红树植物	5	3.76	8	1.58	8	1.00
滨海盐沼植物	14	10.53	33	6.53	45	5.60
海草植物	4	3.01	5	0.99	8	1.00
浪花飞溅区植物	125	93.98	463	91.68	730	90.91
全部野生植物	133	100.00	505	100.00	803	100.00

（一）真红树植物

真红树植物（exclusive mangrove）指专一性生长于潮间带的木本植物（林鹏等，1995），但近年来许多学者也把专一性生长于潮间带的草本蕨类——卤蕨（*Acrostichum aureum*）列为真红树植物。大多数真红树植物具有胎生现象、呼吸根和支柱根发达、具有泌盐组织或拒盐机制、渗透压高等特点。

广西真红树植物有12种，隶属于7科11属，种类有卤蕨、无瓣海桑、对叶榄李、榄李、木榄、秋茄树、红海榄、海漆、蜡烛果、小花老鼠簕、老鼠簕、海榄雌。除卤蕨为大型草本植物外，其他均为木本植物。无瓣海桑、对叶榄李为外来引种，现已逸为野生，且繁殖力强、天然扩散速度快，存在较大的入侵风险。榄李、小花老鼠簕较为少见，其他种类在广西红树林中均常见。

真红树植物——秋茄树植株（北海小冠沙）

真红树植物——红海榄植株（北海合浦山口）

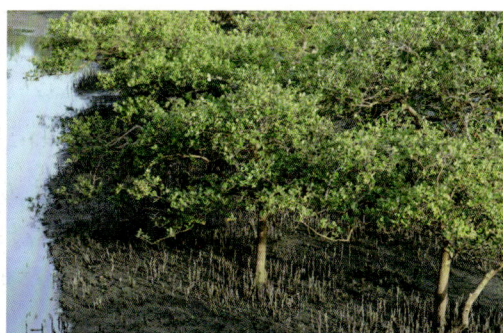

真红树植物——海榄雌植株（北海金海湾景区）

（二）半红树植物

半红树植物（semiexclusive mangrove）指既能生长于潮间带，也能在陆地非盐渍土生长的两栖木本植物。半红树植物在陆地和潮间带上均可生长和繁殖后代，一般生长在大潮时才偶尔浸到陆缘潮带，无适应潮间带生活的专一性形态特征，具有两栖性；半红树植物有时能成为群落优势种。

广西半红树植物有5科8属8种，分别为银叶树、黄槿、桐棉、水黄皮、海杧果、阔苞菊、伞序臭黄荆、苦郎树，均为本土植物。

半红树植物——水黄皮（北海合浦山口）

半红树植物——伞序臭黄荆（钦州钦南区沙井）

（三）滨海盐沼植物

滨海盐沼植物（coastal salt marsh plant）是一类生于滨海盐沼湿地中的植物类型，可被海水周期性、短时间淹没，其生境特点与红树植物相似，处于潮间带上部。滨海盐沼植物的生活型由草本、低矮灌木或藤本植物组成，有别于乔木或灌木的红树植物，也区别于可长期淹没于海水中的海草植物。滨海盐沼植物与红树植物存在明显的生态位重叠，在植被景观上常常出现交错分布。可以考虑根据生活型直接划分滨海潮间带的植物类型，分为乔木、大灌木类型的真红树、半红树植物，这些植物的树冠在高潮位时一般仍能露出水面；以及草本、小灌木、藤本植物的滨海盐沼植物，这类植物在高潮位时一般完全淹没于海水中。

广西滨海盐沼植物有14科33属45种，以莎草科（18种）、禾本科（9种）为主。

表3-3　广西滨海盐沼植物

科名	种名	学名	生活型	外来种	钦州	北海	防城港
番杏科	海马齿	*Sesuvium portulacastrum*	草本	否	少见	罕见	罕见
马齿苋科	马齿苋	*Portulaca oleracea*	草本	否	少见	常见	常见
马齿苋科	毛马齿苋	*Portulaca pilosa*	草本	是	少见	少见	少见
苋科	匍匐滨藜	*Atriplex repens*	草本	否	无	罕见	无
苋科	印度肉苞海蓬	*Tecticornia indica*	草本	否	无	罕见	无
苋科	南方碱蓬	*Suaeda australis*	草本	否	常见	很常见	很常见
大戟科	艾堇	*Sauropus bacciformis*	草本	否	少见	少见	常见

科名	种名	学名	生活型	外来种	钦州	北海	防城港
豆科	鱼藤	*Derris trifoliata*	藤本	否	少见	少见	常见
菊科	茵陈蒿	*Artemisia capillaris*	草本	否	罕见	罕见	罕见
菊科	小蓬草	*Erigeron canadensis*	草本	是	常见	很常见	很常见
菊科	白子菜	*Gynura divaricata*	草本	否	罕见	罕见	罕见
菊科	羽芒菊	*Tridax procumbens*	草本	是	罕见	少见	少见
白花丹科	补血草	*Limonium sinense*	草本	否	罕见	少见	罕见
草海桐科	小草海桐	*Scaevola hainanensis*	草本	否	罕见	罕见	罕见
旋花科	厚藤	*Ipomoea pes-caprae*	藤本	否	常见	常见	常见
车前科	假马齿苋	*Bacopa monnieri*	草本	否	罕见	无	罕见
玄参科	苦槛蓝	*Pentacoelium bontioides*	灌木	否	无	罕见	罕见
石蒜科	文殊兰	*Crinum asiaticum* var. *sinicum*	草本	否	罕见	罕见	罕见
莎草科	海三棱薸草	× *Bolboschoenoplectus mariqueter*	草本	否	少见	无	罕见
莎草科	茳芏	*Cyperus malaccensis*	草本	否	常见	少见	罕见
莎草科	短叶茳芏	*Cyperus malaccensis* subsp. *monophyllus*	草本	否	常见	少见	罕见
莎草科	粗根茎莎草	*Cyperus stoloniferus*	草本	否	少见	少见	少见
莎草科	木贼状荸荠	*Eleocharis equisetina*	草本	否	罕见	罕见	罕见
莎草科	牛毛毡	*Eleocharis yokoscensis*	草本	否	无	罕见	罕见
莎草科	佛焰苞飘拂草	*Fimbristylis cymosa* var. *spathacea*	草本	否	少见	罕见	罕见
莎草科	两歧飘拂草	*Fimbristylis dichotoma*	草本	否	罕见	无	罕见
莎草科	独穗飘拂草	*Fimbristylis ovata*	草本	否	罕见	无	罕见
莎草科	结壮飘拂草	*Fimbristylis rigidula*	草本	否	罕见	无	无
莎草科	少穗飘拂草	*Fimbristylis schoenoides*	草本	否	罕见	无	罕见
莎草科	锈鳞飘拂草	*Fimbristylis sieboldii*	草本	否	少见	无	少见
莎草科	双穗飘拂草	*Fimbristylis subbispicata*	草本	否	罕见	无	无
莎草科	海滨莎	*Remirea maritima*	草本	否	无	罕见	无
莎草科	华刺子莞	*Rhynchospora chinensis*	草本	否	无	罕见	罕见
莎草科	刺子莞	*Rhynchospora rubra*	草本	否	罕见	罕见	罕见
莎草科	水葱	*Schoenoplectus tabernaemontani*	草本	否	罕见	无	无
莎草科	三棱水葱	*Schoenoplectus triqueter*	草本	否	罕见	罕见	无
禾本科	狗牙根	*Cynodon dactylon*	草本	否	很常见	很常见	很常见
禾本科	龙爪茅	*Dactyloctenium aegyptium*	草本	否	常见	常见	常见
禾本科	铺地黍	*Panicum repens*	草本	是	很常见	很常见	很常见
禾本科	海雀稗	*Paspalum vaginatum*	草本	否	少见	少见	少见
禾本科	芦苇	*Phragmites australis*	草本	否	常见	常见	常见
禾本科	互花米草	*Spartina alterniflora*	草本	是	常见	很常见	常见
禾本科	鬣刺	*Spinifex littoreus*	草本	否	罕见	少见	罕见
禾本科	盐地鼠尾粟	*Sporobolus virginicus*	草本	否	少见	很常见	常见
禾本科	沟叶结缕草	*Zoysia matrella*	草本	否	无	罕见	无

盐沼植被与伴生的红树植物（钦州市茅尾海）

南方碱蓬群落（北海涠洲岛）

（四）海草植物

海草植物（seagrass）是指生活在热带到温带海域沿岸浅水中的单子叶植物。广西海草植物植株较矮小，大多分布在潮间带中靠近低潮线的区域，处于红树林外缘，部分种类可生长于潮下带。全世界海草共有12属60多种，我国有9属20多种。广西海草植物种类较少，仅有贝克喜盐草、小喜盐草、喜盐草、矮大叶藻、短柄川蔓藻、羽叶二药藻、二药藻、针叶藻等8种，隶属于4科5属，较常见的种类有喜盐草和矮大叶藻；贝克喜盐草、小喜盐草、羽叶二药藻、短柄川蔓藻、二药藻等种类在广西分布面积小，较为少见；而针叶藻则在广西多年未调查到，可能已灭绝。

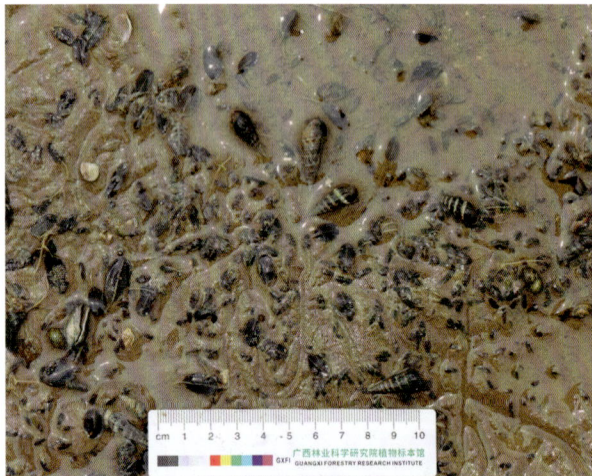

混生一起的喜盐草和贝克喜盐草（防城港市渔洲坪）

混生一起的二药藻和喜盐草（北海市西村港）

（五）浪花飞溅区植物

真红树植物、半红树植物、滨海盐沼植物、海草植物这4类植物明显地均应属滨海植物的范畴，但滨海植物中还有一些分布于潮上带，甚至潮上带以上生境的区域，这一区域受浪花和飞溅的海水微粒，以及强烈的海风影响，生境中存在较强的盐干扰和海风干扰。关于这一类的滨海植物，目前尚无科学的定义，相关名称有海岸带植物、高潮带植物，但均不能与上述4类植物相区别，本书引入浪花飞溅区的概念来定义这一类植物。浪花飞溅区（spray zone）指海岸平均高潮线以上，海水浪花和飞溅的海水微粒所能影响的范围，浪花飞溅区植物（spray zone plant）可定义为生长于海岸平均高潮线以上，海水浪花和飞溅的海水微粒所影响范围内的植物。浪花飞溅区的范围因海岸地貌和风浪大小不同，没有统一的划分标准，结合广西情况，本书把浪花飞溅区定义为高潮线以上10m，水平距离50m范围的区域。

如果说真红树植物、半红树植物、滨海盐沼植物、海草植物这4类植物是属于专性或偏性生长于滨海生境的，则浪花飞溅区植物属于滨海生境和非滨海生境均能良好生长，甚至大多数种类在非滨海生境能生长得更好。浪花飞溅区植物的耐盐能力最差，一般不能生长于海水能够淹没的生境中。

广西野生滨海植物中，浪花飞溅区植物共有125科465属732种，种类占比例高达90.91%。235种栽培种全部属于浪花飞溅区植物。

海风干扰下的银合欢+台湾相思林（北海市涠洲岛）

海滩上的天然林（防城港市港口区）

海蚀崖上的植被（北海市涠洲岛）

火山岛海岸的植被（北海市斜阳岛）

第四章 广西滨海植物资源利用

一、资源概况

广西1038种滨海植物中，实地调查到利用情况或根据资料查阅到利用价值信息的资源植物共892种，其中野生种659种，占全部野生植物种类的比例为82.07%，栽培种233种，占全部栽培植物种类的比例为99.15%。广西滨海植物的资源类型有食用植物、工业原料植物、药用植物、观赏植物、饲用植物、生态防护植物、有毒植物等七大类，以药用植物种类最多，观赏植物次之（表4-1）。

表4-1 广西滨海植物资源类型统计

资源类型		野生	栽培	小计
食用植物	野菜（蔬菜）	39	25	64
	野果（水果）	79	39	118
	保健饮料植物	32	15	47
	淀粉植物	18	15	33
工业原料植物	材用植物	144	81	225
	纤维植物	89	18	107
	油脂植物	90	37	127
	栲胶植物	16	2	18
	香精香料植物	38	26	64
药用植物		488	121	609
观赏植物		199	199	398
饲用植物		139	28	167
生态防护植物		103	20	123
有毒植物		70	30	100
全部资源植物		659	233	892

二、资源植物利用现状

（一）食用植物

1. 野菜（蔬菜）植物

广西滨海植物中，野菜和蔬菜植物共有64种，其中野生种39种，栽培种（包括蔬菜）25种。常见食用的野菜主要有假蒟、马齿苋、水蓼、量天尺、黄麻、望江南、食用葛、粉葛、香椿、白簕、积雪草、鸡屎藤、鬼针草、一点红、龙葵、海榄雌等16种。

2. 野果（水果）植物

野果植物有79种，栽培水果39种。野果植物中食用价值较高的主要有龙珠果、红瓜、茅瓜、仙人掌、单刺仙人掌、桃金娘、乌墨、木竹子、岭南山竹子、假苹婆、白饭树、余甘子、蛇泡筋、茅莓、米槠、红锥、构树、大果榕、薜荔、小花山小橘、人面子、黄果柿、酸藤子、露兜树等。

3. 保健饮料植物

植物体的某一部分能够做成饮料，具有生津止渴、滋补健身，甚至治疗疾病的作用，而有益于人类健康的植物，称为保健饮料植物。广西滨海植物中共有保健饮料植物47种，其中野生种32种，栽培种15种。常见利用的野生保健饮料植物主要有草珊瑚、地耳草、破布叶、决明、相思子、广东金钱草、葫芦茶、秤星树、广寄生、黄杞、积雪草、玉叶金花、忍冬、一点红、车前、独脚金、狗肝菜、爵床、山麦冬、白茅、淡竹叶。

4. 淀粉植物

淀粉植物是指那些能合成淀粉，储藏在果实、种子、根、茎内的植物。通过磨碎、水洗、沉淀、干燥即可提取出植物储存的淀粉。广西滨海植物中的淀粉植物有33种，其中野生种18种，栽培种15种。利用价值较高的野生淀粉植物主要是豆科的食用葛、葛、野葛、粉葛、三裂叶野葛和壳斗科的米槠、锥、红锥等。

（二）工业原料植物

1. 材用植物

材用植物主要是指其茎可供建筑、桥梁、箱板、家具、桩柱等用途的木本植物。广西滨海植物中材用植物有225种，其中野生种144种，栽培种81种。野生的乌墨、海红豆、格木、米槠、红锥、黄连木、紫荆木、黄杞，以及栽培的土沉香、铁刀木、紫檀、任豆、麻楝等13种被列入国家林业和草原局发布的《中国主要栽培珍贵树种参考名录（2017年版）》。材性较好，利用价值较高的野生种还有南亚松、香叶树、柞木、西南木荷、红鳞蒲桃、红枝蒲桃、黄牛木、台湾相思、马占相思、楹树、锥、大叶山棟、山棟、香椿、乌材、厚壳树等。在225种材用植物中，以材用为主要用途栽培的种类仅有马尾松、巨尾桉、尾叶桉、窿缘桉、大叶相思、厚荚相思、柳杉、土沉香、枫香树、箣竹、粉单竹、东兴黄竹等12种，大多种类的材用价值尚未得到充分利用。

2. 纤维植物

纤维植物指植物体内的纤维能作为纺织原料、麻袋、绳索和造纸原料等用途的植物，按其利用部位可分为茎皮类、木材类、种毛类、竹类、草类、棕榈类等六大类。广西滨海植物中的纤维植物有107种，其中野生种89种，栽培种18种。专门栽培供制取纤维的仅有海岛棉和剑麻2种，利用潜力较大的种类还有买麻藤、了哥王、木棉、苘麻、构树、苎麻、厚皮树、牛角瓜、龙舌兰、芦竹、五节芒、类芦、芦苇、斑茅、棕叶芦等。

3.油脂植物

油脂植物的某一器官（主要是种子）富含油脂成分，可供制作油漆、涂料、表面活性剂、增塑剂、润滑剂等工业用途。广西滨海植物中油脂植物有127种，其中野生种90种，栽培种37种。推广栽培的油脂植物只有油茶、马尾松、八角、肉桂和木油桐5种，其他利用价值较高的种类主要有南亚松、含笑花、石栗、蝴蝶果、绿玉树、麻疯树、蓖麻、山乌桕、乌桕、野漆、牛角瓜。

4.栲胶植物

栲胶是从富含鞣质植物的组织中加工浸提生产而来的，主要成分是单宁。栲胶的用途日趋广泛，主要应用于制革工业作鞣革剂、渔网染制、除垢剂、胶合剂等。随着化工技术的发展，人工合成鞣剂逐渐替代了天然栲胶，天然栲胶的利用已越来越少见。广西滨海植物中栲胶植物共有18种，其中野生种16种，栽培2种。红树植物中富含单宁，大部分种类均是良好的栲胶来源，此外优良的天然栲胶植物还有南亚松、马尾松、油茶、余甘子、杨梅、米槠、锥、红锥等。

5.香精香料植物

香精香料植物体内能产生香气，并能用于提炼香料、精油。广西滨海植物中香精香料植物有64种，其中野生种38种，栽培种26种。已推广栽培的香精香料植物有含笑花、八角、樟、肉桂、土沉香、细叶黄皮、黄皮、九里香、栀子、留兰香、闭鞘姜、姜等。具有较大利用潜力的种类有圆柏、龙柏、竹柏、夜香木兰、假鹰爪、乌药、香叶树、山鸡椒、岗松、红千层、窿缘桉、白千层、桃金娘、山油柑、酒饼簕、翼叶九里香、簕欓花椒、扭肚藤、华山姜、艳山姜、香附子等。

（三）药用植物

植物的某一部分或全株可以用于治病的植物统称为药用植物。广西滨海植物中药用植物有609种，占总种数58.67%，是种类最多的一类资源植物，其中野生药用植物488种，栽培种121种。使用较为广泛的药用植物有：瓶尔小草、肉桂、草珊瑚、瓜子金、了哥王、木鳖子、地耳草、破布叶、拔毒散、黑面神、叶下珠、枇杷、瓶尔小草、肉桂、草珊瑚、瓜子金、了哥王、木鳖子、地耳草、破布叶、拔毒散、黑面神、叶下珠、枇杷、野漆、栀子、伞房花耳草、白花蛇舌草、玉叶金花、鸡屎藤、忍冬、黄花蒿、一点红、扁桃斑鸠菊、车前、独脚金、爵床、大青、益母草、山麦冬、绥草、香附子、白茅、淡竹叶。47种保健饮料植物均属于清热解毒药。

（四）观赏植物

观赏植物是指具有观赏价值的植物总称，主要以观花为主，有些种类为观果、观叶或观形。广西滨海植物中观赏植物共有398种，占全部滨海植物种数的38.34%，野生种和栽培种均为199种，分别占该类来源植物种数的24.78%和84.68%。可见，广西滨海植物中的栽培种大部分是作为观赏植物引种的。

（五）饲用植物

饲用植物是指可作为动物饲料的植物，广西滨海植物中的饲用植物共有167种，其中野生种

139种，栽培种28种。常见栽培的饲用植物有地肤、阳桃、朱槿、木薯、蕹菜、番薯、香蕉、甘蔗，其他饲用价值较高的种类还有莲、垂花悬铃花、垂叶榕、假连翘、繁缕、刺苋、皱果苋、黄麻、假肥牛树、紫弹树、朴树、假玉桂、山油麻、山黄麻、构树、榕树、猪菜藤、厚藤、芦竹、地毯草、柳叶箬、芦苇、甜根子草、鼠尾粟、棕叶芦等。

（六）生态防护植物

生态防护植物包括水土保持植物、堤岸防护植物、海岸防护植物、农田防护植物、抗污染植物、固氮植物。广西滨海植物中生态防护植物有123种，其中野生种103种，栽培种20种。各类真红树、红树植物都是良好的堤岸防护或海岸防护植物，优良的海岸防护植物除常见的木麻黄外，还有窿缘桉、巨尾桉、尾叶桉、红鳞蒲桃、大叶相思、台湾相思、厚荚相思、马占相思、银合欢、朴树、假玉桂、山黄麻、变叶裸实、刺葵、露兜树、扇叶露兜树等乔木树种。堤岸防护植物则是以草本、藤本和小灌木为主，这些植物生长快、抗逆性强、容易形成较大的覆盖度，有较大利用价值的种类主要有仙人掌、单刺仙人掌、岗松、猪屎豆、光萼猪屎豆、假地豆、千斤拔、美丽胡枝子、田菁、滨豇豆、山油麻、车桑子、三裂蟛蜞菊、肿柄菊、厚藤、金钟藤、马缨丹、单叶蔓荆、地毯草、臭根子草、狗牙根、白茅、五节芒、类芦、海雀稗、狼尾草、芦苇、卡开芦、斑茅、甜根子草、鬣刺、鼠尾粟、盐地鼠尾粟、棕叶芦。

（七）有毒植物

有毒植物是一个特殊的资源植物类型，其用途不是专一性的，而是非常广泛的，有些种类可作临床医学研究、药用、食用、观赏植物等，也可以用于加工成各种农业药剂（杀虫剂、杀菌剂）、日化工业产品等。广西滨海植物中有毒植物有100种，其中野生种70种，栽培种30种。大戟科、豆科、夹竹桃科、茄科、天南星科的有毒植物种类最多，这5个科共有74种。

第五章 广西滨海植物资源保护与管理

一、重点保护植物

（一）国家重点保护野生植物

根据2021年发布的《国家重点保护野生植物名录》，广西滨海植物中共有国家重点保护野生植物7种，均为浪花飞溅区植物，其中国家一级为膝柄木（*Bhesa robusta*）及植物新种谢氏膝柄木（*Bhesa xiei*）；国家二级为金毛狗（*Cibotium barometz*）、水蕨（*Ceratopteris thalictroides*）、格木（*Erythrophleum fordii*）、凹叶红豆（*Ormosia emarginata*）、紫荆木（*Madhuca pasquieri*）等5种（表5-1）。谢氏膝柄木个体数量最少，仅有1株古树，次之为膝柄木（17株），金毛狗较常见。

表5-1 广西滨海植物中的野生和栽培国家重点保护植物

序号	种名	种学名	科名	生活型	级别	钦州	北海	防城港
1	膝柄木	*Bhesa robusta*	安神木科	乔木	一级	无	罕见	罕见
2	谢氏膝柄木	*Bhesa xiei*	安神木科	乔木	一级	无	无	罕见
3	金毛狗	*Cibotium barometz*	蚌壳蕨科	草本	二级	少见	少见	少见
4	水蕨	*Ceratopteris thalictroides*	凤尾蕨科	草本	二级	罕见	罕见	罕见
5	格木	*Erythrophleum fordii*	豆科	乔木	二级	无	罕见	罕见
6	凹叶红豆	*Ormosia emarginata*	豆科	乔木	二级	罕见	无	罕见
7	紫荆木	*Madhuca pasquieri*	山榄科	乔木	二级	无	无	罕见

（二）广西重点保护野生植物

根据2023年发布的《广西壮族自治区重点保护野生植物名录》，广西滨海植物中共有广西重点保护野生植物6种，分别为锈毛红厚壳（*Calophyllum antillanum*）、银叶树（*Heritiera littoralis*）、粘木（*Ixonanthes reticulata*）、见血封喉（*Antiaris toxicaria*）、白桂木（*Artocarpus hypargyreus*）、榄李（*Lumnitzera racemosa*）（表5-2）。锈毛红厚壳较少见，仅分布于防城港市东兴市巫头村。榄李为真红树植物，银叶树为半红树植物，其他种类均为浪花飞溅区植物。

表5-2　广西滨海植物中的自治区重点保护植物

序号	种名	学名	科名	生活型	钦州	北海	防城港
1	锈毛红厚壳	*Calophyllum antillanum*	红厚壳科	乔木	无	无	罕见
2	银叶树	*Heritiera littoralis*	锦葵科	乔木	无	罕见	罕见
3	粘木	*Ixonanthes reticulata*	古柯科	乔木	罕见	罕见	罕见
4	见血封喉	*Antiaris toxicaria*	桑科	乔木	罕见	罕见	罕见
5	白桂木	*Artocarpus hypargyreus*	桑科	乔木	无	罕见	无
6	榄李	*Lumnitzera racemosa*	使君子科	灌木	无	罕见	罕见

二、植物新种和新记录

《广西植物名录》（覃海宁和刘演，2010）出版至今，广西滨海植物共新增植物新种1种，即2022年发表的谢氏膝柄木；新增新记录物种39种，其中本土新记录植物24种，外来归化植物15种（表5-3）。

表5-3　植物新种和新记录

种名	学名	外来种	发表年份	文献
粉叶蕨	*Pityrogramma calomelanos*	是	2011	广西蕨类植物新记录
光叶藤蕨	*Stenochlaena palustris*	否	2011	广西蕨类植物新记录科——光叶藤蕨科
毛鳞球柱草	*Bulbostylis puberula*	否	2012	广西北部湾海岸带维管植物区系地理与植物资源研究
皱子鸟足菜	*Cleome rutidosperma*	是	2012	广西北部湾海岸带维管植物区系地理与植物资源研究
肉珊瑚	*Cynanchum acidum*	否	2012	广西北部湾海岸带维管植物区系地理与植物资源研究
辐射砖子苗	*Cyperus radians*	否	2012	广西北部湾海岸带维管植物区系地理与植物资源研究
三翅秆砖子苗	*Cyperus trialatus*	否	2012	广西北部湾海岸带维管植物区系地理与植物资源研究
紫斑大戟	*Euphorbia hyssopifolia*	是	2012	广西北部湾海岸带维管植物区系地理与植物资源研究
长柄果飘拂草	*Fimbristylis longistipitata*	否	2012	广西北部湾海岸带维管植物区系地理与植物资源研究
短尖飘拂草	*Fimbristylis squarrosa* var. *esquarrosa*	否	2012	广西北部湾海岸带维管植物区系地理与植物资源研究
银花苋	*Gomphrena celosioides*	是	2012	广西外来种子植物新记录
石龙刍	*Lepironia articulata*	否	2012	广西北部湾海岸带维管植物区系地理与植物资源研究
红毛草	*Melinis repens*	是	2012	广西外来种子植物新记录
黑叶谷木	*Memecylon nigrescens*	否	2012	广西北部湾海岸带维管植物区系地理与植物资源研究
盖裂果	*Mitracarpus hirtus*	是	2012	广西外来种子植物新记录
墨苜蓿	*Richardia scabra*	是	2012	广西外来种子植物新记录
圭亚那笔花豆	*Stylosanthes guianensis*	是	2012	广西外来种子植物新记录
蒺藜草	*Cenchrus echinatus*	是	2013	广西农业生态系统外来入侵杂草发生与危害现状分析
丝毛雀稗	*Paspalum urvillei*	是	2013	广西3种新记录外来入侵植物
翼茎阔苞菊	*Pluchea sagittalis*	否	2013	广西3种新记录外来入侵植物
滨海白绒草	*Leucas chinensis*	否	2015	广西唇形科植物新记录
匍匐滨藜	*Atriplex repens*	否	2017	广西滨海盐沼生态系统研究现状及展望
留萼木	*Blachia pentzii*	否	2018	广西植物新资料

种名	学名	外来种	发表年份	文献
疏花木蓝	*Indigofera colutea*	否	2018	广西植物新资料
细穗草	*Lepturus repens*	否	2018	广西植物新资料
伏胁花	*Mecardonia procumbens*	是	2018	广西归化植物二新记录属
轮叶离药草	*Stemodia verticillata*	是	2018	广西归化植物二新记录属
砂滨草	*Thuarea involuta*	否	2018	广西植物新资料
滨豇豆	*Vigna marina*	否	2018	广西植物新资料
瘤蕨	*Microsorum scolopendria*	否	2019	广西本土植物及其濒危状况
苏里南莎草	*Cyperus surinamensis*	是	2020	广西新记录归化植物及其入侵性分析
文定果	*Muntingia calabura*	是	2020	广西新记录归化植物及其入侵性分析
羽状穗砖子苗	*Cyperus javanicus*	否	2021	广西维管植物分布新记录
合欢草	*Desmanthus virgatus*	是	2021	广西外来入侵植物新记录属——合欢草属
宿苞厚壳树	*Ehretia asperula*	否	2021	广西维管植物分布新记录
白皮素馨	*Jasminum rehderianum*	否	2021	广西维管植物分布新记录
腺果藤	*Pisonia aculeata*	否	2021	广西维管植物分布新记录
四瓣马齿苋	*Portulaca quadrifida*	否	2021	广西维管植物分布新记录
小鹿藿	*Rhynchosia minima*	否	2021	广西维管植物分布新记录
谢氏膝柄木*	*Bhesa xiei*	否	2022	Bhesa xieii (Centroplacaceae), a new species from Guangxi, China

*注：谢氏膝柄木为新种，其他为新记录种。

三、外来植物与生物入侵

　　广西滨海植物共有外来种203种，其中野生种93种，栽培种110种；按植物类型划分：真红树植物2种，为无瓣海桑和对叶榄李，滨海盐沼植物4种，浪花飞溅区植物197种；按生活型划分：草本植物85种，乔木51种，灌木56种，藤本11种。203种外来植物中，列入《中国外来入侵植物名录》（马金双等，2018）的入侵植物共有68种，大部分种类危害陆域生境，仅互花米草危害海域生境。互花米草在北海市铁山港区、合浦县，以及钦州市钦南区犀牛脚镇的沙质海岸分布面积较大，对红树林危害

互花米草群落（北海市铁山港区营盘镇）

互花米草群落和红树林（钦州市犀牛脚镇沙角村）

人工造林的无瓣海桑林（钦州市钦南区康熙岭镇）　　　　高突出本土红树植物的对叶榄李（北海市金海湾）

严重。分布于海域生境的外来植物主要还有无瓣海桑和对叶榄李两种乔木，这两种是否属于入侵种争议较大，但这两种都具有环境适应性强、生长速度快、繁殖能力强的特性，已表现出较大的入侵性。引入时间较早的无瓣海桑在广西分布范围广，尤其是在最早开始人工造林的钦州市茅尾海地区常常形成纯林。对叶榄李引入较晚，在人为控制下，扩散较慢，对本土红树林的危害较轻。

四、自然保护地

涉及广西滨海植物的保护地包括自然保护区、海洋公园、湿地公园、地质公园、森林公园和保护小区等。自然保护区为级别最高、最严格的保护形式，强调绝对保护，实验区的一切人为活动都要服从于绝对保护。海洋公园、湿地公园、地质公园、森林公园则强调将保护、恢复和合理开发利用有机结合起来，为公众展示可持续的经济发展理念。为了保护和合理利用滨海湿地资源，广西已建立了3个国家级自然保护区、2个自治区级自然保护区、1个县级自然保护区、2个国家海洋公园、1个国家湿地公园、1个国家地质公园、1个国家森林公园和6个红树林自然保护小区，它们构成了广西红树林乃至整个滨海植物保护事业的主体（范航清等，2018）。

（一）广西山口红树林生态国家级自然保护区

广西山口红树林生态国家级自然保护区由广西合浦县东南部沙田半岛的东西两侧海岸及海域组成，东与广东湛江市红树林保护区接壤，地域跨越合浦县的山口、沙田和白沙三镇，距保护区最近（公路里程）的地级市分别是广西北海市（105km）和广东湛江市（93km）。保护区管理处设于广西北海市，下设英罗、沙田和白沙3个管理站。保护区总面积约8000hm²，其中核心区800hm²，缓冲区3600hm²，实验区3600hm²；保有红树林面积逾800hm²。

经国务院批准，保护区于1990年成为我国首批5个海洋类型自然保护区之一。1993年7月加入中国人与生物圈（CBRN）保护区网络。2000年1月被联合国教科文组织国际人与生物圈（MAB）保护区网络接纳为成员。2002年1月被列入国际重要湿地（Ramsar Site）名录。

保护区现有真红树植物8科10属10种（其中外来种1科1属1种），半红树植物5科7属7种，分别占我国红树植物种类数的37.04%和58.33%。保护区分布有我国现存最完整、最古老的红海榄林（范航清等，2021；刘文爱等，2021）。

广西、广东交界的英罗湾与山口红树林保护区英罗管理站的红树林

（二）广西北仑河口国家级自然保护区

广西北仑河口国家级自然保护区的前身是1983年由原防城县人民政府批准建立的山脚红树林保护区。1990年，该保护区经广西壮族自治区人民政府批准晋升为自治区级北仑河口海洋自然保护区；2000年4月，经国务院批准晋升为国家级自然保护区。2001年7月，保护区加入了中国人与生物圈组织；2004年6月，加入中国生物多样性保护基金会，并作为该基金会下属的自然保护区委员会成立的发起单位；经过激烈的国际竞争，2005—2008年该保护区被选为联合国环境规划署南中国海项目国际示范区；2008年2月，被列入国际重要湿地名录；2013年，被环境保护部和教育部联合评为首批"全国中小学环境教育社会实践基地"。

保护区总面积为3000hm²，2000年红树林面积为1131.3hm²，主要连片分布于珍珠港内，并在巫头、榕树头和北仑河口等处断续分布。保护区内有红树植物11种，半红树植物7种。

珍珠湾管理站的红树林

（三）广西合浦儒艮国家级自然保护区

广西合浦儒艮国家级自然保护区于1986年由广西区人民政府以桂政办函[1986]122号文和桂编[1986]192号文批准成立自治区级合浦儒艮自然保护区；1992年10月，国务院国函[1992]166号文批准成立国家级儒艮自然保护区。总面积35000hm²，其中核心区面积13200hm²，缓冲区面积为11000hm²，实

竹山管理站的红树林（东兴市古榕部落）

验区面积10800hm²；保护区以儒艮、中华白海豚等珍稀海洋生物及海草床和红树林海洋生态系统为保护对象。保护区是中国重要的海草保护区，但保护区及其周边区域的海草床退化严重（林金兰等，2020）。

（四）广西茅尾海红树林自治区级自然保护区

广西茅尾海红树林自然保护区于2005年11月17日由广西壮族自治区人民政府批准成立，由林业部门主管，属自治区级自然保护区。保护区由康熙岭片、坚心围片、七十二泾片和大风江片四大片组成，是全国最大最典型的岛群红树林区的所在地。2015年和2018年该保护区边界分别进行了调整，2018年调整后的保护区面积为4896hm²，有林地面积2340.8hm²。

保护区东与北海市合浦县的西场镇交界，西与防城港市的茅岭镇接壤，内有茅岭江、钦江、大风江入海，河流与海流的共同作用在入海口形成泥沙质平滩、潮沟和岛屿，构成典型的海叉地形。保护区内有红树植物11科14种，除了木榄、秋茄树、红海榄、海榄雌、老鼠簕等红树植物，还有苦郎树、黄槿、海杜果等半红树植物。

茅尾海红树林与盐沼植被（钦州市钦南区海虾楼观景台）

茅尾海保护区内的无瓣海桑林（康熙岭镇横山村）

（五）广西涠洲岛自治区级自然保护区

　　广西涠洲岛自然保护区位于北部湾，包括涠洲、斜阳二岛。保护区前身是涠洲岛鸟类保护区，始建于1982年，2002年划为自治区级自然保护区。保护区处于亚洲大陆与东南亚和澳大利亚之间的鸟类迁徙路线上，是鸟类迁徙途中的重要停歇地。目前已知有鸟类188种，其中迁徙候鸟有174种，旅鸟117种，国家一级重点保护鸟类2种，国家二级重点保护鸟类27种。

　　涠洲岛保护区共有维管植物608种，隶属于126科427属，其中蕨类植物13科14属20种；裸子植物4科4属4种；被子植物109科409属584种。但是由于涠洲岛开发历史长，受人类活动长期干扰，植被特点表现为：①原生性植被荡然无存，人工植被占绝对优势；②以农业植被为主，森林匮乏；③结构简单；④外来植物入侵严重。

涠洲岛全貌

斜阳岛全貌

涠洲岛鳄鱼山月亮湾

（六）广西防城万鹤山鸟类县级自然保护区

广西防城万鹤山鸟类县级自然保护区范围为以广西防城港市东兴市巫头岛的万鹤山为中心、半径500m的区域，保护区未进行功能区划，该区域现属广西北仑河口国家级自然保护区管理。该地为紧靠海边面积约为5.3hm²的小圆山林，距离高潮线10～30m，在靠海一侧有大面积木麻黄林带围绕，外缘分布有较大面积红树林。根据广西大学等单位2006～2007年的调查，万鹤山鹭鸟栖息地记录有高等植物57科100属131种，列入《中日候鸟保护协定》及"国家三有名录"的鹭鸟10种：牛背鹭、白鹭、夜鹭、大白鹭、池鹭、中白鹭、草鹭、黄嘴白鹭、苍鹭和栗苇鳽。每年繁殖季节，万鹤山的鹭鸟常超过1万只以上，连同幼鸟多达2万只以上（蒋与丽，2007）。

东兴市万鹤山鸟类保护区全景图

（七）广西钦州茅尾海国家海洋公园

广西钦州茅尾海国家海洋公园于2011年由国家海洋局批准成立，是我国首批国家级海洋公园之一。2017钦州市人民政府批准创立"钦州茅尾海国家级海洋公园管理中心"，核定事业编制5人。广西钦州茅尾海国家海洋公园南至七十二泾南缘，西临防城港市与钦州市的海域行政界线，北端延伸至广西茅尾海红树林自然保护区南缘，东接茅尾海辣椒槌片区，面积为3482.7hm²，其中红树林面积26.7hm²。海洋公园北部有连片面积较大的红树林和"红树林—盐沼"植被，还有牡蛎采苗区。茅尾海是河海交汇区，水文、地形、生物等条件极利于近江牡蛎的生长繁衍，造就了我国最大的近江牡蛎采苗区和重要的近江牡蛎养殖区。

红树林与生蚝养殖（钦州市钦南区海下村）

钦江入海口的耗排（钦州市钦南区北港村）

（八）广西涠洲岛珊瑚礁国家海洋公园

广西涠洲岛珊瑚礁国家级海洋公园位于广西壮族自治区北海市南部海域，于2012年12月21日经国家海洋局批准成立，主要位于涠洲岛东北面和西南面距海岸线500m以外至15m等深线组成的两部分海域。总面积为2512.92hm²，其中重点保护区1278.08hm²，适度利用区1234.84hm²，主要功能为保护珊瑚礁，并开展珊瑚礁生态修复、渔业资源保育、生物多样性保护等活动。

涠洲岛海洋景观

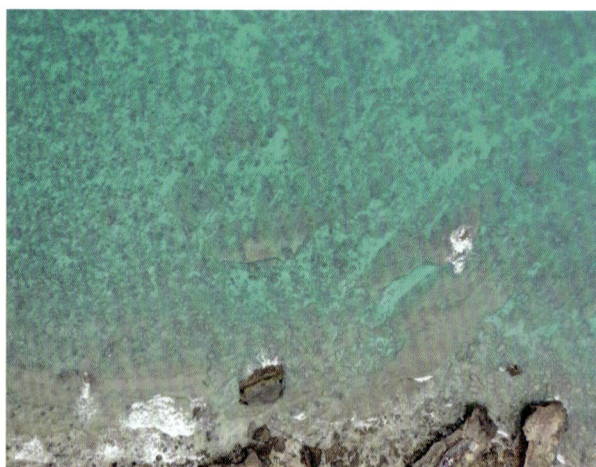

涠洲岛鳄鱼山旁的火山岩和珊瑚礁

（九）广西北海滨海国家湿地公园

广西北海滨海国家湿地公园于2011年1月由北海市政府申报建设。2011年3月，国家林业局批准北海湿地公园项目开展为期5年的试点建设，2016年8月通过国家林业局评估验收。广西北海滨海国家湿地公园是广西第一家正式授牌的国家湿地公园，也是北海金海湾红树林生态旅游区的所在地，是北海冯家江间歇性河口湿地环境整治的海岸。

广西北海滨海国家湿地公园湿地面积为2009.8hm²，其中红树林面积193.08hm²，包含水库湿地、河流湿地和滨海湿地三种类型，范围自鲤鱼地沿冯家江至大冠沙。公园内滨海植被和红树林的维管植物种类有672种。管辖范围内共有19种红树植物，植被类型包括5个群系15中群丛；有大面积的原生海榄雌群落（193.73hm²），底质为纯沙质，是我国最典型的沙生红树林区（邓秋香等，2022）。

北海滨海国家湿地公园的沙质海滩和海榄雌红树林（北海市金海湾）

（十）广西北海涠洲岛火山国家地质公园

1992年，涠洲岛（含斜阳岛）被国务院批准为全国海岛资源开发试验之一，1995年，被广西壮族自治区人民政府批准为广西壮族自治区级旅游度假区，2004年1月19日，广西北海涠洲岛火山国家地质公园经国土资源部批准建立。北海涠洲岛火山国家地质公园占地面积约26.88km²，是中国最大最年轻的火山岛，拥有火山地质遗迹、海蚀地貌、海底珊瑚和独特的海岛植被景观。

（十一）广西北海冠头岭国家森林公园

广西北海冠头岭国家森林公园始建于1988年，是由林业部批复的广西第一个森林公园，位于北海市西南部，三面临海，为典型的南亚热带海洋性季风气候。冠头岭是北海市区唯一的山地，主峰海拔120m，是城区的最高点。公园内森林覆盖率达96.7%，森林植被主要有马尾松林、木麻黄林、台湾相思林。公园特殊的地理位置和良好的生态环境，使之成为重要的候鸟迁徙停留地，尤其是每年猛禽迁徙季节，满天飞舞的猛禽蔚为壮观，不乏白肩雕、白腹海雕、蛇雕、灰脸鵟鹰等大量国家一级、二级保护鸟类。

（十二）广西红树林自然保护小区

自然保护区面积较大、门槛高、申报手续繁杂、管理严格。对于自然保护区以外面积小、分散分布，但是具有重要保护价值的红树林斑块，可以采用自然保护小区的方式进行保护。自然保护小区是自然保护区的延伸和补充，对于拯救稀有的濒危物种，保护生态系统的完整性和生物多样性，维护生态平衡，促进社会经济发展和自然资源的保护与可持续利用都具有十分重要的意义。

自然保护小区具有占地面积小、设置程序简单、建设快速简洁、管理灵活便捷、保护对象针对性强、社区自我管理、提升公众知识和意识等优点，可有效对现行自然保护区布局和功能进行补充与完善，在生物多样性保护中能够发挥自然保护区无法起到的作用，是野生动植物保护及自然保护区建设体系的重要组成部分，在生物多样性保护中具有重要意义。

2010年《广西森林和野生动物类型自然保护小区建设管理办法》出台，现已建立红树林自然保护小区6个，均分布于北海市。

2012年11月，北海市银海区林业局批准成立"平阳镇横路山红树林自然保护小区"，面积为44.3hm²，主要保护对象为红树林，主要树种为蜡烛果。

2012年11月，北海市海城区农林水利局批准成立"高德垌尾红树林自然保护小区"，面积为31.96hm²，主要保护对象为红树林，主要树种为蜡烛果和海榄雌。

2012年11月，北海市铁山港区林业局批准成立"铁山港白龙古城港沿岸红海榄自然保护小区"，面积为60.2hm²，主要保护对象为蜡烛果、海榄雌和红海榄。

2012年12月，合浦县林业局批准成立"党江镇木案红树林自然保护小区"和"沙岗镇七星红树林自然保护小区"，面积分别为9.2hm²和10.5hm²，主要保护对象为红树林，主要树种为蜡烛果和秋茄树。

2013年12月，合浦县林业局批准成立"党江镇渔江红树林自然保护小区"，面积为2.44hm²，主要保护对象为红树林，所在区域人为活动多，仅零星分布蜡烛果和半红树植物阔苞菊。

第一部分｜野生植物

一、真红树植物

卤蕨
Acrostichum aureum L.

凤尾蕨科
卤蕨属

特征 多年生草本。叶簇生，叶柄长30～60cm，基部褐色，向上为枯禾秆色，光滑；上面纵沟；叶片长60～140cm，宽30～60cm，一回羽状，羽片多达30对，基部一对对生，略较其上的为短，中部的互生，长舌状披针形，长15～36cm，宽2～2.5cm，顶端圆而有小突尖，或凹缺而呈双耳，凹入处有微突尖，基部楔性，全缘，通常上部的羽片较小，能育；叶脉网状，两面可见；叶厚革质，光滑。孢子囊满布能育羽片下面，无盖。

分布 钦州市：常见；北海市：很常见；防城港市：很常见。

特性 常见于有淡水输入的高潮带滩涂，也可以生长在只有特大潮才能影响到的湿润地区，是广西红树植物中唯一的蕨类植物。

用途 观赏，药用。

类型 真红树植物。

无瓣海桑

Sonneratia apetala Buch.-Ham.

特征 常绿乔木。呼吸根长可达1.5m。小枝下垂。叶片狭椭圆形至披针形，长5～13cm，宽1.5～4cm，基部楔形，先端钝；叶柄长5～10mm。聚伞花序，每花序有小花3～7朵，花萼绿色，无花瓣，花丝白色，柱头盾状，宽达7mm。果实直径2～2.5cm。花期5～12月，果期8～4月。

分布 钦州市：很常见；北海市：常见；防城港市：罕见。

特性 喜低盐度海岸潮间带，因此河口和岸边有淡水调节的滩涂是其主要生长地。耐淹、速生、抗风、较耐寒，是我国林业部门在东南沿海一带极力推荐的红树林造林树种。

用途 食用（野果），材用，生态防护。潮间带滩涂优良的先锋造林树种。

类型 真红树植物；外来种。

对叶榄李（拉关木）

Laguncularia racemosa C.F.Gaertn.

特征 乔木，高8～10m。树干圆柱形。有指状呼吸根。茎干灰绿色。单叶对生，全缘，厚革质，长椭圆形，先端钝或有凹陷，长6～12cm，宽1.5～5.5cm，叶柄正面红色，背面绿色。雌雄同株或异株。总状花序腋生，每花序有小花18～53朵。隐胎生果卵形或倒卵形，长2～2.5cm，果皮多有隆起的脊棱，小果灰绿色，成熟时黄色。花期2～9月，其中盛花期4～5月；果实成熟期7～11月。

分布 钦州市：罕见；北海市：少见；防城港市：罕见。

特性 对低盐度和缺氧状态的适应能力强，也能适应高盐度环境，抗逆性好。结果量巨大，种子具有较好的萌发能力和漂浮能力，具备入侵物种的潜质。

用途 食用（野果），材用，生态防护。红树林造林先锋树种和速生树种，可用于沿海裸滩造林，但入侵性强，须慎用。

类型 真红树植物；外来种。

榄李
Lumnitzera racemosa Willd.

特征 常绿灌木或小乔木。枝具明显的叶痕，初时被短柔毛。叶常聚生枝顶，肉质，绿色，匙形或狭倒卵形，长5.7~6.8cm，宽1.5~2.5cm，先端钝圆或微凹，叶脉不明显；无柄或具的柄。总状花序腋生，长2~6cm，有花6~12朵；萼管延伸于子房之上，长约5mm；花瓣5枚，白色，细小而芳香，长4.5~5mm，宽约1.5mm；雄蕊10枚或5枚。果成熟时褐黑色，木质，长1.4~2cm，直径5~8mm；种子1粒。花果期12月至翌年3月。

分布 钦州市：无；北海市：罕见；防城港市：罕见。

特性 属于演替后期树种，对生境要求相对较高，生长于高潮带或大潮可淹及的泥沙滩。对盐度有广泛的适应能力，既可以在完全淡水的环境下生长，也可以在高盐环境下生长，是红树植物中最适应陆地环境的植物之一，也是红树植物中耐盐能力高的树种之一。

用途 食用（野果），生态防护。花开繁多，为优良的蜜源植物。材质坚硬，可用于制作器具。叶片提取物具有较强的抗菌活性，可用于治疗鹅疮、湿疹和皮肤瘙痒等。

类型 真红树植物。

木榄

Bruguiera gymnorhiza (L.) Savigny

特征 乔木或灌木。叶椭圆状矩圆形，长7～15cm，宽3～5.5cm，顶端短尖，基部楔形；叶柄暗绿色，长2.5～4.5cm；托叶长3～4cm。花单生，盛开时长3～3.5cm，有长1.2～2.5cm的花梗；萼平滑无棱，暗黄红色，裂片11～13；花瓣长1.1～1.3cm，中部以下密被长毛，2裂，裂片顶端有2～3（～4）条刺毛，裂缝间具刺毛1条；雄蕊略短于花瓣；花柱3～4棱柱形，长约2cm，柱头3～4裂。胚轴长15～25cm。花果期几全年。

分布 钦州市：罕见；北海市：少见；防城港市：罕见。

特性 多见于红树林内滩，属于演替后期种类，耐水淹能力比海榄雌、秋茄树和红海榄低。

用途 材用，观赏，油脂，生态防护。是构成我国红树林的优势树种之一。材质坚硬，色红，树皮富含单宁。

类型 真红树植物。

秋茄树

Kandelia obovata Sheue et al.

特征 灌木或小乔木。树皮平滑，红褐色。枝粗壮，有膨大的节。叶椭圆形、矩圆状椭圆形或近倒卵形，长5～9cm，宽2.5～4cm，顶端钝形或浑圆，全缘，叶脉不明显；叶柄粗壮，长1～1.5cm；托叶早落。二歧聚伞花序，有花4（～9）朵；总花梗长短不一；花具短梗，盛开时长1～2cm，直径2～2.5cm；花萼裂片革质，长1～1.5cm，花后外反；花瓣白色，短于花萼裂片；雄蕊无定数，长短不一。果实圆锥形，长1.5～2cm；胚轴细长，长12～20cm。花果期几乎全年。

分布 钦州市：很常见；北海市：很常见；防城港市：很常见。生于浅海和河流出口冲积带的盐滩。

特性 多生长于红树林中滩及中外滩，常见于海榄雌和蜡烛果群落的内缘，属于演替中期种类。对温度和潮带的适应性都较广，是太平洋西岸最耐寒的红树植物，也是目前人工造林应用最广泛的红树植物种类。

用途 生态防护、材用。胚轴富含淀粉，经处理可食，树叶可作家畜饲料，树皮富含单宁，可作收敛剂。

类型 真红树植物。

红海榄（红海兰）

Rhizophora stylosa Griff.

特征　常绿灌木或小乔木。基部有发达的支柱根。叶椭圆形或长圆状椭圆形，长6.5～11cm，先端凸尖或钝短尖，基部宽楔形，中脉和叶柄绿色；叶柄粗，长2～3cm，托叶长4～6cm。花序梗纤细，从当年生的叶腋长出，与叶柄等长或稍长，有2至多花。果倒梨形，平滑，顶端收窄，长2.5～3cm，径1.8～2.5cm。胚轴圆柱形，长30～40cm。花果期秋冬季。

分布　钦州市：无；北海市：少见；防城港市：罕见。

特性　树形优美，支柱根发达，抗风浪冲击力强，是我国最具代表性的红树植物种类，更是我国红树林人工造林的优良树种。对温度、潮位、盐度和土壤的适应性广，多见于河口外侧盐度较高的红树林中内滩，是演替中后期种类。

用途　生态防护。

类型　真红树植物。

海漆

Excoecaria agallocha L.

特征　常绿小乔木。枝无毛，具皮孔。叶互生，近革质，椭圆形或阔椭圆形，长6～8cm，宽3～4.2cm，顶端短尖，全缘或有不明显的疏细齿，两面均无毛；侧脉约10对，网脉不明显；叶柄粗壮，长1.5～3cm，无毛，顶端有2圆形的腺体；托叶长1.5～2mm。花单性，雌雄异株，聚集成腋生、单生或双生的总状花序。雄花苞片和小苞片基部两侧各具1腺体，萼片3，雄蕊3；雌花花柱3，分离，顶端外卷。蒴果球形，具3沟槽，长7～8mm，宽约10mm。花果期1～9月。

分布　钦州市：常见；北海市：很常见；防城港市：很常见。

特性　速生、抗逆性强，防风固岸能力强。适应性广，一般生长在高潮带及高潮带以上的淤泥质或泥沙质海岸，也常见于鱼塘堤岸。在一些生境盐度较低的河口，也常见于潮沟两侧的红树林外缘。

用途　药用，有毒，材用，生态防护。可做海滨高潮位地带和河道的护岸树。

类型　真红树植物。

蜡烛果（桐花树）

Aegiceras corniculatum (L.) Blanco

特征 灌木或小乔木。小枝无毛，褐黑色。叶互生，叶片革质，倒卵形、椭圆形或广倒卵形，顶端圆形或微凹，长3～10cm，宽2～4.5cm，全缘，两面密布小窝点，叶面无毛，背面密被微柔毛，侧脉7～11对；叶柄长5～10mm。伞形花序，生于枝条顶端，无柄，有花10余朵；花梗长约1cm；花长约9mm；花冠白色，长约9mm，里面被长柔毛。蒴果圆柱形，弯曲如新月形，长约6（～8）cm，直径约5mm。花期12月至翌年2月，果期10～12月。

分布 钦州市：很常见；北海市：很常见；防城港市：很常见。

特性 多分布于有淡水输入的海湾河口中的潮带滩涂，常大片生长于红树林靠海一侧滩涂，是盐度较低区域红树林演替的先锋树种。耐寒能力仅次于秋茄树，对盐度和潮位适应性广，是广西乃至我国分布面积仅次于海榄雌的红树植物种类。

用途 材用，观赏，油脂，生态防护。树皮含鞣质，可做提取栲胶原料；木材是较好的薪炭材；组成的森林有防风、防浪作用。

类型 真红树植物。

小花老鼠簕

Acanthus ebracteatus Vahl

特征 直立灌木。茎粗壮，圆柱状，无毛。托叶刺状；叶柄长1～4cm，叶片长圆形或倒卵状长圆形，长5～12cm，宽3～5cm，先端平截或稍圆凸，边缘3～4不规则羽状浅裂，有尖锐硬刺，两面无毛。穗状花序顶生；苞片长6～7mm；无小苞片；花萼裂片4；花冠白色至浅蓝，长约2.5cm，花冠管长约2.5mm，下唇长圆形，长约2.2cm；柱头2裂。蒴果椭圆形，长约1.8cm。花期4～5月，果期8～9月。

分布 钦州市：无；北海市：无；防城港市：罕见。

特性 典型红树植物，常见于有淡水输入的高潮带滩涂，常与老鼠簕生长在一起，但可以在一些盐度较高的高潮带积水洼地生长，耐盐能力高于同属的老鼠簕。

用途 药用。根或全株入药，有抗炎抑菌、降血脂、抗氧化及抗肿瘤的作用。

类型 真红树植物。

本种与老鼠簕极相似，区别主要在于本种叶先端平截或稍圆凸，不为急尖，无小苞片，花果较小。

老鼠簕

Acanthus ilicifolius L. Sp.

特征 直立灌木。茎粗壮，圆柱状，上部有分枝，无毛。托叶成刺状，叶柄长3～6mm；叶片长圆形至长圆状披针形，长6～14cm，宽2～5cm，先端急尖，边缘4～5羽状浅裂，有尖锐硬刺，两面无毛。穗状花序顶生；苞片长7～8mm，早落；小苞片长5mm；花萼裂片4；花冠白色至浅蓝，长3～4cm，花冠管长约6mm，下唇倒卵形，长约3cm；柱头2裂。蒴果椭圆形，长2.5～3cm。花期5～6月，果期6～7月。

分布 钦州市：常见；北海市：常见；防城港市：常见。

特性 多生长在有淡水输入的高潮带滩涂和受潮汐影响的水沟两侧，有时也组成小面积的纯林。偏爱低盐环境，耐盐能力小于其他红树植物。

用途 根药用，用于治疗淋巴结肿大、急慢性肝炎、肝脾肿大及男性不育等症。

类型 真红树植物。

海榄雌（白骨壤）

Avicennia marina (Forsk.) Vierh.

特征　灌木。枝条有隆起条纹，小枝四方形，光滑无毛。叶片近无柄，革质，卵形至倒卵形、椭圆形，长2～7cm，宽1～3.5cm，顶端钝圆，表面无毛，有光泽，背面有细短毛，主脉明显，侧脉4～6对。聚伞花序紧密成头状，花序梗长1～2.5cm；花小，直径约5mm；苞片5枚，与花萼、花冠、子房密生绒毛；花萼5裂；花冠黄褐色，顶端4裂；雄蕊4枚，着生于花冠管内喉部而与裂片互生，花丝极短。果近球形，直径约1.5cm，有毛。花果期7～10月。

分布　钦州市：少见；北海市：常见；防城港市：常见。

特性　多分布于中低潮带滩涂，也可以在中潮带滩涂和高潮带滩涂出现。是耐盐和耐淹水能力极强的红树植物，对土壤适应性广，在淤泥、半泥沙质和沙质海滩均可出现，属海洋性的演替先锋树种，是广西乃至我国分布面积最大的红树植物种类。

用途　食用（野菜，野果），药用，饲用，生态防护。

类型　真红树植物。

二、半红树植物

银叶树

Heritiera littoralis Dryand.

锦葵科
银叶树属

特征 乔木。树皮灰黑色。嫩枝被白色鳞秕。叶革质，椭圆形或卵形，长10～22cm，宽5～10cm，先端钝尖，基部稍圆形，上面无毛或几无毛，下面密被银白色鳞秕；叶柄长1～2cm。圆锥花序被星状毛和鳞秕；花红褐色；萼钟状，两面被星状毛，4～5浅裂，裂片三角形。果木质，近椭圆形，背部有龙骨状凸起；种子卵形。花期夏季。

分布 钦州市：无；北海市：罕见（栽培）；防城港市：罕见。生于海滨和沿海岛屿上。

特性 典型海岸植物，多分布在高潮线附近的潮滩内缘或大潮、特大潮才能淹及的海、河滩地以及海陆过渡带的陆地，属于比较典型的水陆两栖红树植物种类。

用途 材用，纤维，观赏，生态防护。

类型 半红树植物；广西重点保护野生植物。

黄槿

Hibiscus tiliaceus Linn.

特征　常绿灌木或乔木。小枝无毛或近无毛；叶背、托叶、苞片、小苞片、花萼、花瓣有星状毛。叶革质，心形，直径8～15cm，先端突尖，全缘或具不明显细圆齿，叶脉7条或9条；叶柄长3～8cm；托叶叶状，长约2cm，早落。总花梗长4～5cm，花梗长1～3cm，基部有一对托叶状苞片；小苞片7～10；萼长1.5～2.5cm，萼裂5，披针形；花冠钟形，直径6～7cm，花瓣黄色；雄蕊柱长约3cm，平滑无毛。蒴果卵圆形，长约2cm，被绒毛，果片5；种子光滑。花期6～8月。

分布　钦州市：很常见；北海市：很常见；防城港市：很常见。

特性　典型半红树植物，常见于红树林林缘，高潮线上缘的海岸沙地、堤坝或村落附近，也可以在完全不受海水影响的淡水环境中生活。

用途　药用，材用，纤维，观赏，生态防护。

类型　半红树植物。

桐棉（杨叶肖槿）

Thespesia populnea (L.) Soland. ex Corr.

特征　常绿乔木。小枝、叶背、叶柄、花梗、小苞片、花萼被鳞秕。叶卵状心形，长7～18cm，宽4.5～11cm，先端长尾状，基部心形，全缘，上面无毛；叶柄长4～10cm；托叶线状披针形，长约7mm。花单生于叶腋间；花梗长2.5～6cm；小苞片3～4，长8～10mm，常早落；花萼杯状，截形，直径约15mm，具5尖齿；花冠钟形，黄色，内面基部具紫色块，长约5cm；雄蕊柱长约25mm；花柱棒状，端具5槽纹。蒴果梨形，直径约5cm；种子长约9mm，被褐色纤毛。花期近全年。

分布　钦州市：少见；北海市：少见；防城港市：少见。

特性　典型海岸植物，常生长于红树林林缘、海堤及海岸林中，偶见于潮位稍高的红树林中。

用途　材用，观赏，生态防护。

类型　半红树植物。

水黄皮

Pongamia pinnata (L.) Pierre

特征 乔木。嫩枝常无毛。羽状复叶长20～25cm；小叶2～3对，近革质，卵形，阔椭圆形至长椭圆形，长5～10cm，宽4～8cm，先端短渐尖或圆形；小叶柄长6～8mm。总状花序腋生，长15～20cm，通常2朵花簇生于节上；花梗长5～8mm；花萼长约3mm；花冠白色或粉红色，长12～14mm，各瓣均具柄，旗瓣背面被丝毛。荚果长4～5cm，宽1.5～2.5cm，表面有不甚明显的小疣凸，顶端有微弯曲的短喙，不开裂，种子1粒；种子肾形。花期5～6月，果期8～10月。

分布 钦州市：罕见；北海市：少见；防城港市：罕见。

特性 海岸特有树种，也是典型的半红树植物，多生长于海岸高潮线上缘的海岸，常与露兜树、黄槿等形成独特的护岸林带。

用途 药用，材用，观赏，油脂，生态防护。

类型 半红树植物。

海杧果

Cerbera manghas L.

特征 乔木。枝条粗厚，绿色，无毛；全株具丰富乳汁。叶厚纸质，倒卵状长圆形或倒卵状披针形，顶端钝或短渐尖，长6～37cm，宽2.3～7.8cm，无毛；叶柄长2.5～5cm，无毛。花白色，直径约5cm，芳香；总花梗长5～21cm；花梗长1～2cm；花萼裂片长1.3～1.6cm，向下反卷，两面无毛；花冠筒圆筒形，上部膨大，长2.5～4cm，内面被长柔毛，喉部染红色。核果双生或单个，长5～7.5cm，直径4～5.6cm，未成熟绿色，成熟时橙黄色；种子常1粒。花期3～10月，果期7月至翌年4月。

分布 钦州市：常见；北海市：少见；防城港市：少见。

特性 典型海岸植物，喜生于高潮线以上的滨海沙滩、海堤或近海的河流两岸及村庄边，也经常在红树林林缘出现。

用途 药用，有毒，饲用，材用，观赏，生态防护。

类型 半红树植物。

阔苞菊

Pluchea indica (L.) Less.

特征　灌木。茎上部多分枝；有明显细沟纹，幼枝被短柔毛，后脱毛。中部和上部叶无柄，倒卵形或倒卵状长圆形，长2.5～4.5cm，宽1～2cm，顶端钝或浑圆，边缘有较密的细齿或锯齿，两面被卷短柔毛。头状花序径3～5mm，在茎枝顶端作伞房花序排列；花序梗细弱，长3～5mm，密被卷短柔毛；总苞卵形或钟状，长约6mm；总苞片5～6层；雌花多层，花冠丝状，长约4mm，檐部3～4齿裂；冠毛白色，宿存。瘦果圆柱形，有4棱，长1.2～1.8mm。花期全年。

分布　钦州市：很常见；北海市：很常见；防城港市：很常见。

特性　典型海岸植物，常成片生长于红树林林缘、鱼塘堤岸、水沟两侧及沙地等，是典型的半红树植物。

用途　滨海园林绿化，药用，生态防护。

类型　半红树植物。

伞序臭黄荆（钝叶臭黄荆）

Premna serratifolia L.

特征　攀缘状灌木或小乔木。嫩枝有短柔毛。叶片长圆状卵形、倒卵形至近圆形，长3～8cm，宽2.5～5cm，顶端钝圆或短尖，全缘，两面沿脉有短柔毛；叶柄长0.3～1.5cm，有短柔毛。聚伞花序在枝顶组成伞房状，长1.5～3cm，宽2.5～4.5cm；花萼长1.5～2mm，两面疏生黄色腺点，外面有细柔毛；花冠淡黄色，长约2.2mm，外面疏被柔毛，微呈二唇形，上唇全缘，下唇3裂，喉部密被长柔毛；子房无毛。核果球形或倒卵形，直径2～4mm，疏被黄色腺点。花果期7～9月。

分布　钦州市：无；北海市：少见；防城港市：无。

特性　典型海岸植物，多生长于海岸灌丛或大潮可以淹及的海岸林林缘，盐生植物。

用途　药用，生态防护。

类型　半红树植物。

苦郎树

Volkameria inermis L.

特征 攀缘状灌木。根、茎、叶有苦味。幼枝四棱形，黄灰色，被短柔毛。叶对生，薄革质，卵形、椭圆形或椭圆状披针形、卵状披针形，长3～7cm，宽1.5～4.5cm，顶端钝尖，全缘，两面散生黄色细小腺点，侧脉4～7对；叶柄长约1cm。聚伞花序常由3朵花组成，着生于叶腋；花香，花序梗长2～4cm；花萼钟状，萼管长约7mm；花冠白色，顶端5裂，裂片长约7mm，花冠管长2～3cm；雄蕊4枚，偶见6枚，花丝紫红色，细长。核果倒卵形，直径7～10mm，花萼宿存。花果期3～12月。

分布 钦州市：很常见；北海市：很常见；防城港市：很常见。

特性 典型海岸植物，多生长于海岸沙地、红树林林缘和基岩海岸石缝和堤岸，尤其是在堤岸石质护坡的缝隙中生长旺盛，经常可以覆盖整个堤岸，也是重要的红树林伴生植物。

用途 药用，有毒，材用，观赏，生态防护。

类型 半红树植物。

三、滨海盐沼植物

海马齿

Sesuvium portulacastrum (L.) L.

番杏科
海马齿属

特征　多年生肉质草本。茎平卧或匍匐，绿色或红色，有白色瘤状小点，多分枝，常节上生根。叶片厚，肉质，线状倒披针形或线形，长1.5～5cm，顶端钝，中部以下渐狭成短柄状，边缘膜质，抱茎。花小，单生叶腋；花梗长5～15mm；花被长6～8mm，筒长约2mm，裂片5，卵状披针形，外面绿色，里面红色，顶端急尖；雄蕊15～40，着生花被筒顶部；子房卵圆形，无毛，花柱3，稀4或5。蒴果卵形，长不超过花被，中部以下环裂；种子小，亮黑色。花期4～7月。

分布　钦州市：少见；北海市：罕见；防城港市：罕见。

特性　典型海岸植物，多生长于沿海地区的鱼塘堤岸、海岸流动沙丘、泥滩或岩砾地。耐高盐。

用途　观赏，生态防护。

类型　滨海盐沼植物。

马齿苋
Portulaca oleracea L.

特征　一年生草本，铺地。茎肉质、圆柱形，嫩柔多汁。叶互生、轮生，稀对生，常聚集于嫩茎之顶，倒卵形至匙状长圆形，长1～2.5cm，宽4～8mm，顶端钝或微凹，肉质，两面无毛，叶面淡绿色，背面淡紫色，几无叶柄，全缘。花簇生或单生于嫩茎之顶或腋生于分叉的茎间，头状，1～10朵，具叶状总苞，无花梗。花黄色，花瓣5；雄蕊8～12枚，花药2室，纵裂。蒴果圆锥状，盖裂，直径3～4mm，顶端常有宿存的花冠。种子多数。花、果期5～6月。

分布　钦州市：少见；北海市：常见；防城港市：常见。生于海边荒地、屋旁。

特性　常见于海边沙荒地、鱼塘堤岸、季节性出现于鱼塘清淤时的岸边。可为先锋植物。

用途　食用（野菜），药用，饲用，观赏。

类型　滨海盐沼植物。

毛马齿苋
Portulaca pilosa L.

马齿苋科
马齿苋属

特征 草本，高5～20cm。茎密丛生，铺散，多分枝。叶互生，叶片近圆柱状线形或钻状狭披针形，长1～2cm，宽1～4mm，腋内有长疏柔毛，茎上部较密。花直径约2cm，无梗，围以6～9片轮生叶，密生长柔毛；萼片长圆形，渐尖或急尖；花瓣5，膜质，红紫色，顶端钝或微凹，基部合生；雄蕊20～30枚，花丝洋红色，基部不连合；花柱短，柱头3～6裂。蒴果卵球形，蜡黄色，有光泽，盖裂；种子小，深褐黑色，有小瘤体。花、果期5～8月。

分布 钦州市：少见；北海市：少见；防城港市：少见。

特性 多生长于海岸沙荒地，也能在基岩海岸的石缝中生长，耐盐雾能力极强。

用途 观赏，药食两用。

类型 滨海盐沼植物；外来入侵种。

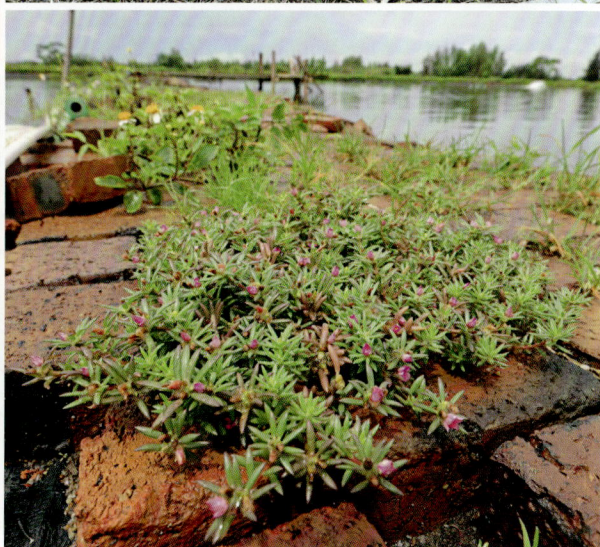

各 论 065

匍匐滨藜
Atriplex repens Roth

苋科
滨藜属

特征 小灌木，高20～50cm。茎外倾或平卧；枝互生，具微条棱。叶互生，叶片宽卵形至卵形，肥厚，通常长1～2cm，宽8～15mm，全缘，两面均为灰绿色，有密粉，先端圆或钝，基部宽楔形至圆形；叶柄长1～3mm。花于枝的上部集成有叶的短穗状花序；雌花的苞片果时三角形至卵状菱形，边缘具不整齐锯齿，靠基部的中心部木栓质臌胀，黄白色，中线两侧常常各有1个向上的突出物。胞果扁，卵形，果皮膜质；种子红褐色至黑色，宽约1.5mm。花期秋末，果期12月至翌年1月。

分布 钦州市：无；北海市：罕见；防城港市：无。

特性 生长于海滨空旷沙地，全株为中草药。

用途 观赏，药用。

类型 滨海盐沼植物；广西新记录。

南方碱蓬
Suaeda australis (R. Br.) Moq.

特征　小灌木，高20～50cm。茎多分枝，下部有不定根，常有叶痕。叶条形，半圆柱状，长1～2.5cm，宽2～3mm，粉绿色或带紫红色，具关节，劲直或微弯，枝上部的叶（苞）较短。团伞花序含1～5花，腋生；花两性；花被顶基略扁，稍肉质，绿色或带紫红色，果时增厚；柱头2。胞果扁，圆形，果皮膜质；种子直径约1mm，黑褐色，有光泽。花果期7～11月。

分布　钦州市：常见；北海市：很常见；防城港市：很常见。

特性　滨海特有植物，也是盐碱土指示植物，常见于潮水可淹及的中潮带与高潮带泥沙地和淤泥质滩涂，经常出现于红树林林缘。也可在高潮线上缘的沙地生长。

用途　生态防护。

类型　滨海盐沼植物。

印度肉苞海蓬（盐角草）

Tecticornia indica (Willd.) K.A.Sheph. & Paul G.Wilson

特征　多年生盐生草本。茎具节，多分枝，平卧；枝肉质，绿色，老枝有时边为红色。叶交互对生，退化成鳞片状，长约1mm，基部连成鞘状紧包在节上，具膜质边缘。花序穗状顶生，长1～5cm；花被肉质，紧贴花序节上；雄蕊伸出花被外。胞果坚硬而扁；种子径约1mm。花果期5～8月。

分布　钦州市：罕见；北海市：罕见；防城港市：无。

特性　典型海岸植物，常生长于海水可以淹及的滨海泥沙滩，是世界上著名的耐盐植物。

用途　观赏，食用。

类型　滨海盐沼植物。

艾堇
Sauropus bacciformis (L.) Airy Shaw

特征 草本。茎匍匐状或斜升。枝条具锐棱或具狭的膜质的枝翅。全株无毛。叶片鲜时近肉质，形状多变，长1～2.5cm，宽2～12mm，顶端钝或急尖，具小尖头，侧脉不明显；叶柄长约1mm；托叶狭三角形，长约2mm，顶端具芒尖。花雌雄同株；雄花直径1～2mm，数朵簇生于叶腋；花梗长1～1.5mm；雄蕊3枚，长3～4mm；雌花单生于叶腋，直径3～4mm。蒴果卵珠状，直径4～4.5mm，高约6mm，幼时红色，成熟时开裂为3个2裂的分果爿；种子浅黄色，长3.5mm。花果期4～12月。

分布 钦州市：少见；北海市：少见；防城港市：常见。

特性 典型海岸植物，生境多样，常见于海岸沙砾滩、泥滩、岩石缝隙，偶见于基岩海岸浪花飞溅区石缝中，是海岸沙地最前沿的植物之一；喜光稍耐阴、耐旱亦耐水湿、耐瘠薄；对土壤适应性广。

用途 药用，固沙。

类型 滨海盐沼植物。

鱼藤

Derris trifoliata Lour.

特征 攀缘状灌木。枝叶无毛。羽状复叶长7～15cm；小叶通常2对，有时1或3对，厚纸质或薄革质，卵形或卵状长椭圆形，长5～10cm，宽2～4cm，先端渐尖，基部圆形或微心形；小叶柄短，长2～3mm。总状花序腋生，通常长5～10cm，无毛；花冠白色或粉红色，各瓣长约10mm，雄蕊单体。荚果斜卵形或近圆形，长2.5～4cm，扁平，无毛，仅于腹缝有狭翅，有种子1～2粒。花期4～8月，果期8～12月。

分布 钦州市：少见；北海市：少见；防城港市：常见。

特性 我国红树林常见的伴生植物，在红树林林缘常大量生长，缠绕于红树植物树冠。目前在我国大部分红树林区已发现鱼藤缠绕致红树林死亡现象。

用途 药用，有毒。

类型 滨海盐沼植物。

茵陈蒿

Artemisia capillaris Thunb.

特征 亚灌木状草本，植株有浓香。茎、枝、叶初密被绢质柔毛。枝端有密集叶丛，基生叶常成莲座状；中部叶宽卵形、近圆形，长2～3cm，一至二回羽状全裂，小裂片线形或丝线形，长0.8～1.2cm，基部裂片常半抱茎。头状花序卵圆形，径1.5～2mm，有短梗及线形小苞片，在分枝的上端或小枝端偏向外侧生长，在茎上端组成大型、开展圆锥花序；总苞片淡黄色，无毛；雌花6～10；两性花3～7。花果期7～10月。

分布 钦州市：少见；北海市：罕见；防城港市：少见。

特性 常见于海岸迎风面山坡及固定沙丘，具备极强的耐盐雾能力。该种在广西钦州茅尾海分布于典型的潮间带生境。

用途 药用，油脂。

类型 滨海盐沼植物。

光梗阔苞菊

Pluchea pteropoda Hemsl.

特征 草本或矮小亚灌木。茎斜升或平卧，高 10～35cm，基部径约 5mm，多分枝，有明显条纹，无毛。下部叶无柄，倒卵状长圆形或倒卵状匙形，长 2.5～5cm，宽 8～18mm，两面无毛；中部和上部叶无柄，倒卵状长圆形或披针形，长 1.5～4cm，宽 6～14mm；叶基部长渐狭，顶端钝，边缘有疏锯齿或有时浅裂。头状花序多数，径 8～10mm；花序梗较粗，长 2～6mm；总苞片 5～6 层，长 3～4mm，背面无毛。花期 5～12 月。

分布 钦州市：无；北海市：少见；防城港市：罕见。

特性 常见于海滨沙地、石缝或潮水能到达之地，常与阔苞菊伴生。

用途 生态防护。

类型 滨海盐沼植物。

羽芒菊

Tridax procumbens L.

特征　多年生铺地草本。茎纤细，平卧，节处常生不定根，被倒向糙毛或脱毛。基部叶略小，花期凋萎；中部叶长 4～8cm，宽 2～3cm；上部叶小。头状花序少数，径 1～1.4cm，单生于茎、枝顶端；花序梗长 10～20（30）cm，被白色疏毛；总苞钟形，长 7～9mm；总苞片 2～3 层，背面被密毛；雌花 1 层，舌状，舌片长圆形，长约 4mm，宽约 3mm，顶端 2～3 浅裂；两性花多数，长约 7mm，檐部 5 浅裂。瘦果长约 2.5mm，密被疏毛。冠毛长 5～7mm，羽毛状。花期 11 月至翌年 3 月。

分布　钦州市：少见；北海市：少见；防城港市：少见。

特性　生于低海拔旷野、荒地、坡地以及路旁向阳处，属喜光植物。

用途　饲用。

类型　滨海盐沼植物；外来入侵种。

补血草（中华补血草）
Limonium sinense (Girard) Kuntze

特征 多年生草本，高15~60cm，全株（除萼外）无毛。叶基生，倒卵状长圆形、长圆状披针形至披针形，长4~12（22）cm，宽0.4~2.5（4）cm，下部渐狭成扁平的柄。花序伞房状或圆锥状；花序轴通常3~5（10）枚，上升或直立，具4个棱角或沟棱，常由中部以上作数回分枝；穗状花序有柄至无柄，排列于花序分枝的上部至顶端，由2~6（11）个小穗组成；小穗含2~3（4）花；萼长5~6mm，萼檐白色；花冠黄色。花期南方4~12月。

分布 钦州市：少见；北海市：少见；防城港市：少见。

特性 典型海岸植物，常见于基岩海岸的浪花飞溅区、高潮时海水可淹及的礁石缝隙及高潮带淤泥质滩涂，被认为是盐碱地的指示植物。

用途 药用。

类型 滨海盐沼植物。

小草海桐

Scaevola hainanensis Hance

特征　蔓性小灌木。老枝细长而秃净，小枝短而多，被糙伏毛，叶腋处有一簇长绒毛。叶螺旋状着生，在枝顶较密集，有时侧枝缩短，使叶簇生，叶无柄或具短柄，肉质，条状匙形，长1～2.5cm，宽2～5mm，全缘，无毛。花单生叶腋；花梗长约1mm；小苞片对生，位于花梗顶端，长3～4mm；花萼无毛，长约2mm；花冠淡蓝色，长约8mm，后方开裂至基部，其余裂至中部，筒内面密生长毛，裂片向一方展开，有宽的膜质翅，翅缘下部多少流苏状；子房2室，花柱下部有短毛。花、果期3～12月。

分布　钦州市：罕见；北海市：罕见；防城港市：罕见。

特性　典型海岸植物，常成片生长于大潮可以淹及的红树林林缘和鱼塘堤岸，也可在高潮带以上的沙地生长。

用途　观赏，生态防护。

类型　滨海盐沼植物。

厚藤（马鞍藤）

Ipomoea pes-caprae (L.) R. Brown

特征　多年生草本，全株无毛。茎平卧，有时缠绕。叶肉质，长3.5～9cm，宽3～10cm，顶端微缺或2裂，裂片圆，裂缺浅或深，有时具小凸尖；在背面近基部中脉两侧各有1枚腺体，侧脉8～10对；叶柄长2～10cm。多歧聚伞花序，腋生，有时仅1朵发育；花序梗粗壮，长4～14cm，花梗长2～2.5cm；外萼片长7～8mm，内萼片长9～11mm；花冠紫色或深红色，漏斗状，长4～5cm；雄蕊和花柱内藏。蒴果球形，高1.1～1.7cm，2室，4瓣裂；种子三棱状圆形，长7～8mm，密被褐色茸毛。花果期5～10月。

分布　钦州市：常见；北海市：常见；防城港市：常见。

特性　典型海岸植物，从高潮线附近一直到潮上带均有分布，是海岸沙地最前沿的植物种类，也可以在泥质土壤中生长，并经常在红树林内缘出现。

用途　药用，饲用，观赏，生态防护。

类型　滨海盐沼植物。

假马齿苋

Bacopa monnieri (L.) Wettst.

特征 匍匐草本，节上生根，多少肉质，无毛，体态极像马齿苋。叶无柄，矩圆状倒披针形，长8～20mm，宽3～6mm，顶端圆钝，极少有齿。花单生叶腋，花梗长0.5～3.5cm，萼下有一对条形小苞片；萼片前后两枚卵状披针形，其余3枚披针形至条形，长约5mm；花冠蓝色，紫色或白色，长8～10mm，不明显2唇形，上唇2裂；雄蕊4枚；柱头头状。蒴果长卵状，顶端急尖，包在宿存的花萼内，4片裂；种子椭圆状，一端平截，黄棕色，表面具纵条棱。花期5～10月。

分布 钦州市：罕见；北海市：无；防城港市：罕见。

特性 喜光广布种。

用途 观赏，药用。

类型 滨海盐沼植物。

苦槛蓝

Pentacoelium bontioides Sieb. & Zucc.

特征 常绿灌木。叶互生，无毛；叶片软革质，稍多汁，狭椭圆形、椭圆形至倒披针状椭圆形，长5～10cm，宽1.5～3.5cm，先端急尖或短渐尖，常具小尖头，边缘全缘，侧脉不明显；叶柄长1～2cm。聚伞花序具2～4朵花，或为单花，腋生，无总梗；花梗长1～2cm，无毛。花萼5深裂，长4～5mm，无毛，宿存。花冠漏斗状钟形，檐直径约3cm，5裂，白色至淡紫红色，有紫色斑点；筒长12～15mm。雄蕊和雌蕊无毛。核果卵球形，长1～1.5cm，熟时紫红色。花期4～6月，果期5～7月。

分布 钦州市：无；北海市：罕见；防城港市：罕见。

特性 海岸及海岛特有植物，常见于基岩海岸石缝、高潮线以上的沙滩和石砾地、红树林内缘的淤泥质滩涂。

用途 观赏，生态防护。

类型 滨海盐沼植物。

文殊兰

Crinum asiaticum var. *sinicum* (Roxb.ex Herb.) Baker

特征 多年生草本。叶20～30枚，带状披针形，长可达1m，宽7～12cm或更宽。花茎直立，几与叶等长；伞形花序有花10～24朵；佛焰苞状总苞片披针形，长6～10cm；小苞片狭线形，长3～7cm；花高脚碟状，芳香，花被管长10cm，绿白色，花被裂片线形，长4.5～9cm，宽6～9mm，白色。蒴果近球形，直径3～5cm。花期夏季。

分布 钦州市：少见；北海市：罕见；防城港市：少见。

特性 典型海岸植物，一般生长于高潮带附近的海滩沙丘、泥沙地、岩缝中，为海岸沙地的第一线植物。在广西茅尾海和防城港，文殊兰生长在红树林林缘的淤泥质滩涂。

用途 药用，观赏。

类型 滨海盐沼植物。

海三棱藨草

× *Bolboschoenoplectus mariqueter* (Tang & F.T.Wang) Tatanov

特征　具匍匐根状茎。秆高25～40cm，散生，三棱形，平滑。通常有叶2枚，短于秆，宽2～3mm。苞片2枚，一为秆的延长，三棱形，另一苞片小，扁平；小穗单个，假侧生，无柄，广卵形，长8～12mm，宽5～7mm，具多数花；鳞片卵形，长5～6mm，边缘有疏缘毛；雄蕊3枚；花柱长，柱头2。小坚果倒卵形或广倒卵形，具极短的小尖，成熟时深褐色。花果期6月。

分布　钦州市：少见；北海市：罕见；防城港市：罕见。

特性　海岸滩涂的先锋物种，生长于中低潮位区域，常形成单优势种群落，曾被认为是中国特有种。

用途　纤维，生态防护。

类型　滨海盐沼植物。

茳芏

Cyperus malaccensis Lam.

特征　匍匐根状茎长。秆高0.8～1m，锐三棱状，平滑，基部具1～2叶及长鞘。叶片较长，宽3～8mm，叶鞘长，顶端具短叶片或无；叶状苞片3，长于花序，极开展。长侧枝聚伞花序复出，第一次辐射枝6～10，长达9cm，每辐射枝具3～8第二次辐射枝；穗状花序具5～10小穗，疏列，具总花梗，花序轴无毛；小穗极展开，线形，长0.5～2.5（～5）cm，宽约1.5mm；小穗轴具透明窄边。花果期6～11月。

分布　钦州市：常见；北海市：少见；防城港市：罕见。

特性　具有保滩护岸、促淤造陆、改良盐碱地、提高滩涂初级生产力和扩大碳减排空间等作用，并可发展多种经营的优良植物，具有较高的生态和经济价值。

用途　生态防护，纤维。可以用于织席、编制各种日用工艺品。

类型　滨海盐沼植物。

短叶茳芏

Cyperus malaccensis subsp. *monophyllus* (Vahl) T. Koyama

特征 匍匐根状茎长。秆高0.8～1m，锐三棱形，平滑，基部具1～2片叶。叶片短或有时极短，宽3～8mm；叶鞘长。苞片3枚，叶状，短于花序；长侧枝聚伞花序复出，具6～10第一次辐射枝，辐射枝最长达9cm；穗状花序松散，具5～10个小穗；穗状花序轴上无毛。花果期6～11月。

分布 钦州市：常见；北海市：少见；防城港市：罕见。

特性 常见于有淡水注入的海岸潮间带淤泥质滩涂，但也可以在淡水环境中生长。在广西多个河口区常见，短叶茳芏常与红树林混生。

用途 生态防护，纤维。可作原料编织草片、草席、帽子、座垫、草袋等特色制品。

类型 滨海盐沼植物。

茳芏（上）和短叶茳芏（下）

粗根茎莎草

Cyperus stoloniferus Retz.

特征　根状茎长而粗，木质化具块茎。秆高8～20cm，钝三棱形，平滑，基部叶鞘通常分裂成纤维状。叶常短于秆，宽2～4mm，常折合。叶状苞片2～3枚，通常下面2枚长于花序；简单长侧枝聚伞花序具3～4个辐射枝；辐射枝很短，一般不超过2cm，每个辐射枝具3～8个小穗；小穗长6～12mm，宽2～3mm，稍肿胀；小穗轴具狭翅。花果期7月。

分布　钦州市：少见；北海市：少见；防城港市：少见。

特性　海岸沙地最前沿植物，常稀疏生长于高潮线附近的海岸沙地，具备极强的耐盐能力和耐盐雾能力，喜光不耐阴、耐旱亦耐水湿、耐瘠薄。

用途　生态防护。

类型　滨海盐沼植物。

佛焰苞飘拂草

Fimbristylis cymosa var. *spathacea* (Roth) T. Koyama

特征　秆几不丛生。高4～40cm，钝三棱形，具槽，基部生叶。叶较秆短，线形，坚硬，平展，边缘略反卷，有疏细齿。苞片1～3，直立，叶状，较花序短得多；长侧枝聚伞花序小，复出或多次复出，长1.5～2.5cm，宽1～3cm；辐射枝3～6个，长3～15mm；小穗单生，或2～3个簇生，长3～5mm，宽1.5～2.5mm；柱头2个，很少3个。小坚果双凸状，紫黑色，长1mm。花果期7～10月。

分布　钦州市：少见；北海市：罕见；防城港市：罕见。

特性　偶见于海边沙滩中，具备一定的耐盐能力和耐盐雾能力。

用途　观赏，生态防护。

类型　滨海盐沼植物。

独穗飘拂草

Fimbristylis ovata (N. L. Burman) J. Kern

特征 秆丛生，纤细，高15～35cm。根状茎短。叶狭窄，长为秆的1/2～2/3，宽0.5～1mm。苞片1～3枚，鳞片状，具有长2～3mm的短尖，最下面的一片有时为叶状；小穗单个，顶生，卵形、椭圆形或长圆状卵形，稍扁，长7～13mm，宽约5mm，下部的鳞片2列；鳞片长3～6mm，有光泽，顶端延伸为短硬尖。小坚果三棱形，长约2mm。花果期6～9月。

分布 钦州市：少见；北海市：无；防城港市：少见。

特性 偶见于海滨地带，具备一定的耐盐能力和耐盐雾能力。

用途 药用，生态防护。

类型 滨海盐沼植物。

少穗飘拂草

Fimbristylis schoenoides (Retz.) Vahl

特征 秆丛生，细长。高5～40cm，平滑，具纵槽，基部具叶。根状茎极短。叶短于秆，宽0.5～1mm，两边常内卷，上部边缘具小刺。苞片无或有1～2枚，线形，最长达2.5cm；长侧枝聚伞花序减退，仅具1～2（～3）小穗；小穗长5～12（～16）mm，宽3～4mm，具多数花；鳞片排列紧密，很凹，顶端圆，背面无龙骨状突起；柱头2个。小坚果双凸状，长约1.5mm，表面具六角形网纹。花期8～9月，果期10～11月。

分布 钦州市：少见；北海市：无；防城港市：少见。

特性 偶见于海滨地区。

用途 生态防护。

类型 滨海盐沼植物。

锈鳞飘拂草

Fimbristylis sieboldii Miq.

特征 杆丛生，细而坚挺，高20～65cm，扁三棱形，平滑，具少数叶。长侧枝聚伞花序简单，稀近复出，辐射枝少数，长不及1cm。下部的叶仅具叶鞘，无叶片，鞘灰褐色，上部的叶常对折，线形，长为杆的1/3或更短，宽约1mm；苞片2～3，线形，短于或稍长于花序，近直立。小坚果扁双凸状，长1～1.5mm，近平滑，柄很短。花果期6～8月。

分布 钦州市：少见；北海市：无；防城港市：少见。

特性 典型海岸植物，多生长于鱼塘堤岸边、红树林林缘及潮水可以淹及的高潮带泥滩、泥沙质滩涂等地。具备较强的耐盐能力和耐盐雾能力。喜光不耐阴、耐水湿但不耐旱；性强健，生长快，适应性强。

用途 生态防护。

类型 滨海盐沼植物。

牛毛毡

Eleocharis yokoscensis (Franch. & Savatier) Tang & F. T. Wang

特征 秆多数，细如毫发，密丛生如牛毛毡，因此得名。株高2～12cm。叶鳞片状，叶鞘长0.5～1.5cm，微红色。小穗卵形，长2～4mm，宽约2mm，淡紫色，基部1鳞片无花，抱小穗基部一周，上部的鳞片螺旋状排列，下部的近2列，中脉明显；柱头3。小坚果窄长圆形，长约1.5mm。花果期4～11月。

分布 钦州市：无；北海市：罕见；防城港市：罕见。

用途 药用。

类型 滨海盐沼植物。

华刺子莞

Rhynchospora chinensis Nees et Mey.

特征 根状茎极短。秆丛生，直立，纤细，高25～60cm，三棱形，下部平滑，上部粗糙，基部具1～2个无叶片的鞘。叶基生和秆生，长不超过花序，宽1.5～2.5mm，向顶端渐狭。苞片狭线形，叶状，下面的具鞘；圆锥花序由伞房状长侧枝聚伞花序所组成，具多数小穗；小穗常2～9个簇生成头状，长约7mm；柱头2个。小坚果长3.7mm，双凸状，表面具皱纹。花果期5～10月。

分布 钦州市：无；北海市：罕见；防城港市：罕见。

特性 偶见于海滨区，具备一定的耐盐和耐盐雾能力。

用途 生态防护。

类型 滨海盐沼植物。

刺子莞

Rhynchospora rubra (Lour.) Makino

特征　根状茎极短。秆丛生，直立，圆柱状，高30～65cm，平滑，直径0.8～2mm，具细的条纹。叶基生，叶片狭长，钻状线形，长达秆的1/2或2/3，宽1.5～3.5mm。苞片4～10枚，叶状，不等长，长1～5cm；头状花序顶生，球形，直径15～17mm，棕色，具多数小穗。小坚果长1.5～1.8mm，双凸状。花果期5～11月。

分布　钦州市：少见；北海市：少见；防城港市：少见。

特性　偶见于海滨潮湿区域，适应性和生活力强。

用途　药用。

类型　滨海盐沼植物。

水葱（南水葱）

Schoenoplectus tabernaemontani (C. C. Gmelin) Palla

特征　秆圆柱状，高1～2m，平滑，基部叶鞘3～4，鞘长达40cm，最上部叶鞘具叶片。叶片线形，长1.5～11cm；苞片1，为秆的延长，直立，钻状，常短于花序。长侧枝聚伞花序简单或复出，假侧生，辐射枝4～13或更多，长达5cm，一面凸，一面凹，边缘有锯齿；小穗单生或2～3簇生辐射枝顶端，长0.5～1cm，宽2～3.5mm。小坚果双凸状，稀棱形，长约2mm。花果期6～9月。

分布　钦州市：罕见；北海市：无；防城港市：少见。

特性　常见于滨海河道两岸、鱼塘边水沟、排水渠及红树林林缘。性强健，适应性强，滨海盐碱地生态修复的优良水生植物和净化植物。

用途　纤维，观赏，生态防护。

类型　滨海盐沼植物。

三棱水葱

Schoenoplectus triqueter (Linnaeus) Palla

特征 秆散生，高80～120cm，锐三棱形，平滑。叶片扁平，长1.3～5.5（～8）cm，宽1.5～2mm；苞片1，为秆的延长，长1.5～7cm。简单长侧枝聚伞花序假侧生，辐射枝1～8，三棱形，棱粗糙，长达5cm，每辐射枝顶端簇生1～8小穗；小穗卵形或长圆形，长0.6～1.2（～1.4）cm。鳞片长3～4mm，具中肋；雄蕊3枚；柱头2个，细长；小坚果长2～3mm。花果期6～9月。

分布 钦州市：罕见；北海市：罕见；防城港市：无。

特性 见于滨海河道两岸、红树林林缘，适应性强。

用途 生态防护，观赏，纤维。

类型 滨海盐沼植物。

狗牙根

Cynodon dactylon (L.) Pers.

禾本科
狗牙根属

特征 低矮草本，具根茎。秆细而坚韧，下部匍匐地面蔓延甚长，节上常生不定根，直立部分高10～30cm，直径1～1.5mm，秆壁厚，光滑无毛，有时略两侧压扁。叶鞘微具脊，无毛或有疏柔毛；叶舌仅为一轮纤毛；叶片线形，长1～12cm，宽1～3mm，通常两面无毛。穗状花序3～5（～6）枚，长2～5（～6）cm。花药淡紫色；子房无毛，柱头紫红色。颖果长圆柱形。花果期5～10月。

分布 钦州市：很常见；北海市：很常见；防城港市：很常见。多生长于村庄附近、道旁河岸、荒地山坡、海滩沙地。

特性 为海岸沙地前沿植物之一，也可以在泥质海堤上连片生长。具备极强的耐盐雾和耐盐能力。

用途 药用，饲用，观赏，生态防护。

类型 滨海盐沼植物。

龙爪茅

Dactyloctenium aegyptium (L.) Beauv.

特征　一年生草本。秆直立，高15～60cm，或基部横卧地面，于节处生根且分枝。叶鞘松弛，边缘被柔毛；叶舌膜质，长1～2mm，顶端具纤毛；叶片扁平，长5～18cm，宽2～6mm，顶端尖或渐尖，两面被疣基毛。穗状花序2～7个指状排列于秆顶，长1～4cm，宽3～6mm；小穗长3～4mm，含3小花。囊果球状，长约1mm。花果期5～10月。

分布　钦州市：常见；北海市：常见；防城港市：常见。

特性　典型海岸植物，从海岸流动沙丘、半固定沙丘到固定沙丘均有分布，为海岸沙丘第一线的草本植物，也常见于鱼塘堤岸。具极强的耐盐雾能力。

用途　饲用，观赏。

类型　滨海盐沼植物。

铺地黍
Panicum repens L.

特征 多年生草本。根茎粗壮发达。秆直立，坚挺，高50～100cm。叶鞘光滑，边缘被纤毛；叶舌长约0.5mm，顶端被睫毛；叶片质硬，线形，长5～25cm，宽2.5～5mm，干时常内卷，呈锥形，顶端渐尖，上表皮粗糙或被毛，下表皮光滑；叶舌极短，膜质，顶端具长纤毛。圆锥花序开展，长5～20cm，分枝斜上，粗糙，具棱槽；小穗长圆形，长约3mm，无毛，顶端尖；雄蕊3枚，其花丝极短，花药长约1.6mm，暗褐色；第二小花结实，长约2mm，平滑、光亮，顶端尖。花果期6～11月。

分布 钦州市：很常见；北海市：很常见；防城港市：很常见。生于海边、溪边以及潮湿之处。

特性 生境多样，从海岸沙地、鱼塘堤岸到红树林潮滩等地均有分布。在广西北仑河口，为红树林中常见的伴生植物，长期经受盐度20mg/g以上海水的周期性浸淹。

用途 饲用，药用，生态防护。

类型 滨海盐沼植物；外来入侵种。

海雀稗

Paspalum vaginatum Sw.

特征　多年生草本。具根状茎与长匍匐茎，其节间长约4cm，节上抽出直立的枝秆，秆高10～50cm。叶鞘长约3cm；叶片长5～10cm，宽2～5mm，内卷。总状花序大多2枚，对生，有时1枚或3枚，直立，后开展或反折，长2～5cm；穗轴宽约1.5mm，平滑无毛；小穗长约3.5mm。花果期6～9月。

分布　钦州市：少见；北海市：少见；防城港市：少见。

特性　广泛分布于滨海之湿地、堤岸、水沟、沙地等，典型盐生植物。

用途　饲用，生态防护。

类型　滨海盐沼植物。

芦苇

Phragmites australis (Cav.) Trin. ex Steud.

特征 多年生草本，根状茎十分发达。秆直立，高1～3（8）m，直径1～4cm，节下被蜡粉。茎下部叶鞘较短，叶鞘比节间长；叶舌边缘密生一圈长约1mm的短纤毛；叶片披针状线形，长30cm，宽2cm，无毛，顶端长渐尖成丝形。圆锥花序大型，长20～40cm，宽约10cm，分枝多数，长5～20cm，着生稠密下垂的小穗；小穗柄长2～4mm，无毛；小穗长约12mm，含4花；颖果长约1.5mm。花果期7～11月。

分布 钦州市：常见；北海市：常见；防城港市：常见。

特性 属广域耐盐植物，可以在淡水环境下正常生长，也可以在盐碱地生长。常见于有淡水输入的海岸高潮带滩涂、鱼塘和海堤边，在华南沿海，芦苇经常在红树林林缘出现。高盐生境下的芦苇往往植株矮小。

用途 食用（野菜），药用，饲用，纤维，生态防护。

类型 滨海盐沼植物。

互花米草
Spartina alterniflora Lois.

特征　多年生草本。根系发达。植株茎秆坚韧、直立，高可达1～3m。茎节具叶鞘。叶互生，呈长披针形，长可达90cm，宽1.5～2cm，具盐腺。圆锥花序长20～45cm，具10～20个穗形总状花序，有16～24个小穗，小穗侧扁，长约1cm；两性花；子房平滑，两柱头很长，呈白色羽毛状；雄蕊3枚，花药成熟时纵向开裂，花粉黄色。种子通常8～12月成熟，颖果长0.8～1.5cm，胚呈浅绿色或蜡黄色。花期8～10月。

分布　钦州市：常见；北海市：很常见；防城港市：常见。原产美洲大西洋沿岸。

特性　具有极强的耐盐耐淹能力和强大的扩散能力，有显著的促淤造陆和消浪护堤作用。

用途　饲用，纤维。

类型　滨海盐沼植物；外来入侵种。

鬣刺（老鼠芳）

Spinifex littoreus (Burm. F.) Merr.

特征　多年生小灌木状草本。秆粗壮、坚实，表面被白蜡质，平卧地面部分长达数米，向上直立部分高30～100cm。叶鞘宽阔，边缘具缘毛，常互相覆盖；叶片线形，质坚而厚，长5～20cm，宽2～3mm，下部对折，上部卷合如针状，常呈弓状弯曲，边缘粗糙，无毛。花单性，雌雄异株；小穗披针形；雄花序由多数穗状花序集合成有苞片的伞形花序；雌花序由多数穗轴集成星芒状头状花序；雄穗轴长4～9cm；雌穗轴长6～16cm。花果期夏秋季。

分布　钦州市：罕见；北海市：少见；防城港市：少见。

特性　典型海岸沙地植物，在流动和半流动沙丘中成片生长，偶尔可以在大潮时潮水可以浸淹的海岸沙地生长，是海岸沙地最前沿的植物，常与马鞍藤生长在一起，有极强的耐盐与耐盐雾能力。

用途　饲用，生态防护。

类型　滨海盐沼植物。

盐地鼠尾粟

Sporobolus virginicus (L.) Kunth

特征 多年生草本。秆细，质较硬，直立或基部倾斜，光滑无毛，高15～60cm。叶鞘紧裹茎，光滑无毛；叶片质较硬，新叶和下部者扁平，老叶和上部者内卷呈针状，长3～10cm，宽1～3mm，顶生者变短小，背面光滑无毛，上面粗糙。圆锥花序紧缩穗状，狭窄成线形，长3.5～10cm，宽4～10mm，分枝直立且贴生，下部即分出小枝与小穗；花药黄色。花果期6～9月。

分布 钦州市：少见；北海市：很常见；防城港市：常见。

特性 盐地鼠尾粟是公认的耐盐能力强的禾本科盐生植物，与海雀稗合称为禾本科的"耐盐双雄"。常成群生长于高潮线附近的海岸沙地、泥滩、堤岸及基岩海岸岩石缝隙中，也常混生于红树林中。喜光不耐阴、耐旱亦耐水湿、耐瘠、耐高温；对环境有极强的适应力，繁殖能力强，生长迅速。

用途 饲用，生态防护。

类型 滨海盐沼植物。

四、海草植物

贝克喜盐草
Halophila beccarii Asch.

水鳖科
喜盐草属

特征　草本。茎纤细，多匍匐，节间长1～2cm，每节生根1条，鳞片2枚；直立茎短，长1～1.5cm。叶6～10枚簇生直立茎顶端；叶片长椭圆形或披针形，长6～11mm，宽1～2mm，先端钝圆或尖，全缘；中脉较宽，明显，近基部分出1对缘脉，至顶端复与中脉连接，无横脉；叶柄长1～2cm。花单性，雌雄同株；佛焰苞苞片长约2.5mm；苞内雄花或雌花1朵。果实卵形，长0.5～1.5mm。

分布　钦州市：无；北海市：无；防城港市：少见。

特性　典型的潮间带海草，属于所有海草植物中最古老的两个世系之一。生态学上具有"开拓种""先锋种"的特征，通常能在干扰后快速恢复。喜好泥质或泥沙质的潮间带生境，其生态位有部分与红树林重叠。其所处的特殊生境及个体极纤小而易被沉积物覆盖。全球范围内，贝克喜盐草资源面临持续衰退的趋势，已被IUCN列为易危种。

用途　珍稀濒危。

类型　海草植物。

喜盐草（卵叶喜盐草）
Halophila ovalis (R. Br.) Hook. f.

特征 多年生海草。茎匍匐，细长，节间长1～5cm，直径约1mm，每节生根1条，鳞片2枚。叶2枚；叶片薄膜质，淡绿色，有褐色斑纹，长椭圆形或卵形，长1～4cm，宽0.5～2cm，先端圆或略尖，全缘；叶脉3条，中脉明显，缘脉距叶缘约0.5mm，与中脉在叶端连接，次级横脉12～16（～25）对；叶柄长1～4.5cm。花单性，雌雄异株；雄佛焰苞，长约4mm。果实近球形，直径3～4mm，具4～5mm长的喙。花期11～12月。

分布 钦州市：罕见；北海市：罕见；防城港市：少见。

特性 喜盐草适宜生长的水深范围较广，从潮间带高潮带到水深超过50m均有分布，可适应不同的底质条件、具广温性和广盐性。生长速度快，是儒艮最喜爱的食物之一。喜盐草在全球分布相对较广，是印度洋—西太平洋的广布种，也是中国亚热带分布面积最大的海草种类，曾经是广西分布面积最大的海草种类。

用途 生态防护。

类型 海草植物。

矮大叶藻（日本鳗草）
Zostera japonica Asch. et Graebn.

眼子菜科
大叶藻属

特征　先出叶仅具鞘而无叶片，长约2cm，抱茎。营养枝具叶2～4枚；叶鞘长2～10cm；叶片长5～35cm，宽1～2mm。生殖枝长10～30cm，具佛焰苞几枚至多枚，佛焰苞梗扁平，长1～2.5cm；佛焰苞鞘长1～2cm；苞鞘顶端叶片长3～7cm。肉穗花序。花果期6～9月。

分布　钦州市：罕见；北海市：罕见；防城港市：罕见。

特性　为典型的潮间带海草，一般仅生长于潮间带，偶见分布于潮下带上部。适应性与抗逆性较强，拓殖生长特性强，生长速度快。温度耐受范围宽，分布广泛，是中国唯一同时在热带、亚热带和温带都有分布的海草种类，有很强的温度耐受范围。

用途　生态防护。

类型　海草植物。

短柄川蔓藻（短柄川蔓草、川蔓藻）

Ruppia maritima L.

　　特征　雌雄同株，一年生草本。根状茎匍匐，节间长1～5cm，粗0.5～1.3mm。每节上有分枝，长可达40cm。叶线形，宽0.3～0.5mm，长可达20cm，但通常不到10cm，中脉清晰；叶基部具小齿；叶鞘抱茎，长0.5～1.5cm。花2朵对生，长度0.1～0.7cm，近无柄，被弯曲的叶鞘包围。花两性，雄蕊2枚；花被无。心皮4个，离生，无花柱。种子卵形，长2.1～2.6mm（包括喙长）。花果期4～6月。

　　分布　钦州市：罕见；北海市：罕见；防城港市：无。

　　特性　分布广泛，是全球温带、亚热带海域及盐湖地区中发生自然恢复的先锋植物，具有强的耐盐性和去除氮磷能力。在广西沿海见于废弃虾塘和盐场内。

　　用途　生态防护。

　　类型　海草植物。

二药藻（二药草）

Halodule uninervis (Forsskal) Ascherson

特征　浅海生沉水草本。根状茎单轴分支，匍匐，节间长2.5～3cm。直立茎短，基部常被残存叶鞘所包围。叶互生，扁平，1～4枚生于简短的茎顶，叶片线形，长4～11（～15）cm，宽0.25～3.5mm；叶脉3条，平行，中脉明显；叶鞘长2～3cm。花小，单性，单生，无花被；雌雄异株。

分布　钦州市：无；北海市：罕见；防城港市：无。分布面积小，较少见。

特性　广生态幅的热带海滨种，广布于热带浅海，为潮间带海生草甸的先锋植物，对基质及海水盐度的变化无严格选择，常见于河口湾和红树林下。通常与其他海草混生，覆盖率低，在广西未发现有单生群落。二药藻与喜盐草同为儒艮最喜食用的海草植物。

用途　生态防护。

类型　海草植物。

五、浪花飞溅区植物

◎乔木

南亚松
Pinus latteri Mason

松科
松属

特征 乔木。一年生枝深褐色，无毛，不被白粉。针叶2针一束，长15～27cm，径约1.5mm，先端尖，两面有气孔线；叶鞘较长，长1～2cm。雄球花淡褐红色，圆柱形，长1～1.8cm，聚生于新枝下部成短穗状。球果长圆锥形或卵状圆柱形，成熟前绿色，熟时红褐色，长5～10cm，果梗长约1cm；中部种鳞矩圆状长方形，长约3cm，宽1.2～1.5cm，鳞脐通常微凹；种子灰褐色，椭圆状卵圆形，连翅长约2.5cm。花期3～4月，球果翌年10月成熟。

分布 钦州市：无；北海市：罕见；防城港市：少见。

特性 喜强光，适生长于酸性土壤，耐瘠薄，是热带地区荒山造林的先锋树种。

用途 材用，纤维，观赏，油脂。

类型 浪花飞溅区植物。

马尾松
Pinus massoniana Lamb.

特征　常绿乔木。树皮红褐色，下部灰褐色，裂成不规则的鳞状块片。一年生枝条淡黄褐色，无白粉，无毛。针叶2针1束，稀3针1束，细柔，下垂，微扭曲，边缘有细齿；叶鞘宿存。球果卵圆形或长卵圆形，下垂，成熟前绿色，熟时青褐色或栗褐色；中部种鳞近矩圆状倒卵形，或近长方形；鳞盾菱形，微隆起或平，无刺或有短刺。花期4～5月，球果翌年10月成熟。

分布　钦州市：很常见；北海市：很常见；防城港市：很常见。

特性　喜光、深根性树种，不耐庇荫，为荒山恢复森林的先锋树种。

用途　食用，药用，材用，纤维，观赏，油脂，香精香料，生态防护。

类型　浪花飞溅区植物。

潺槁木姜子（潺槁树）

Litsea glutinosa (Lour.) C. B. Rob.

特征 常绿乔木。小枝灰褐色，幼时有灰黄色毛，后渐脱落无毛。叶互生，革质，倒卵形、倒卵状长圆形或椭圆状披针形，长7～10（～26）cm，宽5～11cm，先端钝或椭圆，基部楔形或圆形，腹面无毛或中脉略被毛，背面有灰黄色柔毛或近无毛；侧脉8～12对，直伸，中脉、侧脉在叶腹面微凸；叶柄长1～2.6cm，有灰黄色柔毛。假伞形花序单生或成假复伞形花序，被灰黄色绒毛。果球形，直径约7mm。花期5～6月，果期9～10月。

分布 钦州市：常见；北海市：常见；防城港市：常见。生于灌木林、疏林或村旁林中。

用途 药用，材用，观赏，油脂，生态防护。

类型 浪花飞溅区植物。

钝叶鱼木

Crateva trifoliata (Roxburgh) B. S. Sun

特征　乔木或灌木；高1.5～30m。花期时树上无叶或叶在当时十分幼嫩；小叶椭圆形或倒卵形，顶端圆急尖或钝急尖，侧生小叶基部两侧略不对称，营养枝上的小叶长达10.5cm，宽4～6cm；叶柄长4～12cm，小叶柄长3～10mm；花枝上的小叶略小。数花在近顶部腋生或多至12花排成明显的花序；花梗长4～6cm；花瓣白色转黄色，爪长4～8mm，瓣片顶端圆形，长10～20mm；雄蕊15～26枚，紫色，不等长。果球形，直径2.5～3.5cm，成熟时呈红紫褐色；种子多数。花期3～5月，果期8～9月。

分布　钦州市：罕见；北海市：罕见；防城港市：罕见。

用途　食用、材用。

类型　浪花飞溅区植物。

红鳞蒲桃

Syzygium hancei Merr. et Perry

    特征   乔木。嫩枝圆形。叶革质，狭椭圆形至长圆形或倒卵形，长3～7cm，宽1.5～4cm，先端钝或稍尖，基部宽楔形或较窄；叶柄长3～6mm。圆锥花序腋生；萼筒倒圆锥形，萼齿不明显；花瓣4片，圆形，分离。果球形，直径5～6mm。花期7～9月，果期11月至翌年1月。

    分布   钦州市：少见；北海市：少见；防城港市：少见。

    特性   喜温暖湿润气候，适应性较强，在滨海生态修复领域也具有较好作用。

    用途   食用（野果），药用，材用，观赏，生态防护。

    类型   浪花飞溅区植物。

香蒲桃

Syzygium odoratum (Lour.) DC.

特征　常绿乔木。叶片革质，卵状披针形或卵状长圆形，长3～7cm，宽1～2cm，先端尾状渐尖，上面有光泽，多下陷的腺点，下面同色，侧脉多而密，彼此相隔约2mm，以45°开角斜向上，在靠近边缘1mm处结合成边脉；叶柄长3～5mm。圆锥花序顶生或近顶生，长2～4cm；花梗长2～3mm，有时无花梗；萼管倒圆锥形，长3mm，有白粉；花瓣分离或帽状；雄蕊长3～5mm。果实球形，直径6～7mm，略有白粉。花期6～8月。

分布　钦州市：无；北海市：无；防城港市：少见。

特性　防风固沙功能强，可用于沿海沙地绿化。

用途　材用，观赏，香精香料。

类型　浪花飞溅区植物。

红枝蒲桃

Syzygium rehderianum Merr. et Perry

特征　小乔木。嫩枝圆柱形，稍扁，红色，老枝灰褐色。叶革质，椭圆形至狭椭圆形，长4～7cm，宽2.5～3.5cm，先端尾状渐尖，基部宽楔形，两面有腺点；叶柄长7～9mm。聚伞花序顶生，或生于枝顶叶腋内；萼筒倒圆锥形，萼齿不明显；花瓣白色，连成帽状体。果椭圆状卵形，长1.5～2cm，直径1cm。花期6～8月，果期11月至翌年1月。

分布　钦州市：少见；北海市：无；防城港市：少见。

特性　对土壤的适应性较强，耐干旱，亦耐水湿，耐烈日高温。

用途　材用，观赏。

类型　浪花飞溅区植物。

竹节树

Carallia brachiata (Lour.) Merr.

特征 乔木。树皮光滑，很少具裂纹，灰褐色。叶形变化很大，倒卵形、倒卵状长圆形，有时近圆形，长5～15cm，宽2～10cm，顶端短渐尖或钝尖，全缘，稀具锯齿；叶柄粗而扁。花序腋生；花小，基部有浅碟状的小苞片；花萼6～7裂，钟形，裂片三角形；花瓣白色，近圆形，边缘撕裂状。果实近球形，顶端冠以短三角形萼齿。花期冬季至翌年春季；果期春夏季。

分布 钦州市：少见；北海市：少见；防城港市：少见。

用途 材用，观赏。

类型 浪花飞溅区植物。

黄牛木

Cratoxylum cochinchinense (Lour.) Blume

特征 乔木或灌木，高2～10m。全体无毛。幼枝略扁。树皮灰黄白色，片状剥落，光滑，下部常有刺。叶纸质或革质，椭圆形或长椭圆形，长5～13cm，宽2～4cm，背面常苍白色，中脉在上面凹下，侧脉粗细不等，稍明显；聚伞花序顶生或腋生，总花梗长1cm或更长，有花1～5朵；花瓣基部无鳞片；下位肉质腺体盔状、弯曲。花期4～5月，果期10～11月。

分布 钦州市：少见；北海市：少见；防城港市：少见。生于山坡灌丛中和疏林中。

用途 药用，材用，油脂，香精香料。

类型 浪花飞溅区植物。

锈毛红厚壳

Calophyllum antillanum Britt.

特征 乔木。幼茎绿色，四棱形，有微毛，随着年龄的增长变成灰色。叶对生，单叶，带叶柄，椭圆形，长10～15cm；叶片非常有光泽，有许多与中脉成直角的平行脉；边距全部；刀片尖端圆形到微小的缺口。花小，在叶腋的少数花总状花序中，白色，芳香，有许多黄色雄蕊。果实只有1粒种子，硬壳核果，棕色，球状，宽约2.5cm。

分布 钦州市：无；北海市：无；防城港市：罕见。

用途 材用。

类型 浪花飞溅区植物；广西重点保护野生植物。

五月茶

Antidesma bunius (L.) Spreng

特征 乔木。小枝有明显皮孔。除叶背中脉、叶柄、花萼被柔毛外，其余均无毛。叶片纸质，长椭圆形、倒卵形或长倒卵形，长8～23cm，宽3～10cm，顶端急尖至圆，有短尖头，叶面深绿色，常有光泽，侧脉每边7～11条，在叶面扁平；叶柄长3～10mm；托叶线形，早落。雄花序为顶生的穗状花序，长6～17cm；雌花序为顶生的总状花序，长5～18cm。核果近球形或椭圆形，长8～10mm，直径8mm，成熟时红色；果梗长约4mm。花期3～5月，果期6～11月。

分布 钦州市：少见；北海市：少见；防城港市：少见。

用途 药用，材用，观赏，生态防护。

类型 浪花飞溅区植物。

银柴

Aporosa dioica (Roxb.) Mull. Arg.

叶下珠科
银柴属

特征　乔木，有时常呈灌木状。小枝被稀疏粗毛。叶片革质，椭圆形、长椭圆形、倒卵形或倒披针形，长6～12cm，宽3.5～6cm，顶端圆至急尖，全缘或具有稀疏的浅锯齿，正面无毛有光泽，背面初时仅叶脉上被稀疏短柔毛，老渐无毛；侧脉每边5～7条；叶柄长5～12mm，顶端两侧各具1个小腺体；托叶长4～6mm。雄穗状花序长约2.5cm；雌穗状花序长4～12mm。蒴果核果状，椭圆形，长1～1.3cm，内有种子2粒，外种皮鲜黄色。花果期几乎全年。

分布　钦州市：少见；北海市：少见；防城港市：少见。生长在山地疏林中、林缘或山坡灌木丛中。

用途　药用，材用。

类型　浪花飞溅区植物。

秋枫（常绿重阳木）
Bischofia javanica Blume

特征　常绿或半常绿乔木。树皮纵浅裂，砍伤树皮有红色汁液。小枝无毛。三出复叶，总柄长8～20cm；叶纸质，卵形、椭圆形、倒卵形，长7～15cm，宽4～8cm，先端急尖或小尾尖，基部宽楔形，边缘有疏锯齿，幼时下面有疏短柔毛，老时变无毛，顶生叶柄长2～5cm，侧生叶柄长5～20mm。花小，雌雄异株，组成圆锥花序；雄花花序长8～13cm；雌花花序长15～27cm；子房无毛。浆果状圆球形，直径6～13mm，淡褐色。花期4～5月，果期8～10月。

分布　钦州市：罕见；北海市：少见；防城港市：罕见。

特性　滨海生境偶见，仅见于北海涠洲岛南湾火山岩崖壁下。

用途　食用，药用，材用，观赏，油脂，生态防护。

类型　浪花飞溅区植物。

土蜜树
Bridelia tomentosa Blume

特征　小乔木。幼枝、叶柄、托叶和雌花的萼片外面均被柔毛，其余无毛。叶纸质，长椭圆形或倒卵状长圆形，长3～9cm，宽1.5～4cm，先端锐尖或钝，基部宽楔形至圆形，叶面粗糙，侧脉9～12对，在背面凸起；叶柄长3～5mm；托叶线状披针形，顶端刚毛状渐尖，常早落。核果近圆球形，种子褐红色，腹面存纵沟，背面有纵条纹。花果期几乎全年。

分布　钦州市：常见；北海市：少见；防城港市：常见。生于海岸疏林中或灌木林中。

用途　药用，材用，观赏，油脂。

类型　浪花飞溅区植物。

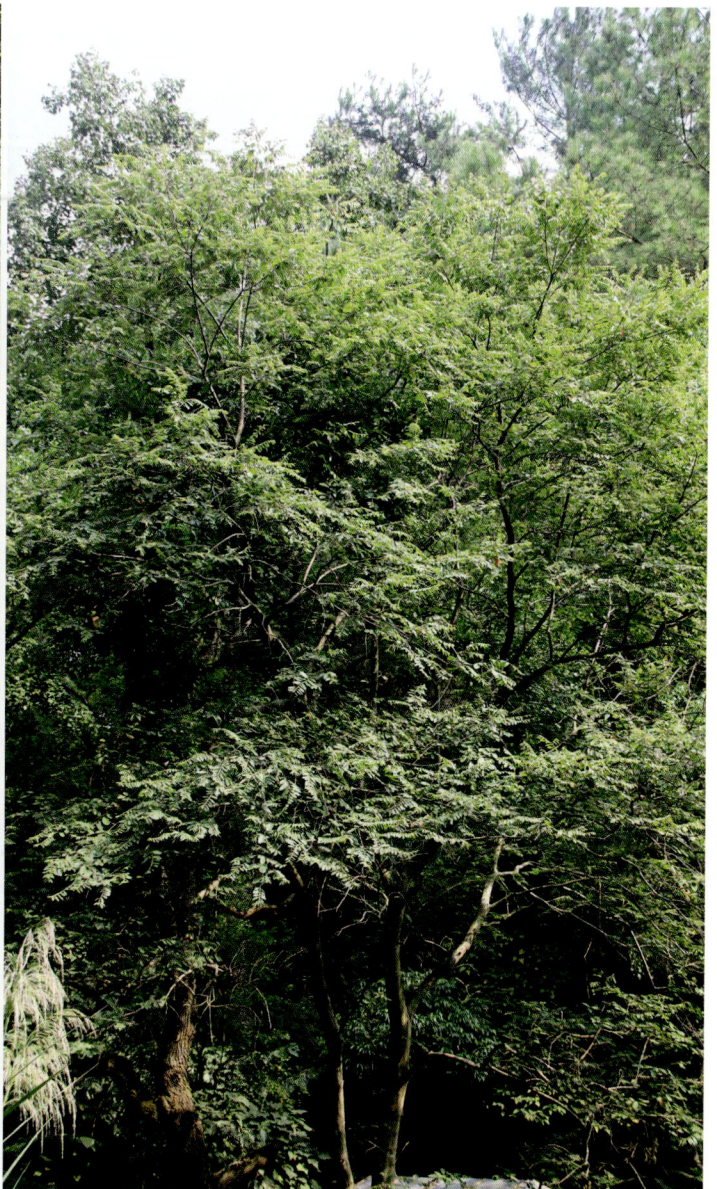

白桐树

Claoxylon indicum (Reinw. ex Bl.) Hassk.

特征 小乔木或灌木。嫩枝被灰色短绒毛，具散生皮孔。叶纸质，常卵形或卵圆形，长10～22cm，宽6～13cm，顶端钝或急尖，两面均被疏毛，边缘具不规则的小齿或锯齿；叶柄长5～15cm，顶部具2枚小腺体。雌雄异株，花序各部均被绒毛；雄花序长10～30cm，雄花3～7朵簇生于苞腋，花梗长约4mm；雌花序长5～20cm，通常1朵生于苞腋。蒴果具3个分果爿，直径7～8mm，被灰色短绒毛；种子近球形，直径4mm，外种皮红色。花果期3～12月。

分布 钦州市：少见；北海市：少见；防城港市：少见。

用途 药用，材用，纤维。

类型 浪花飞溅区植物。

血桐

Macaranga tanarius (L.) Muell. Arg.

特征 乔木。嫩枝、嫩叶、托叶均被黄褐色柔毛。小枝粗壮，无毛，被白霜。叶纸质或薄纸质，近圆形或卵圆形，长17～30cm，宽14～24cm，顶端渐尖，盾状着生，全缘或叶缘具浅波状小齿，上面无毛，下面密生颗粒状腺体；掌状脉9～11条；叶柄长14～30cm；托叶膜质，三角形，长1.5～3cm，脱落。花序圆锥状，花序轴疏生柔毛。蒴果具2～3个分果爿，长8mm，宽12mm，密被颗粒状腺体和数枚长约8mm的软刺；果梗长5～7mm。花期4～5月，果期6月。

分布 钦州市：罕见；北海市：少见；防城港市：无。

用途 材用。

类型 浪花飞溅区植物。

台湾相思
Acacia confusa Merr.

特征　常绿乔木。树皮灰褐色，不裂，稍粗糙。小枝无刺。初出土为羽状复叶，从第2或第3片叶起，羽状叶退化，由叶柄演变为披针形叶状，革质，具3～7平行脉，长6～11cm，宽0.5～1.3cm。头状花序球形，单生或2～3个簇生叶腋，花瓣淡绿色；雄蕊金黄色，突出。果扁平，带状，初被黄褐色柔毛，后脱落，果荚开裂，长4～11cm，宽0.7～1.1cm，具种子2～10粒，种子间稍缢缩，果皮干后有皱纹。花期3～5月，果熟期7月上旬至8月中旬。

分布　钦州市：常见；北海市：常见；防城港市：很常见。

特性　极耐干旱和瘠薄，在土壤冲刷严重的酸性粗骨土、沙质土均能生长，天然更新正常。

用途　材用，观赏，油脂，生态防护。

类型　浪花飞溅区植物；外来种。

海红豆

Adenanthera microsperma Teijsm. & Binn.

特征　落叶乔木。树皮黑褐色，幼时平滑，大树粗糙，细鳞片开裂。羽片3～6对，近对生；小叶4～7，互生，长圆形或卵形，长2～4cm，宽1.5～2.5cm，先端钝圆，两面被柔毛；托叶早落。总状花序长12～16cm，单生或簇生枝顶排成圆锥花序，被柔毛；花白色或淡黄色，花瓣披针形，长2.5～3mm；雄蕊10枚。果盘旋，长10～22cm，宽约1.5cm，开裂后果瓣反卷扭曲，种子外露，不脱落；种子鲜红色，有光泽，长6.5～7.5mm。花期5～7月，果熟期8～10月。

分布　钦州市：少见；北海市：少见；防城港市：少见。生于海岸林中或栽培作绿化树。

用途　有毒，材用，观赏。

类型　浪花飞溅区植物。

银合欢

Leucaena leucocephala (Lam.) de Wit

特征 落叶小乔木。幼枝被绒毛，以后渐脱落。二回羽状复叶，羽片4～8对，小叶5～15对，条状椭圆形，长0.6～1.3cm，宽1.5～3mm，先端短尖，中脉偏于上缘，第1对羽片着生处具1黑色腺体；叶轴及羽片轴被柔毛。头状花序腋生或顶生；花白色。荚果薄带状，成簇状着生，开裂，长9～15cm，宽1.5～2cm，光滑；种子棕褐色，有光泽，两侧各有1椭圆形纹，扁椭圆形，长6～7.5mm，宽3～4.5mm。3～11月均有花开，6月至翌年2月均有果熟。

分布 钦州市：很常见；北海市：很常见；防城港市：很常见。原产于热带美洲，已逸为野生，见于荒地、路旁，在海岛上常形成优势群落。

特性 耐干旱贫瘠，喜光，天然更新好，入侵性较强。

用途 饲用，材用，观赏，生态防护。

类型 浪花飞溅区植物；外来入侵种。

光荚含羞草（簕仔树）

Mimosa bimucronata (Candolle) O. Kuntze

特征　落叶小乔木，高3～6m。小枝具刺，密被黄色绒毛。二回羽状复叶，羽片6～7对，长2～6cm，叶轴无刺，被短柔毛，小叶12～16对，线形，长5～7mm，宽1～1.5mm，革质，先端具小尖头，除边缘疏具缘毛外，余无毛，中脉略偏上缘。头状花序球形；花白色；花瓣长圆形，长约2mm，仅基部连合；雄蕊8枚，花丝长4～5mm。荚果带状，劲直，长3.5～4.5cm，宽约6mm，无刺毛，褐色，常有5～7个荚节，成熟时荚节脱落而残留荚缘。花期6～9月。

分布　钦州市：很常见；北海市：很常见；防城港市：很常见。原产于美洲热带地区。在沿海地区多逸生于疏林下。

特性　适应性强，天然更新好，入侵性较强。

用途　材用。

类型　浪花飞溅区植物；外来入侵种。

凹叶红豆

Ormosia emarginata (Hook. et Arn.) Benth.

特征　常绿小乔木，有时灌木状。小枝绿色，平滑无毛。奇数羽状复叶，长11～20cm，叶柄长3～5cm；小叶2～3对，厚革质，长3～7cm，宽1～3cm，先端钝圆而有凹缺，侧脉7～8对，纤细；小叶柄长3～5mm，粗短；圆锥花序顶生，长约11cm；花梗长3～5mm，无毛；花冠白色或粉红色，长约7mm；雄蕊10枚，不等长。荚果扁平，黑褐色或黑色，长3～5.5cm，宽1.7～2.4cm，两端尖，果颈长2～3mm，果瓣木质，有种子1～4粒；种子长7～10mm，种皮鲜红色。花期5～6月，果期8～10月。

分布　钦州市：罕见；北海市：无；防城港市：罕见。

用途　有毒，材用，观赏。

类型　浪花飞溅区植物；国家二级重点保护野生植物。

木麻黄

Casuarina equisetifolia L.

特征　常绿乔木。幼树皮带红色，老树皮粗糙，深褐色，不规则条裂，内皮红色。小枝绿色；嫩枝稍带红褐色，多直立，具6～8细棱，每轮鳞片状叶6～8枚，呈小短齿状，紧贴小枝。果序侧生，有短柄，矩椭圆形，两端钝或截平，外被短柔毛，小苞片木质，广卵圆形，顶端略钝；小坚果灰褐色，有光泽，上部有灰白色膜质翅，具红棕色棱，翅偏于一侧。花期4～5月，果期7～10月。

分布　钦州市：很常见；北海市：很常见；防城港市：很常见。

特性　耐旱亦耐水湿、耐贫瘠、耐沙埋，适应性强，生长速度快，萌芽力强，根系深。

用途　药用，饲用，材用，观赏，油脂，生态防护。

类型　浪花飞溅区植物；外来种。

朴树

Celtis sinensis Pers.

特征　落叶乔木。树皮平滑，灰色。一年枝被密毛。叶革质，宽卵形至狭卵形，长3～10cm，先端尖至渐尖，中部以上边缘有浅锯齿，三出脉，下面无毛或有毛。花杂性，1～3朵生于当年枝的叶腋；花被片4枚，被毛。核果近球形，红褐色；果柄与叶柄近等长；果核有穴和突肋。花期3～4月，果期9～10月。

分布　钦州市：常见；北海市：常见；防城港市：常见。

用途　食用（野果），药用，饲用，材用，纤维，观赏，油脂，生态防护。

类型　浪花飞溅区植物。

山黄麻

Trema tomentosa (Roxb.) Hara

榆科
山黄麻属

特征 小乔木或灌木。树皮平滑或细龟裂。小枝、叶柄、托叶、花序密被短绒毛。叶纸质或薄革质，宽卵形或卵状矩圆形，长7～15（20）cm，宽3～7（8）cm，先端渐尖至尾状渐尖，基部心形，明显偏斜，边缘有细锯齿，两面近于同色，叶面极粗糙，基出脉3条；叶柄长7～18mm；托叶条状披针形，长6～9mm。雄花序长2～4.5cm；雄花直径1.5～2mm，几乎无梗；雌花序长1～2cm；子房无毛。核果压扁，直径2～3mm，具宿存的花被。花期3～6月，果期9～11月。

分布 钦州市：少见；北海市：常见；防城港市：少见。

用途 药用，饲用，材用，纤维，观赏，油脂，栲胶，生态防护。

类型 浪花飞溅区植物。

桂木

Artocarpus parvus Gagnep.

特征 乔木。树皮黑褐色，纵裂。叶互生，革质，长圆状椭圆形至倒卵椭圆形，长7～15cm，宽3～7cm，先端短尖或具短尾，基部楔形或近圆形，全缘或具不规则浅疏锯齿，表面深绿色，背面淡绿色，两面均无毛，侧脉6～10对，在表面微隆起，背面明显隆起，嫩叶干时黑色；叶柄长5～15mm；托叶披针形，早落。雄花序头状，长2.5～12mm，直径2.7～7mm，雄蕊1枚；雌花序近头状。聚花果近球形，直径约5cm，成熟红色，肉质，苞片宿存。总花梗长1.5～5mm。花期4～5月，果期5～9月。

分布 钦州市：常见；北海市：少见；防城港市：少见。

用途 食用（野果），药用，材用，观赏。

类型 浪花飞溅区植物。

构树

Broussonetia papyrifera (L.) L'Heritier ex Vent.

特征 乔木。树皮暗灰色而光滑。枝粗而直，小枝被毛。叶互生和对生同时存在，宽卵形至长圆状卵形，长7～20cm，宽4～8cm，先端渐尖，基部略偏斜，不裂或2～3裂，有时裂了又裂，尤其是苗期和萌生枝，边缘具粗锯齿，叶两面粗糙，背面被粗毛，基生三出脉，侧脉明显；叶柄长2.5～8cm；托叶膜质，大而脱落。雌雄异株；雄花为柔荑花序，腋生，下垂；雌花序为稠密的头状花序。聚花果球形，径约3cm，子房柄肉质，橘红色。花期4～5月，果期6～7月。

分布 钦州市：常见；北海市：很常见；防城港市：很常见。生于村旁、路边、山地林中。

用途 食用（野果），药用，饲用，材用，纤维，栲胶，生态防护。

类型 浪花飞溅区植物。

榕树（小叶榕）
Ficus microcarpa L. f.

特征　常绿大乔木。干枝常具气生根。叶薄革质，狭椭圆形，长4～8cm，宽2～4cm，先端钝尖，基部楔形或圆钝，全缘或微波状，两面无毛，基生三出脉，侧脉5～6对，侧脉沿边缘整齐网结形成边脉；叶柄长0.7～1.5cm，无毛；托叶小，披针形。花期5～7月，果期8～9月。

分布　钦州市：常见；北海市：很常见；防城港市：很常见。

特性　根系发达，在基岩海岸和堤岸缝隙中生长良好。

用途　药用，饲用，材用，观赏。

类型　浪花飞溅区植物。

斜叶榕

Ficus tinctoria subsp. *gibbosa* (Bl.)Corner

特征 乔木。叶螺旋状排列，近革质，斜菱状椭圆形或倒卵状椭圆形，长4～17cm，宽3～6cm，先端急尖或短渐尖，基部偏斜，楔形，光滑或微被毛，全缘或中部以上偶有疏生粗锯齿；叶柄长6～15cm。隐头花序单生，成对或伞状腋生，球形，熟时红色。花果期6～7月。

分布 钦州市：少见；北海市：少见；防城港市：少见。

特性 根系发达，在基岩海岸和堤岸缝隙中生长良好。

用途 饲用，材用，纤维，观赏。

类型 浪花飞溅区植物。

黄葛树（黄葛榕）

Ficus virens Aiton

特征　落叶大乔木。具板根和支柱根。叶薄革质，长椭圆状或椭圆状卵形，长达20cm，宽4～6cm，先端渐尖，基部钝圆，或微心形，全缘，两面无毛，侧脉7～10对；叶柄长3～5cm；托叶披针形或卵状披针形，早落。隐头花序单生或成对生于无叶腋，球形，熟时黄色或紫红色，无总梗，基部苞片3枚，宿存。花期4月，果期5～6月。

分布　钦州市：少见；北海市：少见；防城港市：少见。

用途　材用，观赏。

类型　浪花飞溅区植物。

鹊肾树

Streblus asper Lour.

特征 乔木。树皮深灰色，粗糙。幼枝被短毛，皮孔明显。叶革质，粗糙，椭圆状倒卵形，长2.5～6cm，宽2～2.5cm，先端钝或具短尖，全缘或具不规则钝锯齿，基部钝或两侧近耳状，两面均粗糙，侧脉4～7对；叶柄极短。核果近球形，熟时黄色，为宿存花被片所包围。花期2～4月，果期4～5月。

分布 钦州市：少见；北海市：少见；防城港市：少见。

特性 耐干旱，适应性广，抗风，叶片受环境影响变异大。

用途 食用（野果），药用，饲用，材用。

类型 浪花飞溅区植物。

膝柄木

Bhesa robusta (Roxb.) D. Hou

特征　乔木。小枝紫棕色，粗糙，常有较大的叶痕和芽鳞痕。叶互生，小枝上有时为近对生，近革质，长圆状椭圆形或窄卵形，长11～20cm，宽3.5～6cm，先端急尖或短渐尖，基部圆形或阔楔形，全缘，中脉和侧脉凸起，侧脉14～18对，平行且紧密排列；叶柄两端增粗，在近叶基的一端背部呈膝状弯曲。蒴果窄长卵状，稍呈榄形，上部稍窄，顶端常稍呈喙状。花期7～9月，果期翌年3～4月。

分布　钦州市：无；北海市：罕见；防城港市：罕见。

特性　濒危物种，天然更新极差，人工育苗的幼苗死亡率高。

用途　材用。

类型　浪花飞溅区植物；国家一级重点保护野生植物。

簕欓花椒

Zanthoxylum avicennae (Lam.) DC.

特征 落叶乔木。树干有鸡爪状刺，刺基部扁圆而增厚，形似鼓钉，并有环纹。幼龄树的枝及叶密生刺，各部无毛。叶有小叶11～21片，稀较少；小叶斜卵形，斜长方形或呈镰刀状，长2.5～7cm，宽1～3cm，全缘，或中部以上有疏裂齿，鲜叶的油点肉眼可见，叶轴腹面有狭翅。花序顶生，花多；雄花梗长1～3mm；萼片及花瓣均5片；花瓣黄白色，雄蕊5枚；果梗长3～6mm，花序梗比果梗长1～3倍。单个分果瓣直径4～5mm，油点大且多。花期6～8月，果期10～12月。

分布 钦州市：少见；北海市：少见；防城港市：少见。生于低海拔平地、坡地或谷地，多见于次生林中。

用途 药用，观赏，香精香料。

类型 浪花飞溅区植物。

楝（苦楝）
Melia azedarach L.

特征　落叶乔木。树皮灰褐色，纵裂，皮孔明显。分枝广展，小枝有叶痕。2～3回羽状复叶，长20～40cm；小叶多数，对生，卵形、椭圆形至披针形，长3～7cm，宽0.5～3cm，先端渐尖，基部宽楔形或宽楔形，略偏斜，边缘有粗齿，幼时被星状毛，后两面变无毛；侧脉8～12对。圆锥花序约与叶等长；花萼5齿裂；花瓣淡紫色或近白色，长8～10mm；雄蕊管紫色，长7～8mm。核果黄绿色，球形至椭圆形，长1.5～2cm，每室有1粒种子。花期4～5月，果期10～12月。

分布　钦州市：很常见；北海市：很常见；防城港市：很常见。

用途　药用，有毒，材用，观赏，油脂，生态防护。

类型　浪花飞溅区植物。

滨木患

Arytera littoralis Blume

特征　常绿小乔木。小枝圆柱状，有直纹，仅嫩部被短柔毛，皮孔多。小叶2或3对，很少4对，近对生；薄革质，长圆状披针形至披针状卵形，长8～18cm，宽2.5～7.5cm，顶端骤尖，两面无毛或背面侧脉腋内被毛；侧脉7～10对；小叶柄长不及1cm。花序常紧密多花，被锈色短绒毛；花瓣5；雄蕊常8枚；子房被紧贴柔毛。蒴果的发育果爿椭圆形，长1～1.5cm，宽7～9mm，红色或橙黄色；种子枣红色，假种皮透明。花期夏初，果期秋季。

分布　钦州市：无；北海市：罕见；防城港市：罕见。

用途　材用。

类型　浪花飞溅区植物。

柄果木
Mischocarpus sundaicus Blume

特征　常绿小乔木。小枝暗红色，无毛。叶连柄长10～20cm，叶轴与小枝同色；小叶常2对，有时1对，革质，卵形或长圆状卵形，长5～13cm，宽2～5cm，顶端短渐尖，基部圆或有时阔楔尖；小叶柄长约10mm。花序复总状，近基部分枝，有时总状，不分枝，密被短柔毛；花梗长1～2mm；萼被柔毛；无花瓣；花丝和花盘均无毛。蒴果梨状，全长8～9mm，柄状部分长2～2.5mm，通常1室，有种子1粒。花期10～11月，果期翌年春夏间。

分布　钦州市：罕见；北海市：罕见；防城港市：罕见。

用途　材用。

类型　浪花飞溅区植物。

厚皮树

Lannea coromandelica (Houtt.) Merr.

特征　落叶乔木。树皮灰白色，厚。小枝、叶轴、小叶柄、叶背、花序密被锈色星状毛。奇数羽状复叶常集生枝顶，长10～33cm，小叶常3～4对；小叶薄纸质，卵形或长圆状卵形，长5.5～9cm，宽2.5～4cm，先端长渐尖或尾状渐尖，全缘，侧脉6～10对；小叶柄长1～3mm。花小，成顶生总状花序，雄花序长15～30cm，分枝，雌花序较短；花萼长约1mm；花瓣长约2.7mm。核果卵形，略压扁，成熟时紫红色，长8～10mm，宽约0.5mm，无毛。花期3月，果期4～6月。

分布　钦州市：罕见；北海市：罕见；防城港市：无。

用途　材用，纤维，油脂。

类型　浪花飞溅区植物。

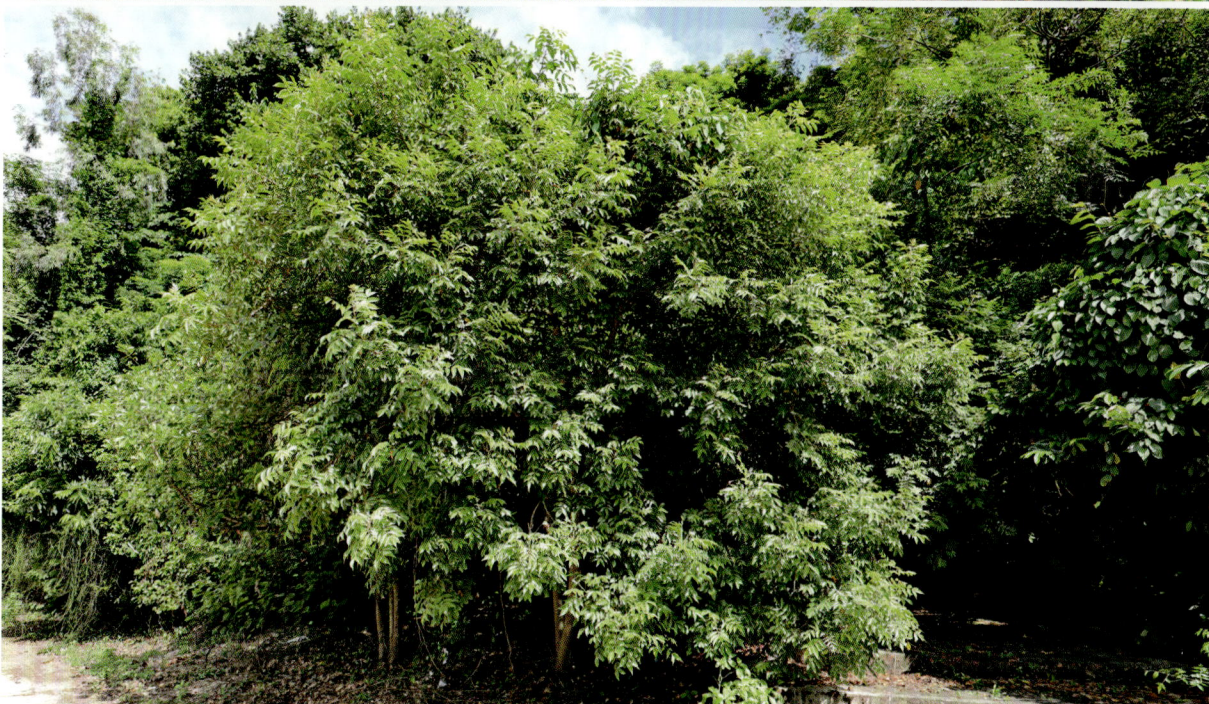

野漆

Toxicodendron succedaneum (L.) O. Kuntze

特征　落叶乔木或小乔木。幼芽略被棕黄色绒毛；顶芽大，紫褐色。奇数羽状复叶互生，常集生枝条顶端，长25～35cm；小叶4～7对，对生或近对生，卵形、卵状椭圆形或卵状长圆形，长5～16cm，宽2～5.5cm，先端渐尖或尾状渐尖，基部多少偏斜，阔楔形，全缘，背面粉绿色，常被白粉；侧脉15～22对，两面稍突起。圆锥花序长7～15cm，多分枝；花黄绿色。果较大，偏斜，直径7～10mm，压扁，先端偏离中心，熟时淡黄色。花期5～6月，果期10月。

分布　钦州市：很常见；北海市：很常见；防城港市：很常见。

用途　药用，有毒，材用，油脂，生态防护。

类型　浪花飞溅区植物。

鹅掌柴（鸭脚木）

Heptapleurum heptaphyllum (L.) Y. F. Deng

特征　乔木或灌木。小枝粗壮，幼叶、花序梗、花梗生星状短柔毛。掌状复叶，小叶最多11枚；叶柄长15～30cm；小叶片纸质至革质，椭圆形、长圆状椭圆形或倒卵状椭圆形，长9～17cm，宽3～5cm，边缘全缘，侧脉7～10对。圆锥花序顶生，长20～30cm；伞形花序有花10～15朵；花梗长4～5mm；花白色；萼长约2.5mm；花瓣开花时反曲，无毛；雄蕊5枚或6枚。果实球形，黑色，直径约5mm，有不明显的棱；宿存花柱粗短；柱头头状。花期11～12月，果期12月。

分布　钦州市：常见；北海市：常见；防城港市：常见。

用途　药用，饲用，材用，生态防护。

类型　浪花飞溅区植物。

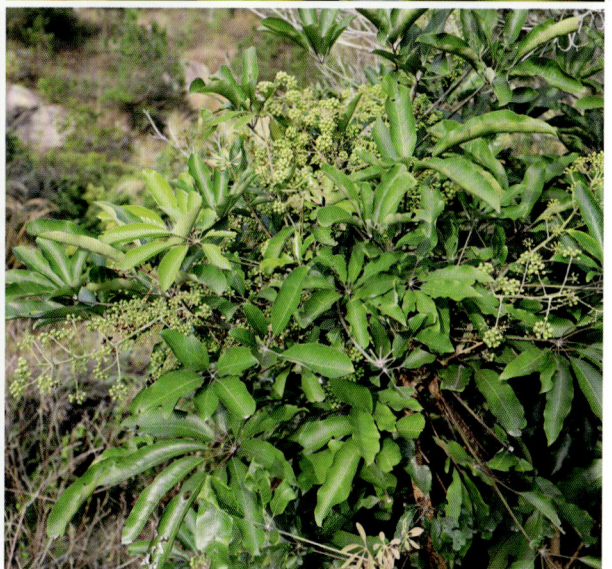

黄果柿（五色柿）
Diospyros decandra Lour.

特征　常绿乔木，高可达25m。茎棕黑色。幼枝密被柔毛。叶片卵圆形或长椭圆形，长5～8cm，宽2～4cm，基部楔形或近圆形，顶端钝尖，叶面光亮无毛，叶背嫩时密被柔毛。花白色；雄花数朵聚生叶腋；雌花单生。果实大，扁球形或近球形，直径3～6cm，幼时绿色，被毛，成熟时黄色，光滑，有香味；宿存萼4裂，裂片反卷，两面被毛。种子6～8粒，肾形，略扁，长约3cm。花期2～4月，果期8～9月。

分布　钦州市：无；北海市：无；防城港市：少见。仅见于东兴市江平镇，原产东南亚，约500年前由京族先人引种到中国东兴市的巫头三岛。

用途　食用（野果），药用，观赏。

类型　浪花飞溅区植物。

乌材

Diospyros eriantha Champ. ex Benth.

特征 常绿乔木或灌木。幼枝、冬芽、叶下面脉上、幼叶叶柄和花序均被锈色粗伏毛。叶纸质，长圆状披针形，长5～12cm，先端短渐尖，稍背卷，有时带红色或浅棕色，侧脉4～6对；叶柄长5～6mm。雌花单生，花梗极短，基部有数枚小苞片；花萼4深裂，两面被粗伏毛；花冠淡黄色，4裂，外面被粗伏毛；果卵圆形或长圆形，长1.2～1.8cm，顶端有小尖头，初被粗伏毛，成熟时黑紫色；宿存花萼4裂。花期7～8月，果期10月至翌年2月。

分布 钦州市：罕见；北海市：罕见；防城港市：罕见。

用途 药用，材用，栲胶。

类型 浪花飞溅区植物。

紫荆木

Madhuca pasquieri (Dubard) H. J. Lam

特征　常绿乔木；有黄白色乳汁。嫩枝密生皮孔。叶常聚于分枝项端，革质，倒卵形或倒卵状长圆形，长6～16cm，宽2～6cm，先端钝头或骤然收缩，基部尖楔形，无毛，边缘外卷；中脉在上面稍凸起，侧脉13～26对，在叶背明显；叶柄长1.5～3.5cm，被锈色短柔毛。花数朵簇生于叶腋内，花梗长1.5～3.5cm，被锈色或灰色短柔毛。浆果，椭圆形或小球形，径2～3cm，基部有宿萼，先端具宿存、花后延长的花柱，果皮肥厚，被锈色绒毛，后变无毛。花期7～9月，果期10～12月。

分布　钦州市：无；北海市：无；防城港市：罕见。

用途　食用，材用，油脂。

类型　浪花飞溅区植物；国家二级重点保护野生植物。

铁线子

Manilkara hexandra (Roxb.) Dubard

特征　灌木或乔木。小枝短而粗壮，无毛。叶互生，密聚枝顶，早落，留下明显的叶痕，革质，倒卵形或倒卵状椭圆形，长5～10cm，宽3～7cm，先端微心形，基部宽楔形或微钝，两面无毛，中脉在上面凹入，在下面明显凸起，侧脉细，相互平行，网脉细密，两面均不明显；叶柄长8～20cm。花数朵簇生于叶腋内，花梗粗壮，长1～1.8cm；萼6裂，裂片卵状三角形，长3～4mm；花冠白色，长约4mm。浆果长1～1.5cm；种子1～2粒。花期8～12月，果期翌年4～5月。

分布　钦州市：无；北海市：罕见；防城港市：无。生于海岸林中。

特性　耐旱耐盐碱，抗风和固沙能力较强，是优良的海岸带防护林树种。

用途　食用，药用，材用，油脂，生态防护。

类型　浪花飞溅区植物。

打铁树

Myrsine linearis (Lour.) Poiret

特征 小乔木或灌木。分枝多；幼时密被鳞片，无毛，具纵纹。叶通常聚于小枝顶端，叶片坚纸质，倒卵形或倒披针形，稀椭圆状披针形，顶端圆形或广钝，有时急尖且微凹，长3～7cm，宽1.2～2.5cm，全缘，两面无毛，密布腺点。花簇生或成伞形花序，有花4～6朵或更多；花梗长（2～）4mm；无毛；花长2～2.5mm；花瓣白色或淡绿色，长约2.2mm，基部连合达全长的1/3。果球形，直径3～4mm，紫黑色，多少具腺点。花期12月至翌年1月，果期7～9月。

分布 钦州市：少见；北海市：少见；防城港市：常见。

用途 药用，材用，观赏。

类型 浪花飞溅区植物。

牛矢果

Osmanthus matsumuranus Hayata

特征　常绿乔木或灌木。小枝扁平，无毛。叶片薄革质，常倒披针形，长8~14（~19）cm，宽2.5~4.5（~6）cm，先端渐尖，基部狭楔形，下延至叶柄，全缘或上半部有锯齿，两面无毛，具针尖状突起腺点，侧脉纤细；叶柄长1.5~3cm，无毛，上面有浅沟。聚伞花序组成短小圆锥花序，着生叶腋，长1.5~2cm；花梗长2~3mm；花芳香；花冠长3~4mm。果椭圆形，长1.5~3cm，直径0.7~1.5cm，成熟时紫红色至黑色。花期5~6月，果期11~12月。

分布　钦州市：无；北海市：无；防城港市：罕见。

用途　药用，材用。

类型　浪花飞溅区植物。

灰毛杜英

Elaeocarpus limitaneus Hand.-Mazz.

特征 常绿小乔木。小枝稍粗壮,幼时被灰褐色紧贴茸毛。叶革质,椭圆形或倒卵形,长7～16cm,宽5～7cm,先端宽广,下面被灰褐色紧贴茸毛,侧脉6～8对,边缘有小钝齿;叶柄粗壮,长2～3cm。总状花序生叶腋及无叶的去年枝条上,长5～7cm,花序轴被灰色毛;花柄长3～4mm;萼片5片,长5mm;花瓣白色,长6～7mm,上半部撕裂,裂片12～16条;雄蕊长4mm,有柔毛;子房3室,被毛,花柱长3mm。核果椭圆状卵形,长2.5～3cm,宽2cm。花期7月。

分布 钦州市:无;北海市:无;防城港市:少见。

用途 材用。

类型 浪花飞溅区植物。

椰子

Cocos nucifera L.

特征 乔木状，高大通直。茎有环状叶痕。叶羽状全裂，长3～4m；裂片多数，线状披针形，长65～100cm或更长，宽3～4cm，顶端渐尖；叶柄粗壮，长达1m以上。花序腋生，长1.5～2m，多分枝；佛焰苞纺锤形，厚木质；雄花萼片3片，长3～4mm，花瓣3枚，长1～1.5cm。果卵球状或近球形，顶端微具三棱，长15～25cm，中果皮厚纤维质，内果皮木质坚硬，基部有3孔。花果期主要在秋季。

分布 钦州市：罕见；北海市：常见；防城港市：罕见。

特性 典型热带植物，广西为其分布北缘，虽能正常生长、结果，但果品质较差。

用途 食用（野果，淀粉），药用，材用，纤维，观赏，油脂，生态防护。

类型 浪花飞溅区植物。

暗罗
Polyalthia suberosa (Roxb.) Thw.

特征 灌木至小乔木。树皮老时栓皮状，有极明显的深纵裂。枝常有皮孔，小枝纤细，被微柔毛。叶纸质，椭圆状长圆形或倒披针状长圆形，长6～10cm，宽2～3.5cm，顶端略钝或短渐尖，基部略钝而稍偏斜，叶面无毛，叶背被疏柔毛；侧脉每边8～10条，纤细；叶柄长2～3mm。花淡黄色，1～2朵与叶对生；花梗长1.2～2cm，被紧贴的疏柔毛，中部以下有1小苞片；萼片、花瓣卵状三角形。果近圆球状，直径4～5mm，被短柔毛，成熟时红色。花果期几乎全年。

分布 钦州市：无；北海市：少见；防城港市：无。

用途 药用。

类型 浪花飞溅区植物。

乌药

Lindera aggregata (Sims) Kosterm.

特征 常绿灌木或小乔木。树皮灰褐色。幼枝青绿色，具纵向细条纹，密被金黄色绢毛，老时无毛。叶互生，卵形，椭圆形至近圆形，通常长2.7～5cm，宽1.5～4cm，先端长渐尖或尾尖，基部圆形，革质或有时近革质，上面绿色，有光泽，下面苍白色，幼时密被棕褐色柔毛，三出脉；叶柄长0.5～1cm。伞形花序腋生，无总梗，常6～8花序集生；花被片6，黄色或黄绿色；子房被褐色短柔毛，柱头头状。果卵形或有时近圆形，长0.6～1cm，直径4～7mm。花期3～4月，果期5～11月。

分布 钦州市：少见；北海市：少见；防城港市：少见。

用途 药用，油脂，香精香料。

类型 浪花飞溅区植物。

圆叶豹皮樟

Litsea rotundifolia Hemsl.

特征　常绿灌木或小乔木，高可达3m。树皮常有褐色斑块。小枝无毛或近无毛。叶散生，宽卵圆形至近圆形，长2.2～4.5cm，宽1.5～4cm，先端钝圆或短渐尖，基部近圆，上面光亮无毛，下面粉绿色，无毛，侧脉每边3～4条；叶柄粗短，长3～5mm。伞形花序常3个簇生叶腋，几无总梗；每一花序有花3～4朵，花小，近于无梗。果球形，直径约6mm，几无果梗，成熟时灰蓝黑色。花期8～9月，果期9～11月。

分布　钦州市：少见；北海市：少见；防城港市：少见。

用途　药用。

类型　浪花飞溅区植物。

绒毛润楠

Machilus velutina Champ. ex Benth.

特征 灌木至小乔木。枝、芽、叶下面和花序均密被锈色绒毛。叶狭倒卵形、椭圆形或狭卵形，长5～11（18）cm，宽2～5cm，先端渐狭或短渐尖，革质，上面有光泽，侧脉每边8～11条；叶柄长1～3cm。花序单独顶生或数个密集在小枝顶端，近无总梗，分枝多而短，近似团伞花序；花黄绿色，有香味，被锈色绒毛；内轮花被裂片卵形，长约6mm，雄蕊长约5mm；子房淡红色。果球形，直径约4mm，紫红色。花期10～12月，果期翌年2～3月。

分布 钦州市：罕见；北海市：罕见；防城港市：罕见。

用途 材用。

类型 浪花飞溅区植物。

青皮刺（曲枝槌果藤）

Capparis sepiaria L. Syst. Nat.

特征 多枝灌木，有时攀缘。小枝粗壮，"之"字形弯曲，幼时被毛；刺粗壮，长2～5mm。叶薄革质，长圆状椭圆形或长圆状卵形，有时线状长圆形，长2～5（～7）cm，宽1～3cm，顶端钝或圆形，常微凹，侧脉4～6（～9）对；叶柄长3～6mm，密被短柔毛。短总状花序常生侧枝顶端，密被柔毛；花小，白色；花梗长8～20mm，无毛；萼片长3～5mm，内凹，无毛；花瓣长4～6mm，宽1.5～3mm。果球形，直径约1cm，表面平滑，果柄纤细。花期4～6月，果期8～12月。

分布 钦州市：无；北海市：少见；防城港市：无。

用途 有毒。

类型 浪花飞溅区植物。

广西滨海植物

牛眼睛（槌果藤）

Capparis zeylanica L.

特征　攀缘或蔓性灌木。刺强壮，长达5mm。叶亚革质，形状多变，常为椭圆状披针形或倒卵状披针形，长3～8cm，宽1.5～4cm，顶端常有2～3mm凸尖头，侧脉3～7对，网状脉两面明显；叶柄长5～12mm。花腋上生；花梗长5～18mm，密被红褐色星状短绒毛；花瓣白色，长圆形，长9～15mm，宽5～7mm，无毛，上面1对基部中央有淡红色斑点；雄蕊30～45枚，花丝幼时白色，后转浅红色或紫红色。果球形或椭圆形，直径2.5～4cm，成熟时红色；种子多数。花期2～4月，果期7月以后。

分布　钦州市：罕见；北海市：少见；防城港市：无。

用途　药用，有毒。

类型　浪花飞溅区植物。

了哥王（南岭荛花）

Wikstroemia indica (L.) C. A. Mey.

特征　灌木，高0.5~2m。枝红褐色，光滑无毛。叶对生，纸质至近革质，无毛，长圆形或披针形，长2~4cm，宽0.7~1.5cm，顶端钝或急尖，基部阔楔形或狭楔形，两面绿色或背面稍浅，侧脉多而细，与中脉约成30°交角；叶柄短。花黄绿色，组成顶生短总状花序，直立，总花梗长不及1cm，无毛。果椭圆形，初绿变黄，继而变为红色或紫红色。花果期夏秋。

分布　钦州市：少见；北海市：罕见；防城港市：少见。

用途　药用，有毒，纤维，油脂。

类型　浪花飞溅区植物。

腺果藤

Pisonia aculeata L.

特征 藤状灌木。枝近对生，下垂，常具下弯的粗刺，刺长5～10mm。叶对生，部分互生，近革质，叶片卵形至椭圆形，长3～10cm，宽1.5～5cm，顶端急尖或钝，下面淡绿色，被黄褐色短柔毛，侧脉每边4～6条；叶柄长1～1.5cm。花单性，雌雄异株，成聚伞圆锥花序，被黄褐色短柔毛；花梗近顶端具3个卵形小苞片；花被黄色；雄蕊6～8枚，伸出；花柱伸出，柱头分裂。果实棍棒形，长7～14mm，宽4mm，5棱，具有柄的乳头状腺体和黑褐色短柔毛，具长果柄。花期1～6月。

分布 钦州市：无；北海市：罕见；防城港市：无。

用途 药用。

类型 浪花飞溅区植物；广西新记录。

刺篱木

Flacourtia indica (Burm. F.) Merr.

特征　落叶灌木或小乔木。树干和大枝条有长刺；幼枝有腋生单刺。叶近革质，倒卵形至长圆状倒卵形，长2～4（～8）cm，宽1.5～2.5（～5）cm，先端圆形或截形，有时凹，边缘中部以上有细锯齿，上面无毛，侧脉5～7对，网脉明显；叶柄短，长（1）3～5mm，被短柔毛。总状花序短，顶生或腋生，被绒毛；花小，萼片5～7，长1.5mm；花瓣缺。浆果球形或椭圆形，直径0.8～1.2cm，有纵裂5～6条，有宿存花柱；种子5～6粒。花期3～4月，果期5～7月。

分布　钦州市：罕见；北海市：罕见；防城港市：无。

用途　药用，材用。

类型　浪花飞溅区植物。

箣柊

Scolopia chinensis (Lour.) Clos

特征　常绿灌木或小乔木。枝和小枝稀有长1～5cm的刺，无毛。叶革质，椭圆形至长圆状椭圆形，长4～7cm，宽2～4cm，先端圆或钝，基部两侧各有腺体1个，全缘或有细锯齿，两面光滑无毛，三出脉；叶柄短，长3～5mm。总状花序腋生或顶生，长2～6cm；花小，淡黄色，直径约4mm；萼片4～5；花瓣比萼片长，边缘有睫毛；雄蕊多数，长约5mm，花药球形，药隔顶端有三角状的附属物。浆果圆球形，直径4mm；种子2～6粒。花期秋末冬初，果期晚冬。

分布　钦州市：少见；北海市：罕见；防城港市：罕见。

用途　药用，材用，观赏。

类型　浪花飞溅区植物。

仙人掌

Opuntia dillenii (Ker Gawl.) Haw.

特征 丛生肉质灌木。上部分枝宽倒卵形、倒卵状椭圆形或近圆形，长10~35cm，宽7.5~20cm，厚达1~2cm，先端圆形，绿色至蓝绿色，无毛；每小窠具3~10（~20）根刺；刺长1~4cm。叶钻形，长4~6mm，早落。花辐状，直径5~6.5cm；萼状花被片长10~25mm，宽6~12mm；瓣状花被片长25~30mm，宽12~23mm；柱头5个，长4.5~5mm。浆果顶端凹陷，长4~6cm，直径2.5~4cm，紫红色，每侧具5~10个突起的小窠，小窠具短绵毛、倒刺刚毛和钻形刺。花期集中在3~5月，果期6~10月。

分布 钦州市：少见；北海市：常见；防城港市：常见。

特性 在海岛生境的入侵性强，极耐干旱。

用途 食用（野果），药用，观赏，生态防护。

类型 浪花飞溅区植物；外来入侵种。

单刺仙人掌

Opuntia monacantha (Willd.) Haw.

特征 肉质灌木或小乔木，老株常具圆柱状主干。分枝先端圆形，基部渐狭至柄状，嫩时薄而波皱，鲜绿而有光泽，无毛；小窠具短绵毛、倒刺刚毛和刺；刺针状，单生或2～3根聚生，长1～5cm，有时嫩小窠无刺。叶钻形，长2～4mm，早落。花辐状，直径5～7.5cm；花被片深黄色；花丝长12mm，淡绿色；柱头6～10个，长4.5～6mm，黄白色。浆果梨形或倒卵球形，长5～7.5cm，直径4～5cm，顶端凹陷，基部狭缩成柄状，紫红色，每侧具10～15（～20）个小窠。花期4～8月。

分布 钦州市：少见；北海市：罕见；防城港市：少见。

特性 耐干旱，喜光。

用途 食用（野果），药用，观赏，生态防护。

类型 浪花飞溅区植物；外来入侵种。

小叶厚皮香

Ternstroemia microphylla Merr.

特征 灌木或小乔木。全株无毛。叶常聚生于枝端，呈假轮生状，革质或厚革质，倒卵形、长圆状倒卵形至倒披针形，长2～5（～6.5）cm，宽0.6～1.5（～3）cm，顶端圆或钝，边缘上半部常疏生细齿，上面有光泽，侧脉3～4（～5）对；叶柄长约3mm。花单生叶腋或生当年生无叶小枝上，直径5～8mm，单性或杂性，花梗纤细，长5～10mm；两性花：萼片5，长宽各2～3mm；花瓣5，白色，长约4mm。果实椭圆形，长8～10mm，花柱和萼片宿存；假种皮鲜红色。花期5～6月，果期8～10月。

分布 钦州市：罕见；北海市：无；防城港市：少见。

用途 药用，香精香料。

类型 浪花飞溅区植物。

岗松

Baeckea frutescens L.

特征 多分枝灌木，高1m。叶条形，长5～10mm，宽1mm，上面有沟槽，下面凸起，无侧脉；有短柄或无柄。花小，白色，单生于叶腋内；花梗长1～1.5mm；萼管钟状，萼齿三角形；花瓣圆形，分离，长约1.5mm；雄蕊10枚或更少，成对与萼齿对生；子房下位，3室，花柱短，宿存。蒴果小，长约2mm；种子扁平，有角。花期7～8月，果期9～11月。

分布 钦州市：少见；北海市：少见；防城港市：少见。生于海边向阳山坡。

特性 喜光植物，喜高温、向阳之地，生长缓慢，耐热、耐旱、耐风。

用途 食用（野果），药用，栲胶，香精香料，生态防护。

类型 浪花飞溅区植物。

桃金娘

Rhodomyrtus tomentosa (Ait.) Hassk.

特征　灌木，高1～2m。嫩枝被灰色绒毛。叶对生，革质，椭圆形或倒卵形，长3～8cm，宽1～4cm，先端圆或钝，常微凹，上面初时被毛，下面被灰色绒毛，离基三出脉，侧脉4～6对，网脉明显；叶柄长4～7mm。花常单生，紫红色，直径2～4cm，有长柄；萼筒被灰色绒毛，萼5裂，近圆形，长4～5mm，宿存；花瓣5枚，长1.3～2cm；雄蕊红色，长7～8mm；子房下位，3室，花柱长1cm。果为浆果，卵状壶形，长1.5～2cm，宽1～1.5cm，成熟时紫黑色。花期4～5月，果期7～8月。

分布　钦州市：少见；北海市：常见；防城港市：常见。

用途　食用（野果），药用，观赏，油脂，栲胶，香精香料。

类型　浪花飞溅区植物。

黑嘴蒲桃

Syzygium bullockii (Hance) Merr. et Perry

特征 灌木至小乔木。嫩枝稍压扁。叶片革质，椭圆形至卵状长圆形，长4～12cm，宽2.5～5.5cm，先端渐尖，尖头钝，基部圆形或微心形，侧脉多数，以70°开角斜向上，离边缘1～2mm处相结合成边脉，脉间相隔1～2mm；近无柄。圆锥花序顶生，长2～4cm，多分枝，多花，总梗长不及1cm；花梗长1～2mm，花小；萼管倒圆锥形，长约4mm，萼齿波状；花瓣连成帽状体；花丝分离，长4～6mm；花柱与雄蕊同长。果实椭圆形，长约1cm，宽8mm。花期3～8月。

分布 钦州市：少见；北海市：少见；防城港市：少见。

用途 材用，观赏。

类型 浪花飞溅区植物。

野牡丹

Melastoma candidum D. Don

特征　灌木。茎钝四棱形，与叶片、叶柄、果密被紧贴的鳞片状糙伏毛。叶片卵形或广卵形，顶端急尖，基部浅心形或近圆形，长4～10cm，宽2～6cm，全缘，7基出脉；叶柄长5～15mm。伞房花序生于分枝顶端，有花3～5朵，稀单生；花梗长3～20mm；花瓣玫瑰红色或粉红色，倒卵形，长3～4cm；雄蕊长者药隔基部伸长，弯曲，末端2深裂，短者药隔不伸延。蒴果坛状球形，长1～1.5cm，直径8～12mm；种子镶于肉质胎座内。花期5～7月，果期10～12月。

分布　钦州市：常见；北海市：常见；防城港市：常见。

用途　药用，观赏，栲胶。

类型　浪花飞溅区植物。

雁婆麻

Helicteres hirsuta Lour.

特征 灌木。小枝、叶、叶柄、萼被星状柔毛。叶卵形或卵状矩圆形，长5～15cm，宽2.5～5cm，顶端渐尖或急尖，基部斜心形或截形，边缘有锯齿，基生脉5条；叶柄长约2cm。聚伞花序腋生，伸长如穗状，不及叶长之半；花梗比花短，有关节；萼管状，长12～15mm，4～5裂；花瓣5片，红色或红紫色，长2～5cm。成熟蒴果圆柱状，宽11～12mm，顶端具喙，密被长绒毛和具乳头状突起。花期4～9月。

分布 钦州市：无；北海市：罕见；防城港市：无。

用途 纤维。

类型 浪花飞溅区植物。

羽脉山麻杆
Alchornea rugosa (Lour.) Muell. Arg.

特征　灌木或小乔木。嫩枝被短柔毛。叶纸质，狭长倒卵形、倒卵形至阔披针形，长10～21cm，宽4～10cm，顶端渐尖边缘具细腺齿，上面无毛，下面脉腋具柔毛，基部具斑状腺体2个；侧脉8～12对；叶柄无毛；托叶钻状，长5～7mm，具疏毛，脱落。雌雄异株，雄花序圆锥状，顶生，长8～25cm，雄花5～11朵簇生于苞腋；雌花序总状或圆锥状，顶生，长7～16cm，雌花单生，花梗长1mm。蒴果近球形，直径8mm，具3圆棱，近无毛。花果期几全年。

分布　钦州市：少见；北海市：少见；防城港市：少见。

类型　浪花飞溅区植物。

方叶五月茶

Antidesma ghaesembilla Gaertn.

特征 灌木至小乔木。除叶面外，全株各部均被柔毛或短柔毛。叶片长圆形、卵形、倒卵形或近圆形，长3～9.5cm，宽2～5cm，顶端圆、钝或急尖，有时有小尖头或微凹；侧脉每边5～7条；叶柄长5～20mm。雄花黄绿色，多朵组成分枝的穗状花序；雌花多朵组成分枝的总状花序；花梗极短；花柱3个，顶生。核果近圆球形，直径约4.5mm。花期3～9月，果期6～12月。

分布 钦州市：少见；北海市：罕见；防城港市：罕见。

用途 药用。

类型 浪花飞溅区植物。

留萼木

Blachia pentzii (Muell.-Arg.) Benth.

特征　灌木。枝条密生褐色突起皮孔，无毛。叶纸质或近膜质，形状、大小变异很大，卵状披针形、倒卵形、长圆形至长圆状披针形，长4~10（~18）cm，宽2~3.5（~6）cm，全缘，两面无毛；侧脉6~12对；叶柄长0.5~2cm。雌花序常呈伞形花序状；雄花序总状；雄花花梗细长，长8~12mm；雄蕊约15枚；雌花萼片长2~3mm，花后稍增大；子房无毛，花柱3个，2深裂。蒴果近球形，顶端稍压扁，直径约1.5cm，无毛。花期几全年。

分布　钦州市：无；北海市：罕见；防城港市：无。

特性　耐干旱，稍耐阴，耐修剪。

用途　观赏。

类型　浪花飞溅区植物；广西新记录。

黑面神（鬼画符）

Breynia fruticosa (L.) Hook. f.

特征 灌木。小枝绿色；全株无毛。叶片革质，卵形、阔卵形或菱状卵形，长3～7cm，宽1.8～3.5cm，两端钝或急尖，背面粉绿色；侧脉每边3～5条；叶柄长3～4mm；托叶长约2mm。花小，单生或2～4朵簇生于叶腋，雌花位于小枝上部，雄花则位于小枝的下部；雄花花萼厚，顶端6齿裂；雄蕊3枚，合生呈柱状；雌花花萼钟状，6浅裂，直径约4mm，萼片结果时增大。蒴果圆球状，直径6～7mm，有宿存的花萼。花期4～9月，果期5～12月。

分布 钦州市：少见；北海市：少见；防城港市：少见。

用途 药用，油脂，栲胶。

类型 浪花飞溅区植物。

假肥牛树

Cleistanthus petelotii Merr. ex Croiz.

特征　灌木至小乔木。全株均无毛。叶片革质，卵形、椭圆形或长圆形，长8～19cm，宽3～8cm，顶端短渐尖，基部钝或圆；侧脉每边6～7条，网脉明显；叶柄长5～8mm。花雌雄同株，长5mm，直径4.5mm，数朵组成腋生团伞花序；萼片5，长3mm；花瓣5，长0.5mm；雄蕊5枚，长2mm；雌花花柱3个。蒴果近圆球状，长11～15mm，直径约15mm，外果皮具网状皱纹；果梗长3～5mm；种子卵形。花期4～6月，果期5～11月。

分布　钦州市：无；北海市：无；防城港市：罕见。

用途　饲用。

类型　浪花飞溅区植物。

白饭树

Flueggea virosa (Roxb. ex Willd.) Voigt

叶下珠科
白饭树属

特征 灌木。全株无毛。小枝具纵棱槽，有皮孔。叶片纸质，长2～5cm，宽1～3cm，先端圆至急尖，有小尖头，基部钝至楔形，全缘，下面白绿色，侧脉每边5～8条；叶柄长2～9mm；托叶披针形，长1.5～3mm。花小，淡黄色，雌雄异株，多朵簇生于叶腋；雄花：花梗长3～6mm，萼片5；雄蕊5枚；雌花3～10朵簇生，有时单生，花梗长1.5～12mm，花柱3个，基部合生，顶部2裂。蒴果浆果状，近圆形，直径3～5mm，成熟时白色，不开裂。花期3～8月，果期7～12月。

分布 钦州市：常见；北海市：常见；防城港市：常见。生于海岸、路旁、灌木丛中。

用途 食用（野果），药用。

类型 浪花飞溅区植物。

毛桐
Mallotus barbatus (Wall.) Muell. Arg.

特征　小乔木。嫩枝、叶、叶柄、花序和果均被黄棕色星状长绒毛。叶互生，纸质，卵状三角形或卵状菱形，长13～35cm，宽12～28cm，边缘具锯齿或波状，有时具2裂片或粗齿；掌状脉5～7条；叶柄盾状着生。花雌雄异株，总状花序顶生；雄花序长11～36cm，下部常多分枝；雌花序长10～25cm；苞片线形，长4～5mm，花萼裂片3～5片，长4～5mm；花柱3～5个，柱头长约3mm，密生羽毛状突起。蒴果稀疏，球形，直径1.3～2cm，有厚毛层。花期4～5月，果期9～10月。

分布　钦州市：少见；北海市：少见；防城港市：常见。

用途　材用，纤维，油脂。

类型　浪花飞溅区植物。

越南叶下珠

Phyllanthus cochinchinensis (Lour.) Spreng.

特征 灌木。小枝具棱，直径1~2mm。叶互生或3~5枚簇生，叶片革质，倒卵形、长倒卵形或匙形，长1~2cm，宽0.6~1.3cm，顶端钝或圆，少数凹缺；叶柄长1~2mm；托叶褐红色，长约2mm，边缘有睫毛。花雌雄异株，1~5朵着生于叶腋凸起处，凸起处的基部具有多数苞片；雄花常单生，花梗长约3mm，萼片6；雌花单生或簇生，花梗长2~3mm，萼片6。蒴果圆球形，直径约5mm，具3纵沟，成熟后开裂成3个2瓣裂的分果爿。花果期6~12月。

分布 钦州市：罕见；北海市：罕见；防城港市：罕见。

用途 食用（野果）。

类型 浪花飞溅区植物。

蓖麻

Ricinus communis L.

特征 一年生粗壮草本或草质灌木。小枝、叶和花序常被白霜，茎多液汁。叶轮廓近圆形，长和宽达40cm或更大，掌状7～11裂，边缘具锯齿；掌状脉7～11条，网脉明显；叶柄粗壮，中空，长可达40cm，顶端具2枚盘状腺体，基部具盘状腺体；托叶长2～3cm，早落。总状花序或圆锥花序，长15～30cm或更长；雄花花萼裂片长7～10mm，雄蕊束众多。蒴果近球形，长1.5～2.5cm，果皮具软刺或平滑；种子椭圆形，长8～18mm，平滑有斑纹。花期几全年。

分布 钦州市：常见；北海市：常见；防城港市：常见。

用途 药用，有毒，观赏，油脂。

类型 浪花飞溅区植物；外来入侵种。

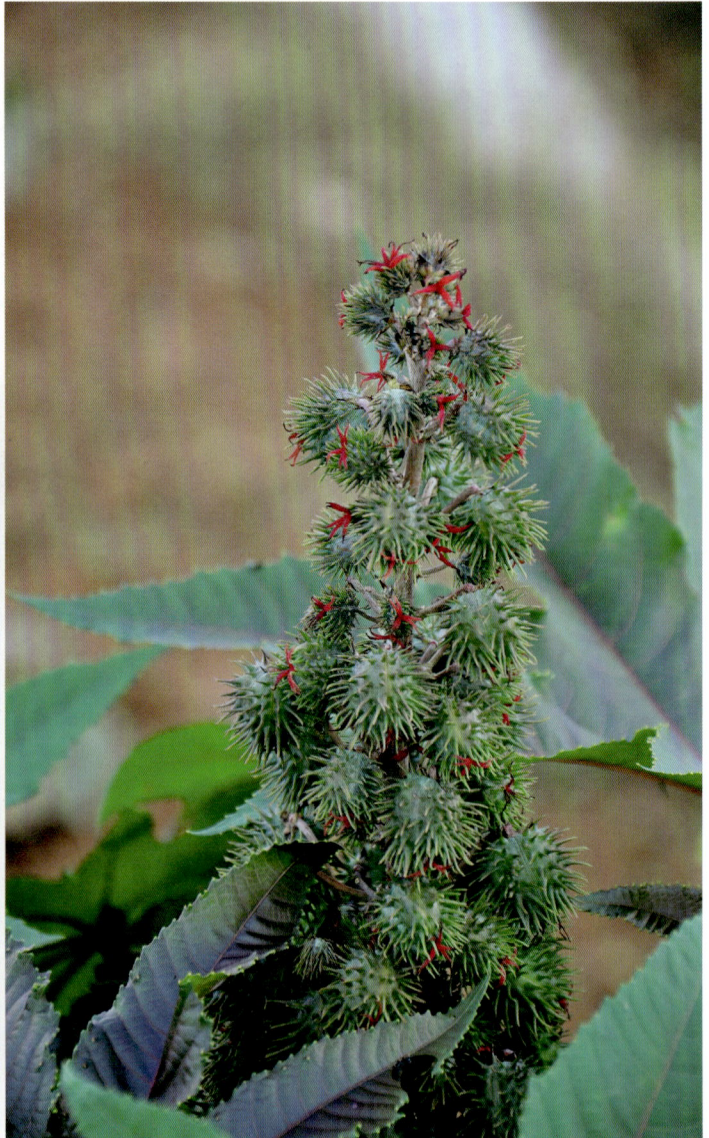

白树

Suregada multiflora (Jussieu) Baillon

特征　灌木或乔木。枝无毛。叶薄革质，倒卵状椭圆形至倒卵状披针形，长5～12（～16）cm，宽3～6（～8）cm，顶端短尖或短渐尖，全缘，两面均无毛；侧脉每边5～8条；叶柄长3～8（～12）mm，无毛。聚伞花序与叶对生，花梗和萼片近无毛，花直径3～5mm；雄花的雄蕊多数；雌花花盘环状，子房无毛，花柱3个，平展，2深裂，裂片再2浅裂。蒴果近球形，有3浅纵沟，直径约1cm，成熟后完全开裂；具宿存萼片。花期3～9月。

分布　钦州市：无；北海市：罕见；防城港市：罕见。

用途　观赏。

类型　浪花飞溅区植物。

石斑木

Rhaphiolepis indica (L.) Lindley

特征 常绿灌木或小乔木。幼枝有褐色绒毛，灰色。叶集生枝顶，革质，卵形、长圆形、稀倒卵形或长圆状披针形，长2～8cm，宽1.5～4cm，先端圆钝、急尖、渐尖或尾尖，基部渐窄下延至叶柄，边缘疏生细钝锯齿，背面网脉明显。圆锥花序或总状花序，顶生；总花梗和花梗粗壮，被锈色毛；花梗长5～15mm；花白色或淡红色，径约1.2cm；花托筒状；花瓣倒卵形或披针状卵形；雄蕊15枚；花柱2～3个，基部连合。果球形，径约5mm，熟时紫黑色。花期4月，果期7～8月。

分布 钦州市：罕见；北海市：罕见；防城港市：少见。生于海边山坡、路边、灌木林中。

用途 食用（野果），药用，材用，观赏。

类型 浪花飞溅区植物。

含羞草
Mimosa pudica L.

含羞草属

特征　常绿亚灌木。茎疏生钩刺及倒生刚毛。羽片和小叶触之即闭合下垂；羽片2（4）对，掌状排列，小叶7～20（～25）对，条状长圆形，长0.8～1.3cm，宽1.5～2.5mm，边缘被刚毛；托叶披针形，被刚毛。头状花序圆球形，径1cm，总花梗长，单生或2～3个生于叶腋；花淡红色；花冠钟形，裂片4；雄蕊4枚，伸出花冠外；子房具短柄，无毛。果长圆形，长1～2cm，扁平，荚节3～5，荚缘波状，具刺毛，成熟时荚节脱落，荚缘宿存。花期3～10月，果熟5～11月。

分布　钦州市：少见；北海市：少见；防城港市：少见。

特性　喜光、繁殖速度快，在海边荒地、草地入侵性较强。

用途　药用，观赏。

类型　浪花飞溅区植物；外来入侵种。

毛排钱树

Phyllodium elegans (Lour.) Desv.

特征　小灌木。全株密被黄色绒毛。托叶长3～5mm；叶柄长约5mm；小叶革质，顶生小叶卵形、椭圆形至倒卵形，长7～10cm，宽3～5cm，两端钝，边缘浅波状。花常4～9朵生叶状苞片内，叶状苞片排列成总状圆锥花序状；苞片宽椭圆形，长14～35mm，宽9～25mm，先端凹入；花冠白色或淡绿色，旗瓣长6～7mm。荚果通常长1～1.2cm，宽3～4mm，荚节常3～4。花期7～8月，果期10～11月。

分布　钦州市：少见；北海市：少见；防城港市：少见。

用途　药用。

类型　浪花飞溅区植物。

排钱树（排钱草）

Phyllodium pulchellum (L.) Desv.

特征　小灌木。全株被白色或灰色短柔毛。托叶长约5mm；叶柄长5～7mm；顶生小叶卵形，椭圆形或倒卵形，长6～10cm，宽2.5～4.5cm，边缘稍呈浅波状；小托叶钻形，长1mm；小叶柄长1mm。伞形花序有花5～6朵，藏于叶状苞片内，叶状苞片排列成总状圆锥花序状；苞片圆形，直径1～1.5cm，具羽状脉；花梗长2～3mm；花冠白色或淡黄色，旗瓣长5～6mm。荚果长6mm，宽2.5mm，通常有荚节2。花期7～9月，果期10～11月。

分布　钦州市：少见；北海市：少见；防城港市：少见。

用途　药用，观赏。

类型　浪花飞溅区植物。

田菁

Sesbania cannabina (Retz.) Poir.

豆科
田菁属

特征 一年生亚灌木。茎绿色，有时带褐红色，微被白粉。偶数羽状复叶有小叶20～40对，小叶线状长圆形，长0.8～2（～4）cm，宽2.5～4（～7）mm，先端钝或平截，基部圆，两侧不对称，两面被紫褐色小腺点；小托叶钻形，宿存。小枝疏生白色绢毛，与叶轴及花序轴均无皮刺。花黄色。荚果细长圆柱形，具喙，长12～22cm，具种子20～35粒。花果期7～12月。

分布 钦州市：常见；北海市：常见；防城港市：常见。

用途 饲用，纤维，生态防护。

类型 浪花飞溅区植物；外来入侵种。

美花狸尾豆

Uraria picta (Jacq.) Desv. ex DC.

特征　亚灌木或灌木。茎直立，较粗壮。奇数羽状复叶，小叶5～7片；叶柄长4～7cm；叶轴长3～7cm；小叶硬纸质，线状长圆形或狭披针形，长4.5～10（～13）cm，宽1～2cm，先端狭而尖，基部圆；小托叶刺毛状，长4mm；小叶柄长约2mm。总状花序顶生，长10～30cm；苞片长披针形，长约2.5cm，宽约5mm；花梗长5～6mm；花萼5深裂；花冠蓝紫色，稍伸出于花萼之外，旗瓣圆形，长6～8mm。荚果有光泽，无毛，有3～5荚节，荚节长约3mm。花、果期4～10月。

分布　钦州市：无；北海市：罕见；防城港市：罕见。

用途　药用。

类型　浪花飞溅区植物。

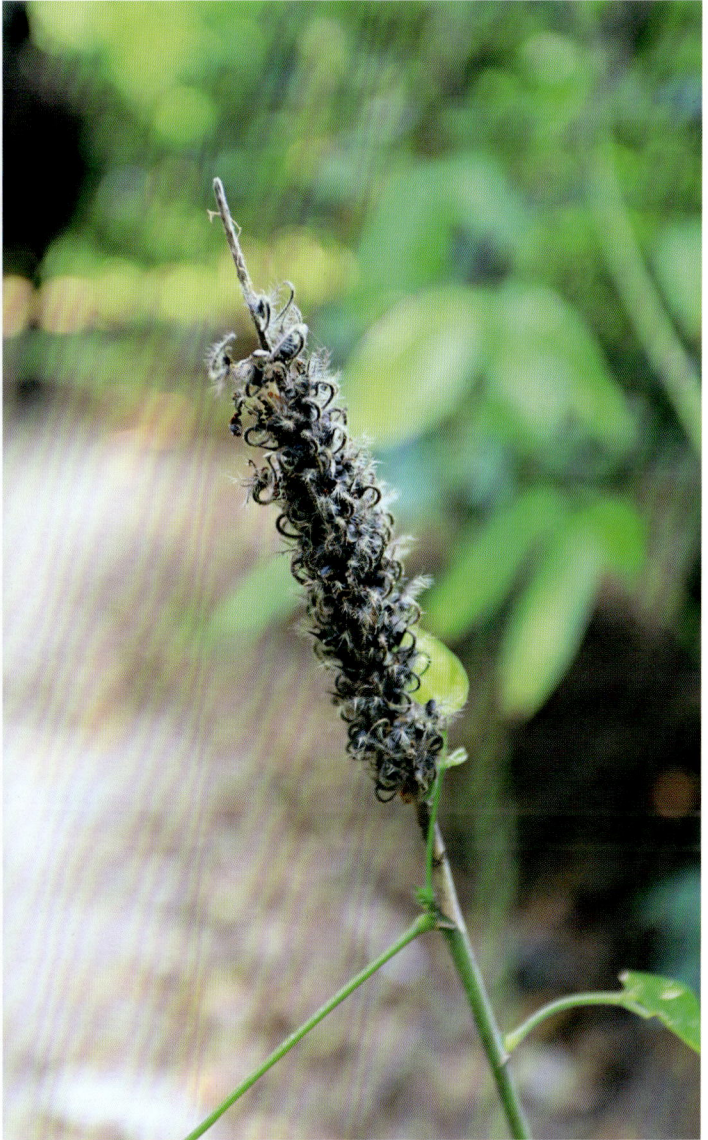

山油麻

Trema cannabina var. dielsiana (Hand.-Mazz.) C.J.Chen

特征　灌木或小乔木。当年枝赤褐色，密生茸毛。单叶互生；纸质；卵状披针形至长椭圆形，长4～7cm，宽2～3cm，先端渐尖或尾尖，基部圆形或阔楔形，两面均密生短粗毛，叶脉3出，边缘有圆细锯齿；叶柄长3～9mm，被毛。花单性；聚伞花序常成对腋生；花梗和花被片具毛；花被5裂；雄花有雄蕊4枚或5枚，花丝短；雌花子房上位，无柄，花柱1枚，柱头2叉。核果卵圆形，或呈近球形，橘红色，长约3mm，无毛。花期4～5月，果期8～9月。

分布　钦州市：少见；北海市：少见；防城港市：罕见。

用途　饲用，纤维，油脂，生态防护。

类型　浪花飞溅区植物。

对叶榕

Ficus hispida L. f.

特征 落叶灌木或小乔木。幼枝被糙毛，中空。叶对生，厚纸质，卵状长椭圆形或倒卵状长圆形，长8～25cm，宽4～12cm，全缘或有不规则钝齿，先端急尖或短尖，基部圆或楔形，两面被短硬毛，粗糙，侧脉6～9对；叶柄长1～4cm，被短硬毛；托叶卵状披针形，通常4枚交互对生。隐头花序通常生于无叶枝，或老茎发出下垂的无叶枝上，陀螺形，径1.5～2.5cm，表面散生苞片和糙毛，散生侧生苞片。花果期6～7月。

分布 钦州市：少见；北海市：常见；防城港市：常见。

用途 药用，纤维。

类型 浪花飞溅区植物。

苎麻

Boehmeria nivea (L.) Gaudich.

特征　亚灌木。茎基部分枝，有灰白色长毛。叶互生，纸质，阔卵形或近圆形，长6～16cm，宽3～12cm，先端渐尖或尾状，基部近圆形或心形，边缘具三角形锯齿，齿端尖锐，上面粗糙，下面密生交织的白色柔毛；叶柄长2～9cm，密被粗长毛；托叶2枚，分离，早落。花单性，雌雄同株，雄花序通常位于雌花序之下，穗状花序圆锥状，密集；雄花小，花被片4枚，外面密生柔毛，雄蕊4枚；雌花簇球形，柱头线形。瘦果椭圆形，为宿存花被包围。花期5～9月，果期10～11月。

分布　钦州市：少见；北海市：常见；防城港市：常见。

用途　食用药用，饲用，纤维，观赏，油脂，生态防护。

类型　浪花飞溅区植物。

变叶裸实（变叶美登木）

Gymnosporia diversifolia Maxim.

特征 灌木或小乔木。一二年生小枝刺状。叶纸质，近革质，倒卵形、近阔卵圆形或倒披针形，形状大小均多变异，长1～4.5cm，宽1～1.8cm，边缘有极浅圆齿；叶柄长1～3mm。圆锥聚伞花序纤细，1至数枝丛生刺枝上，花序梗长5～10mm，1次二歧分枝，苞片和小苞片长不足1mm；花白色或淡黄色，直径3～5mm。蒴果常2裂，扁倒心形，最宽处5～7mm，红色或紫色，小果梗连同果序梗长8～12mm，纤细；种子直径3～4mm，黑褐色，基部有白色假种皮。

分布 钦州市：少见；北海市：少见；防城港市：少见。

用途 药用，有毒，生态防护。

类型 浪花飞溅区植物。

长叶冻绿

Frangula crenata (Sieb. et Zucc.) Miq.

特征 落叶灌木或小乔木。幼枝带红色，被毛，后脱落。叶纸质，倒卵状椭圆形、椭圆形或倒卵形，稀倒披针状椭圆形或长圆形，长4～14cm，宽2～5cm，边缘具圆齿状齿或细锯齿，正面无毛，背面被柔毛，侧脉每边7～12条；叶柄长4～10（12）mm，被密柔毛。腋生聚伞花序，花序梗长4～10mm，被柔毛，花梗长2～4mm，被短柔毛；花瓣近圆形，顶端2裂。核果球形或倒卵状球形，绿色或红色，熟时黑色，长5～6mm，直径6～7mm，果梗长3～6mm。花期5～8月，果期8～10月。

分布 钦州市：少见；北海市：少见；防城港市：少见。

用途 药用，有毒。

类型 浪花飞溅区植物。

马甲子

Paliurus ramosissimus (Lour.) Poir.

特征 灌木。枝上有刺。叶互生，纸质，宽卵形、卵状椭圆形或近圆形，长3～5.5（7）cm，宽2.2～5cm，顶端钝或圆形，边缘有锯齿，幼叶下面密生棕褐色细柔毛，后渐脱落，基生三出脉；叶柄长5～9mm，被毛。腋生聚伞花序，被黄色绒毛；萼片宽卵形，长2mm；花瓣短于萼片；花盘圆形，边缘5或10齿裂；花柱3深裂。核果杯状，被黄褐色或棕褐色绒毛，周围具木栓质3浅裂的窄翅，直径1～1.7cm。花期5～8月，果期9～10月。

分布 钦州市：少见；北海市：少见；防城港市：少见。

用途 药用，有毒，材用，观赏，油脂，生态防护。

类型 浪花飞溅区植物。

山油柑

Acronychia pedunculata (L.) Miq.

特征　灌木或小乔木。树皮灰白色至灰黄色，平滑，不开裂。单小叶，叶片椭圆形至长圆形，或倒卵形至倒卵状椭圆形，长7～18cm，宽3.5～7cm，全缘；叶柄长1～2cm，基部略增大呈叶枕状。花两性，黄白色，径1.2～1.6cm；花瓣狭长椭圆形。果序下垂，果淡黄色，半透明，近圆球形而略有棱角，径1～1.5cm，有4条浅沟纹，富含水分，味清甜，有小核4个；种子长4～5mm。花期4～8月，果期8～12月。

分布　钦州市：少见；北海市：少见；防城港市：少见。

用途　食用（野果），药用，观赏，香精香料。

类型　浪花飞溅区植物。

酒饼簕

Atalantia buxifolia (Poir.) Oliv.

特征　灌木。分枝多，小枝绿色，刺多，劲直，长达4cm。叶硬革质，卵形、倒卵形、椭圆形或近圆形，长2～6cm、稀达10cm，宽1～5cm，中脉在叶面稍凸起，侧脉多，叶缘有弧形边脉，油点多；叶柄长1～7mm，粗壮。花多朵簇生，几无花梗；萼片及花瓣均5片；花瓣白色，长3～4mm有油点；雄蕊10枚。果圆球形，略扁圆形或近椭圆形，径8～12mm，果皮平滑，有稍凸起油点，透熟时蓝黑色。花期5～12月，果期9～12月。

分布　钦州市：少见；北海市：少见；防城港市：罕见。

用途　食用（野果），药用，观赏，香精香料。

类型　浪花飞溅区植物。

三桠苦（三叉苦）

Melicope pteleifolia (Champion ex Bentham) T. G. Hartley

特征　灌木或小乔木。树皮光滑，纵向浅裂。小枝的髓部大，枝叶无毛。3枚小叶，叶柄基部稍增粗，小叶长椭圆形，两端尖，有时倒卵状椭圆形，长6～20cm，宽2～8cm，全缘，油点多；小叶柄短。花序腋生，很少同时有顶生，长4～12cm，花多；萼片及花瓣均4；花瓣淡黄色或白色，长1.5～2mm，常有透明油点。分果瓣淡黄色或茶褐色，散生肉眼可见的透明油点，每个分果瓣有1粒种子；种子长3～4mm，蓝黑色，有光泽。花期4～6月，果期7～10月。

分布　钦州市：少见；北海市：常见；防城港市：少见。

用途　药用，有毒，材用，纤维，油脂，香精香料。

类型　浪花飞溅区植物。

大管

Micromelum falcatum (Lour.) Tan.

特征 灌木。小枝、叶柄、叶背及花序轴均被长直毛。羽状复叶，有小叶5～11片，小叶互生，镰刀状披针形，长4～9cm，宽2～4cm，顶部弯斜的长渐尖，基部不对称，叶缘锯齿状或波浪状。花序顶生，多花，花白色；萼裂片长不及1mm；花瓣长约4mm，外面被直毛，盛花时反卷；雄蕊10枚。浆果椭圆形或倒卵形，长8～10mm，由绿色转橙黄、最后朱红色，果皮散生透明油点。盛花期1～4月，果期6～8月。

分布 钦州市：少见；北海市：少见；防城港市：少见。

用途 药用，油脂，香精香料。

类型 浪花飞溅区植物。

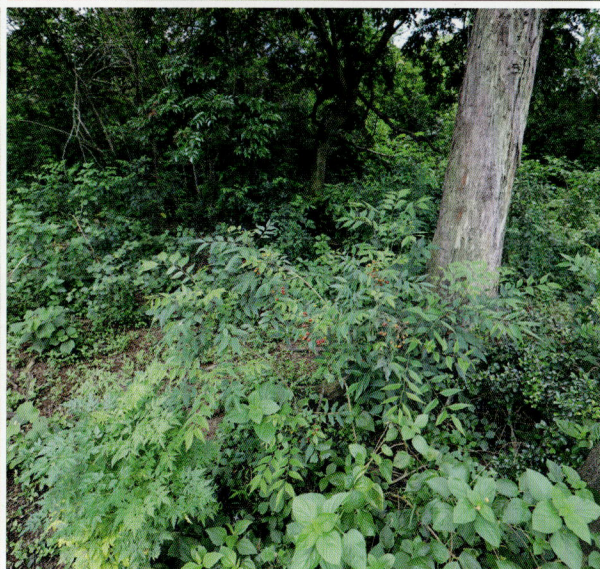

鸦胆子

Brucea javanica (L.) Merr.

特征 灌木或小乔木。嫩枝、叶柄和花序均被黄色柔毛。叶长20～40cm，有小叶3～15；小叶卵形或卵状披针形，长5～10（～13）cm，宽2.5～5（～6.5）cm，先端渐尖，基部宽楔形至近圆形，边缘有粗齿，两面均被柔毛；小叶柄长4～8mm。花组成圆锥花序，雄花序长15～25（～40）cm，雌花序长约为雄花序的一半；花细小，暗紫色，直径1.5～2mm。核果1～4个，分离，长卵形，长6～8mm，直径4～6mm，成熟时灰黑色，味极苦。花期夏季，果期8～10月。

分布 钦州市：少见；北海市：少见；防城港市：少见。

用途 药用。

类型 浪花飞溅区植物。

米仔兰
Aglaia odorata Lour.

特征　灌木或小乔木。茎多小枝，幼枝顶部被鳞片。叶长5～12（～16）cm，叶轴和叶柄具狭翅，小叶3～5片；小叶对生，长2～7（～11）cm，宽1～3.5（～5）cm，顶端1片最大，两面均无毛。圆锥花序腋生，长5～10cm；花芳香，直径约2mm；花瓣5，黄色，长1.5～2mm。浆果，卵形或近球形，长10～12mm；种子有肉质假种皮。花期5～12月，果期7月至翌年3月。

分布　钦州市：罕见；北海市：罕见；防城港市：罕见。

用途　药用，材用，观赏，香精香料。

类型　浪花飞溅区植物。

盐肤木

Rhus chinensis Mill.

特征 落叶灌木或小乔木。小枝、叶轴、叶柄及花序均密被锈色柔毛。奇数羽状复叶长25～45cm，总轴有宽阔明显的叶状翅；小叶3～6对，长6～12cm，宽3～7cm，卵形、椭圆状卵形或长圆形，稍偏斜，边缘有粗锯齿，先端急尖，基部圆形，叶面暗绿色，叶背粉绿色；小叶无柄或近无柄。圆锥花序顶生，宽广开展，多分枝；花小，长约2mm，花瓣白色。核果扁圆形，熟时红色，直径4～5cm，被柔毛和腺毛，味酸咸。花期8月，果期10月。

分布 钦州市：很常见；北海市：很常见；防城港市：很常见。

用途 食用（野果），药用，饲用，油脂，生态防护。

类型 浪花飞溅区植物。

白簕

Eleutherococcus trifoliatus (L.) S. Y. Hu

五加科
刺五加属

特征 灌木。枝软弱铺散，疏生下向刺。叶有小叶3，稀4～5；叶柄长2～6cm，有刺或无刺，无毛；小叶片纸质，椭圆状卵形至椭圆状长圆形，长4～10cm，宽3～6.5cm，先端尖至渐尖，两面无毛，边缘有细锯齿或钝齿。伞形花序常3～10个，组成顶生复伞形花序或圆锥花序，直径1.5～3.5cm；花梗细长，长1～2cm，无毛；花黄绿色；花瓣5，长约2mm，开花时反曲；雄蕊5枚。果实扁球形，直径约5mm，黑色。花期8～11月，果期9～12月。

分布 钦州市：少见；北海市：少见；防城港市：罕见。

用途 食用（野菜），药用。

类型 浪花飞溅区植物。

各 论 199

光叶柿

Diospyros diversilimba Merr. et Chun

柿科
柿属

特征　灌木或小乔木。小枝被灰白色的短柔毛。叶纸质，多数长圆形或倒卵状长圆形，长3～9cm，宽1.5～3.3cm，先端多数钝，或为渐尖而具钝尖头，或有凹缺，侧脉纤细，每边4～6条；叶柄长4～5mm，有短柔毛或无毛，上面有沟。雌花生在当年生枝下部，腋生，单生，芳香，浅黄色；花萼绿色，深4裂，裂片长约8mm；花冠壶状，长约4mm，直径4～5mm，两面无毛，4裂。果球形，直径约1.5cm，嫩时绿色，熟时黄色，光滑无毛。花期4～5月，果期8～12月。

分布　钦州市：无；北海市：罕见；防城港市：无。

用途　食用（野果）。

类型　浪花飞溅区植物。

雪下红

Ardisia villosa Roxb.

特征　直立灌木。具匍匐根茎。幼时几全株被灰褐色或锈色长柔毛或长硬毛，毛常卷曲，以后渐无毛。叶片坚纸质，椭圆状披针形至卵形，稀倒披针形，顶端急尖或渐尖，长7～15cm，宽2.5～5cm，具腺点。聚伞花序或伞形花序，侧生或生于侧枝顶端；花梗长5～10mm；花长5～8mm，花萼具密腺点；花瓣淡紫色或粉红色，稀白色，无毛。果球形，直径5～7mm，深红色或带黑色，具腺点，被毛。花期5～7月，果期2～5月。

分布　钦州市：罕见；北海市：罕见；防城港市：罕见。

用途　药用，观赏。

类型　浪花飞溅区植物。

密花树

Myrsine seguinii H. Léveillé

特征　灌木或小乔木。小枝无毛。叶片革质，长圆状倒披针形至倒披针形，顶端急尖或钝，基部楔形，多少下延，长7～17cm，宽1.3～6cm，全缘，两面无毛，侧脉多，不明显；叶柄长约1cm。伞形花序或花簇生；花梗长2～3mm，无毛，粗壮；花长3～4mm；花瓣白色或淡绿色，有时为紫红色，基部连合达全长的1/4，花时反卷，长3～4mm。果球形或近卵形，直径4～5mm，冠以宿存花柱基部，果梗有时长达7mm。花期4～5月，果期10～12月。

分布　钦州市：罕见；北海市：罕见；防城港市：少见。

用途　药用，材用，油脂，栲胶。

类型　浪花飞溅区植物。

珠仔树

Symplocos racemosa Roxb.

特征 灌木或小乔木。芽、嫩枝、嫩叶背面、叶柄、花序均被褐色柔毛。叶革质，卵形或长圆状卵形，长7～9（11）cm，宽2.5～4.5（5）cm，先端圆或急尖，全缘或有稀疏浅锯齿；中脉在叶面凹下，侧脉每边4～6条；叶柄长3～10mm。总状花序长4～8cm，不分枝或很少在基部有1～2分枝；花梗长约4mm；萼长3～4mm，无毛；花冠白色，长4～6mm，5深裂；雄蕊约80枚。核果长圆形，长8～11mm，宽4～5mm，顶端宿萼直立。花期冬末春初，果期6月。

分布 钦州市：罕见；北海市：罕见；防城港市：无。

用途 药用。

类型 浪花飞溅区植物。

圆果牛角瓜（白花牛角瓜）

Calotropis procera (Aiton) W. T. Aiton

特征 直立大灌木或小乔木。幼枝被灰白色绒毛，老渐无毛。叶倒卵状长圆形至阔椭圆形，长7～20cm，宽3.5～13cm，顶端钝，基部心形或耳形，嫩时两面被灰白色绒毛；侧脉每边5～8条；叶柄短或下延抱茎。伞形状聚伞花序；花序梗和花梗被灰白色绒毛；花序梗长达8cm；萼片长5mm，宽4mm；花冠白色，花冠筒长5mm，花冠裂片长达15mm，宽达10mm。蓇葖果膨胀，肾状，长达10cm；种毛长达3cm。花期3～9月，果期秋冬季。

分布 钦州市：无；北海市：罕见；防城港市：无。

用途 有毒。

类型 浪花飞溅区植物；外来种。

浓子茉莉

Benkara scandens (Thunb.) Ridsdale

特征 有刺灌木。小枝无毛；刺腋生，对生，长6～12mm。叶纸质或薄革质，对生，卵形、宽椭圆形或近圆形，长0.6～5.5cm，宽0.4～2.5cm，顶端稍钝或短尖，两面无毛；叶柄长2～5mm；托叶长约2mm，基部合生。花单生或2～3朵聚生；花梗长约5mm；花萼无毛；花冠白色，高脚碟状，冠管长14～20mm，内面上部有短柔毛，裂片5，披针形，长6～12mm，开放时外反；花药长约7mm。浆果球形，直径5～7mm。花期3～5月，果期5～12月。

分布 钦州市：无；北海市：罕见；防城港市：罕见。

类型 浪花飞溅区植物。

龙船花

Ixora chinensis Lam.

特征 常绿灌木。叶对生，稀4枚轮生，披针形、长圆状披针形至长圆状倒披针形，长6～13cm，宽3～4cm；叶柄极短或无；托叶合生成鞘状。花序顶生，多花；总花梗长5～15mm；苞片和小苞片微小；花冠红色或黄色，盛开时长2.5～3cm，顶部4裂，扩展或外反；花丝极短。果近球形，双生，成熟时红黑色。花期5～7月。

分布 钦州市：罕见；北海市：少见；防城港市：少见。

用途 药用，观赏。

类型 浪花飞溅区植物。

海南龙船花
Ixora hainanensis Merr.

特征 灌木。除花冠喉部被疏毛外全部无毛。小枝初时稍压扁，有纵条纹。叶对生，纸质，通常长圆形，长5～10（～14）cm，宽2～5cm，顶端微圆形、尖或钝；侧脉每边8～10条；叶柄长3～6mm。花序顶生，为三歧伞房式聚伞花序，长达7cm；总花梗稍扁，长约4cm；花具香气，有长1～2mm的花梗；萼檐4裂；花冠白色，盛开时冠管长2.5～3.5cm，喉部有疏毛，顶部4裂，裂片长圆形，长6～7mm。果球形，长约6mm，直径6～8mm，老时红色。花期5～11月。

分布 钦州市：无；北海市：罕见；防城港市：无。

用途 观赏。

类型 浪花飞溅区植物。

九节
Psychotria asiatica Wall.

特征　灌木或小乔木。叶对生，纸质或革质，长圆形、椭圆状长圆形或倒披针状长圆形，长5～23.5cm，宽2～9cm，顶端渐尖、急渐尖或短尖而尖头常钝，全缘，侧脉5～15对；托叶膜质，短鞘状，顶部不裂，长6～8mm。聚伞花序通常顶生，多花，花序梗短，近基部三分歧；花梗长1～2.5mm；萼管长约2mm；花冠白色，冠管长2～3mm，喉部被白色长柔毛，花冠裂片长2～2.5mm，宽约1.5mm，开放时反折。核果球形或宽椭圆形，长5～8mm，直径4～7mm，具纵棱，红色。花果期全年。

分布　钦州市：少见；北海市：少见；防城港市：少见。

用途　药用。

类型　浪花飞溅区植物。

草海桐

Scaevola taccada (Gaert.) Roxb.

特征 直立或铺散灌木。枝中空，常无毛。叶螺旋状排列，集生顶端，无柄或具短柄，匙形至倒卵形，长10～22cm，宽4～8cm，顶端圆钝，平截或微凹，全缘，稍肉质。聚伞花序腋生，长1.5～3cm。花梗与花之间有关节；花萼无毛，长2.5mm；花冠白色或淡黄色，长约2cm，筒部细长，后方开裂至基部，檐部开展，裂片中间厚，披针形，中部以上每边有宽而膜质的翅，边缘疏生缘毛。核果卵球状，白色而无毛或有柔毛，直径7～10mm，有两条径向沟槽。花果期4～12月。

分布 钦州市：罕见；北海市：少见；防城港市：罕见。

用途 药用，观赏，生态防护。

类型 浪花飞溅区植物。

基及树（福建茶）
Carmona microphylla (Lam.) G. Don

特征　常绿灌木。多分枝；枝条细弱。叶革质，倒卵形或匙形，长1.5～3.5cm，宽1～2cm，先端圆形或截形，具粗圆齿，基部渐狭为短柄，叶面有短硬毛或斑点，叶背近无毛。团伞花序开展；花梗极短；花冠钟状，白色或稍带红色，长4～6mm。核果直径3～4mm。花果期11月至翌年4月。

分布　钦州市：罕见；北海市：少见；防城港市：罕见。

用途　药用，观赏，生态防护。

类型　浪花飞溅区植物。

洋金花

Datura metel L.

特征　一年生亚灌木。全体近无毛。叶卵形或广卵形，顶端渐尖，长5～20cm，宽4～15cm，边缘有不规则的短齿或浅裂、或全缘而波状，侧脉每边4～6条；叶柄长2～5cm。花单生于枝叉间或叶腋，花梗长约1cm。花萼筒状，长4～9cm，直径2cm，果时宿存部分增大成浅盘状；花冠长漏斗状，长14～20cm，檐部直径6～10cm，裂片顶端有小尖头，白色、黄色或浅紫色；雄蕊5。蒴果近球状或扁球状，疏生粗短刺，直径约3cm，不规则4瓣裂。花果期3～12月。

分布　钦州市：少见；北海市：少见；防城港市：少见。

用途　药用，有毒，观赏。

类型　浪花飞溅区植物；外来入侵种。

假烟叶树

Solanum erianthum D. Don

特征 灌木或小乔木，小枝、叶片、叶柄、花序、花萼密被白色星状绒毛。叶大而厚，卵状长圆形，长10～29cm，宽4～12cm，先端短渐尖，全缘或略作波状。聚伞花序多花，形成近顶生圆锥状平顶花序。花白色，直径约1.5cm，萼钟形，直径约1cm；花冠筒隐于萼内，长约2mm，冠檐深5裂。浆果球形，具宿萼，直径约1.2cm，黄褐色，初被星状绒毛。全年开花结果。

分布 钦州市：少见；北海市：常见；防城港市：常见。

用途 药用，有毒。

类型 浪花飞溅区植物；外来入侵种。

海南茄

Solanum procumbens Lour.

特征 灌木。多分枝，小枝无毛，具倒钩刺；嫩枝、叶下面、叶柄、花序和花萼均被星状短绒毛及小钩刺。叶卵形至长圆形，长2～6cm，宽1.5～3cm，先端钝，近全缘或作5个波状浅圆裂，两面均着生1～4枚小尖刺；叶柄长4～10mm。蝎尾状花序；花萼杯状，直径约3mm，4裂；花冠淡红色，冠檐长约9mm，先端深4裂；雄蕊4枚。浆果直径7～9mm，光亮，宿存萼向外反折，果柄长约2cm，顶端膨大。花期春夏间，果期秋冬。

分布 钦州市：无；北海市：罕见；防城港市：无。

用途 有毒。

类型 浪花飞溅区植物。

水茄

Solanum torvum Swartz

特征　灌木。小枝、叶、花均被星状毛；小枝疏被基部宽扁淡黄色皮刺。叶单生或双生，卵形至椭圆形，长6～15cm，宽4～10cm，先端尖，基部偏斜，边缘波状或2～6对圆状状缺裂，两面均被星状毛，叶背被毛稍密；叶柄长2～4cm，具1～2枚皮刺或无刺。伞房花序腋外生，总花梗长1～1.5cm，花梗长5～10mm，被腺毛及星状毛；花白色，直径约1.5cm，端5裂。浆果黄色，光滑无毛，圆球形，直径1～1.5cm，宿萼外面被稀疏星状毛，果柄长约1.5cm。全年开花结果。

分布　钦州市：少见；北海市：常见；防城港市：常见。

用途　食用（野菜），药用。

类型　浪花飞溅区植物；外来入侵种。

野茄

Solanum undatum Lam.

特征 直立草本至亚灌木。小枝、叶、叶柄、花序、花萼均被灰褐色星状绒毛和刺。叶卵形至卵状椭圆形，长5～10～（14.5）cm，宽4～7cm，边缘浅波状圆裂，裂片通常5～7；叶柄长1～3cm。蝎尾状花序长约2.5cm，能孕花单独着生于花序的基部，花梗长约1.7cm，花后下垂；能孕花较大，萼钟形，直径1～1.5cm，萼片5；花冠辐状，星形，紫蓝色，长约1.8cm，直径约3cm。浆果球状，无毛，直径2～3cm，成熟时黄色。花期夏季，果冬季成熟。

分布 钦州市：无；北海市：罕见；防城港市：无。

用途 有毒。

类型 浪花飞溅区植物。

大青
Clerodendrum cyrtophyllum Turcz.

特征 灌木或小乔木。幼枝被短柔毛，髓坚实。叶纸质，椭圆形、卵状椭圆形或长圆状披针形，长6～20cm，宽3～9cm，先端渐尖或急尖，全缘，两面无毛或沿叶脉疏生短柔毛，叶背常有腺点；侧脉6～10对；叶柄长1～8cm。伞房状聚伞花序顶生或腋生，长10～16cm，宽20～25cm；花小，有橘香；萼杯状，外面被黄褐色短绒毛；花冠白色，花冠管细长，长约1cm，顶端5裂，裂片长约5mm。核果球形或倒卵形，成熟时蓝紫色，为红色宿萼所托。花、果期6月至翌年2月。

分布 钦州市：很常见；北海市：很常见；防城港市：很常见。

用途 药用。

类型 浪花飞溅区植物。

白花灯笼

Clerodendrum fortunatum L.

特征 灌木，高可达2.5m。嫩枝密被黄褐色短柔毛，小枝暗棕褐色，髓疏松，干后不中空。叶纸质。聚伞花序腋生，较叶短，花萼红紫色，膨大形似灯笼，花冠淡红色或白色稍带紫色。核果近球形，熟时深蓝绿色，藏于宿萼内。花果期6～11月。

分布 钦州市：常见；北海市：少见；防城港市：少见。

用途 药用。

类型 浪花飞溅区植物。

马缨丹（五色梅）
Lantana camara L.

特征　直立灌木或蔓性灌木。茎枝均为四棱形，有粗毛，常有短而倒钩状皮刺。单叶对生，揉烂后有强烈气味，卵形至卵状长圆形，长3～8.5cm，宽1.5～5cm，顶端急尖或渐尖，基部心形或楔形，边缘有钝齿，叶面有粗糙皱纹和短柔毛，叶背有小刚毛；侧脉约5对；叶柄长约1cm。花序球形，直径1.5～2.5cm；花序梗粗壮，长于叶柄；花萼管状，膜质，顶端有极短的齿；花冠黄、橙黄至深红色，花冠管长约1cm，两面有细短毛。果圆球形，成熟时紫黑色。几乎全年可见花果。

分布　钦州市：常见；北海市：很常见；防城港市：很常见。

用途　药用，观赏，生态防护。

类型　浪花飞溅区植物；外来入侵种。

单叶蔓荆

Vitex rotundifolia L. f.

特征 亚灌木。茎匍匐，节处常生不定根。单叶对生，叶片倒卵形或近圆形，顶端通常钝圆或有短尖头，基部楔形，全缘，长2.5～5cm，宽1.5～3cm。圆锥花序顶生，长3～15cm，花序梗被绒毛；花萼钟状，5齿裂，被灰白色柔毛；花冠淡紫或蓝紫色，5裂，二唇形；雄蕊伸出花冠；子房无毛，密被腺点。核果近球形，径约5mm，黑色。花期7～8月，果期8～10月。

分布 钦州市：少见；北海市：少见；防城港市：少见。

特性 适应性较强，耐旱、耐碱、耐高温，喜生于疏松河滩、海边沙地。

用途 药用，生态防护。

类型 浪花飞溅区植物。

刺葵
Phoenix loureiroi Kunth

特征　茎丛生或单生。叶长达2m；羽片线形，长15～35cm，宽10～15mm，单生或2～3片聚生，呈4列排列。佛焰苞长15～20cm，褐色，不开裂为2舟状瓣；花序梗长60cm以上；雌花序分枝短而粗壮，长7～15cm；雄花近白色；花萼长1～1.5mm，顶端具3齿；花瓣3，长4～5mm；雄蕊6枚；花瓣圆形，直径约2mm。果实长圆形，长1.5～2cm，成熟时紫黑色，基部具宿存的杯状花萼。花期4～5月，果期6～10月。

分布　钦州市：少见；北海市：少见；防城港市：罕见。

用途　食用（淀粉），观赏，生态防护。

类型　浪花飞溅区植物。

露兜树

Pandanus tectorius Sol.

特征 常绿灌木或小乔木，常左右扭曲，具气根。叶簇生于枝顶，三行紧密螺旋状排列，条形，长达80cm，宽4cm，先端渐狭成一长尾尖，叶缘和背面中脉均有粗壮的锐刺。雄花序由若干穗状花序组成，每一穗状花序长约5cm；佛焰苞长披针形，近白色；雄花芳香；雌花序头状，单生于枝顶，圆球形。聚花果大，向下悬垂，由40～80个核果束组成，圆球形或长圆形，长达17cm，直径约15cm，幼果绿色，成熟时橘红色。花期1～5月。

分布 钦州市：少见；北海市：常见；防城港市：少见。

特性 常见于海边沙地，喜高温、湿润和阳光充足的环境。

用途 食用（野果），药用，纤维，观赏，油脂，生态防护。

类型 浪花飞溅区植物。

◎ 草本

芒萁

里白科
芒萁属

Dicranopteris pedata (Houtt.) Nakai.

特征　常高45～90cm。根状茎横走，密被暗锈色长毛。叶远生，柄长24～56cm，粗1.5～2mm，棕禾秆色，光滑，基部以上无毛；叶轴一至三回二叉分枝；腋芽小，卵形，密被锈黄色毛；各回分叉处两侧均各有一对托叶状的羽片；末回羽片长16～23.5cm，宽4～5.5cm，篦齿状深裂几达羽轴；裂片平展，35～50对，线状披针形，长1.5～2.9cm，宽3～4mm；侧脉直达叶缘；叶为纸质，背面灰白色，沿中脉及侧脉疏被锈色毛。孢子囊群圆形，一列。

分布　钦州市：少见；北海市：常见；防城港市：常见。生于强酸性土壤的荒坡或林缘。

用途　药用。

类型　浪花飞溅区植物。

粉叶蕨

Pityrogramma calomelanos (L.) Link

特征　高25～90cm。根状茎短而直立或斜升，被红棕色狭披针形、长3～5mm鳞片。叶簇生；柄长40～50cm，亮紫黑色；叶片狭长圆形或长圆披针形，长15～40cm，宽10～2m，渐尖头，基部阔楔形，一至二回羽状复叶；羽片16～20对，长10～15cm，宽2～5cm，披针形；小羽片16～18对；中部羽片向上逐渐缩短。叶背被白色蜡质粉末；叶轴及羽轴亮紫黑色，孢子囊群无盖，成熟时几满布小羽片下面。

分布　钦州市：罕见；北海市：无；防城港市：罕见。

用途　观赏。

类型　浪花飞溅区植物；外来种。

铁线蕨

Adiantum capillus-veneris L.

凤尾蕨科
铁线蕨属

特征 根状茎长而横走，密被棕色、全缘的披针形鳞片。叶远生或近生；叶柄长8～25cm，纤细，栗黑色，有光泽；叶片长10～30cm，宽8～15cm，卵状三角形或长圆形状卵形，二至三回羽状；羽片3～6对，互生，有柄，一至二回奇数羽状；末回羽片2～4对，互生，彼此远离，有短柄，斜扇形或斜方形，基部斜楔形，上缘有2～4个或浅或深的裂片；叶脉多回二歧分枝；叶草质，两面无毛。孢子囊群每羽片4～8枚，横生于小羽片的上缘。

分布 钦州市：罕见；北海市：罕见；防城港市：无。生于涠洲岛火山岩潮湿处，亦常见栽培。

用途 观赏。

类型 浪花飞溅区植物。

假鞭叶铁线蕨

Adiantum malesianum Ghatak

特征　根状茎短，密被棕色线状披针形鳞片。叶簇生。叶柄长5～15cm，向上连同叶轴生有棕色多细胞的节状长毛；叶片线状披针形，长10～25cm，宽2～3cm，向先端渐变狭，基部不缩狭，一回羽状；羽片15～25对，互生，有短柄；基部一对通常呈扇形或半圆形；中部的半开式，长1～1.5cm，宽8～10mm，上缘和外缘深裂；叶脉多回二歧分枝；叶纸质，上面疏生短刚毛，背面密被棕色毛。孢子囊群每羽片5～12枚；假囊群盖圆肾形，有密毛。

分布　钦州市：无；北海市：少见；防城港市：罕见。生于涠洲岛火山岩潮湿处。

用途　观赏，药用。

类型　浪花飞溅区植物。

毛蕨

Cyclosorus interruptus (Willd.) H. Ito

特征　根状茎横走，黑色，偶有卵状披针形鳞片。叶近生；叶柄长约70cm，粗2～3mm；叶片长约60cm，宽20～25cm，基部不变狭，二回羽裂；羽片22～25对，顶生羽片长约5cm，渐尖头，羽裂达2/3，侧生中部羽片几无柄，相距约2cm，裂达1/3；裂片约30对，长宽各3～4mm，三角形，尖头；叶脉下面明显，每裂片有侧脉8～10对，基部一对斜展。孢子囊群圆形，生于侧脉中部，每裂片5～9对；囊群盖小，淡棕色，宿存，成熟时隐没于囊群中。

分布　钦州市：少见；北海市：少见；防城港市：常见。

用途　药用。

类型　浪花飞溅区植物。

华南毛蕨

Cyclosorus parasiticus (L.) Farwell.

特征 植株高达70cm。根状茎横走，连同叶柄基部有深棕色披针形鳞片。叶近生；叶柄长达40cm，粗约2mm，深禾秆色；叶片长35cm，长圆披针形，先端羽裂，尾状渐尖头，二回羽裂；羽片12~16对，无柄，中部羽片长10~11cm，中部宽1.2~1.4cm，羽裂达1/2或稍深；裂片20~25对，彼此接近，基部上侧一片特长，全缘。叶脉两面可见，侧脉斜上，单一，每裂片6~8对。叶草质，下面沿叶轴、羽轴及叶脉密生针状毛，脉上并饰有橙红色腺体。孢子囊群圆形。

分布 钦州市：很常见；北海市：很常见；防城港市：很常见。

用途 药用，观赏。

类型 浪花飞溅区植物。

全缘贯众

Cyrtomium falcatum (L. F.) Presl

特征　植株高可达40cm。根茎直立，密被披针形棕色鳞片。叶簇生，革质，两面光滑；叶柄长15～27cm，禾秆色，腹面有浅纵沟，下部密生卵形棕色有时中间带黑棕色鳞片，鳞片边缘流苏状；叶片宽披针形，长22～35cm，宽12～15cm，奇数一回羽状；侧生羽片5～14对，互生，有短柄，偏斜的卵形或卵状披针形，中部的长6～10cm，宽2.5～3cm，先端长渐尖或成尾状，边缘全缘常成波状；具羽状脉，小脉结成3～4行网眼；顶生羽片二叉或三叉状。孢子囊群遍布羽片背面。

分布　钦州市：无；北海市：罕见；防城港市：无。

特性　药用，观赏。

类型　浪花飞溅区植物。

长叶肾蕨

Nephrolepis biserrata (Sw.) Schott

肾蕨科
肾蕨属

特征　土生或附生蕨类。根状茎短而直立，伏生披针形鳞片，鳞片红棕色，略有光泽，边缘有睫毛；根状茎生有匍匐茎，粗1～2mm。叶簇生，柄长10～30cm，粗达4mm，坚实，上面有纵沟，灰褐色或淡褐棕色，略有光泽，基部被鳞片；叶片通常长70～80cm或超过1m，宽14～30cm，一回羽状，羽片互生，相距1.5～3cm，以关节着生于叶轴，中部羽片披针形或线状披针形，长9～15cm，宽1～2.5cm。孢子囊群圆形，宽1.5～2mm；囊群盖圆肾形，无毛。

分布　钦州市：无；北海市：罕见；防城港市：罕见。

用途　药用。

类型　浪花飞溅区植物。

毛叶肾蕨

Nephrolepis brownii (Desvaux) Hovenkamp & Miyamoto

肾蕨科
肾蕨属

特征　根状茎短而直立，具匍匐茎。叶簇生，柄粗2～3mm；叶片阔披针形或椭圆披针形，长30～75cm，宽9～15cm，一回羽状，中部羽片较长，披针形或线状披针形，通常长4～8cm，宽1～1.3cm，先端渐尖，基部下侧圆形，上侧截形并突起成三角形小耳片，边缘有疏钝锯齿。叶脉二至三叉，顶端有水囊。孢子囊群圆形，宽约1mm，相距约2mm，靠近叶边；囊群盖圆肾形。

分布　钦州市：罕见；北海市：罕见；防城港市：少见。

用途　药用。

类型　浪花飞溅区植物。

肾蕨

Nephrolepis cordifolia (L.) C. Presl

特征 多年生草本，附生或土生植物。根状茎直立，下部有粗铁丝状的匍匐茎向四方横展，匍匐茎上生有近圆形的块茎，直径约1～1.5cm，密被鳞片。叶簇生；叶片长30～70cm，宽3～5cm，狭披针形；羽片多数，互生。孢子囊群成一行位于中脉两侧，常肾形，长1.5mm，位于从叶边向中脉1/3处；囊群盖肾形，无毛。

分布 钦州市：常见；北海市：很常见；防城港市：很常见。生于林下或常附生棕榈科植物树干、墙壁上。

用途 食用（保健饮料），药用，观赏。

类型 浪花飞溅区植物。

瘤蕨

Microsorum scolopendria (Burm.) Copel.

特征　附生植物。根状茎长而横走，直径3～5mm，肉质，疏被鳞片；鳞片基部阔，盾状着生，中上部狭披针形，边缘有细齿，褐色。叶远生；叶柄禾秆色，光滑无毛；叶片通常羽状深裂，少有单叶不裂或3裂；裂片通常3～5对，披针形，渐尖头，边缘全缘，长12～18cm，宽2～2.5cm；侧脉和小脉均不明显，小脉网状；叶近革质，两面光滑无毛。孢子囊群在裂片中脉两侧各1行或不规则的多行，凹陷，在叶表面明显凸起。

分布　钦州市：无；北海市：罕见；防城港市：罕见。

用途　药用。

类型　浪花飞溅区植物；广西新记录。

黄花草
Arivela viscosa (L.) Raf.

特征 一年生直立草本，高0.3～1m。茎有纵细槽纹，全株密被黏质腺毛与淡黄色柔毛，无刺，有恶臭气味。叶为具3～5（～7）小叶的掌状复叶；小叶薄草质，近无柄，倒披针状椭圆形，中央小叶最大，长1～5cm，宽5～15mm，全缘但边缘有腺纤毛，侧脉3～7对。花单生于茎上部叶腋，近顶端则成总状或伞房状花序；花梗纤细，长1～2cm；萼片分离；花瓣黄色，有数条明显的纵行脉，长7～12mm。果直立，圆柱形，劲直或稍弯，密被腺毛，长6～9cm，中部直径约3mm。无明显花果期。

分布 钦州市：少见；北海市：少见；防城港市：少见。

用途 药用，观赏，油脂。

类型 浪花飞溅区植物。

皱子鸟足菜（皱子白花菜）

Cleome rutidosperma DC. Prodr.

白花菜科
白花菜属

特征　一年生草本。分枝疏散，无刺，茎、叶柄及叶背被无腺疏长柔毛，有时近无毛。叶具3小叶，叶柄长2～20mm；小叶椭圆状披针形，顶端急尖或渐尖、钝形或圆形，边缘有具纤毛的细齿，中央小叶最大，长1～2.5cm，宽5～12mm。花单生于茎上部叶腋内，常2～3花连接着生形成开展有叶而间断的花序；花梗纤细，长1.2～2cm，果时长约3cm；萼片4；花瓣4，雄蕊6枚。果线柱形，长3.5～6cm，中部直径3.5～4.5mm。花果期6～9月。

分布　钦州市：无；北海市：罕见；防城港市：罕见。

类型　浪花飞溅区植物；外来入侵种。

粟米草

Trigastrotheca stricta (L.) Thulin

特征　一年生铺散草本；高达30cm。茎纤细，多分枝，具棱，无毛。叶3~5近轮生或对生，茎生叶披针形或线状披针形，长1.5~4cm，全缘，中脉明显；叶柄短或近无柄。花小，聚伞花序梗细长，花梗长1.5~6mm；花被片5，长1.5~2mm，雄蕊3枚。蒴果近球形，与宿存花被等长，3瓣裂；种子多数，肾形，深褐色，具多数颗粒状凸起。花期6~8月，果期8~10月。

分布　钦州市：少见；北海市：少见；防城港市：少见。

用途　药用。

类型　浪花飞溅区植物。

四瓣马齿苋

Portulaca quadrifida L.

马齿苋科
马齿苋属

特征　一年生、柔弱、肉质草本。茎匍匐，节上生根。叶对生，扁平，无柄或有短柄，叶片卵形、倒卵形或卵状椭圆形，长4～8mm，宽2～5mm，腋间具开展的疏长柔毛。花小，单生枝端；花瓣4，黄色，长3～6mm。蒴果黄色。花果期几全年。

分布　钦州市：无；北海市：罕见；防城港市：无。见于北海涠洲岛、合浦县山口红树林保护区英罗站。

特性　喜光，耐旱，常生于空旷沙地、路边草地。

用途　药用，观赏。

类型　浪花飞溅区植物；广西新记录。

火炭母

Persicaria chinensis (L.) H. Gross

特征 多年生草本。茎常无毛，具纵棱，多分枝。叶卵形或长卵形，长4～10cm，宽2～4cm，顶端短渐尖，基部截形或宽心形，边缘全缘，两面无毛，有时下面沿叶脉疏生短柔毛；托叶鞘膜质，长1.5～2.5cm，具脉纹，顶端偏斜，无缘毛。花序头状，常数个排成圆锥状，花序梗被腺毛；每苞内具1～3花；花被5深裂，白色或淡红色，果时增大，呈肉质，蓝黑色；雄蕊8枚；花柱3个。瘦果宽卵形，具3棱，黑色，包于宿存的花被。花期7～9月，果期8～10月。

分布 钦州市：常见；北海市：常见；防城港市：很常见。

用途 食用（野菜，野果），药用，饲用，观赏。

类型 浪花飞溅区植物。

狭叶尖头叶藜

Chenopodium acuminatum subsp. *virgatum* (Thunb.) Kitam.

特征 一年生草本，高20～80cm。茎直立，多分枝。叶片宽卵形至卵形，长2～4cm，宽1～3cm，先端急尖或短渐尖，有短尖头，基部宽楔形、圆形或近截形，上面无粉，浅绿色，下面多少有粉，灰白色，全缘并具半透明的环边；叶柄长1.5～2.5cm。花两性，团伞花序于枝上部排列成紧密的或有间断的穗状或穗状圆锥状花序；雄蕊5枚。胞果圆形或卵形；种子直径约1mm。花期6～7月，果期8～9月。

分布 钦州市：罕见；北海市：罕见；防城港市：罕见。

特性 喜光，耐旱，常生于海滩沙地。

类型 浪花飞溅区植物。

小藜

Chenopodium ficifolium Smith

特征　一年生草本，高20～50cm。茎直立，具条棱及绿色色条。叶片卵状矩圆形，长2.5～5cm，宽1～3.5cm，通常三浅裂；中裂片两边近平行，先端钝或急尖并具短尖头，边缘具深波状锯齿；侧裂片通常各具2浅裂齿。花两性，数个团集，排列于上部的枝上形成较开展的顶生圆锥状花序；花被5深裂；雄蕊5枚；柱头2个。胞果包在花被内。4～5月开始开花。

分布　钦州市：少见；北海市：少见；防城港市：少见。

用途　食用（野菜），药用，饲用。

类型　浪花飞溅区植物。

土牛膝

Achyranthes aspera L.

特征 多年生草本。茎四棱形，有柔毛，节部稍膨大，分枝对生。叶片纸质，宽卵状倒卵形或椭圆状矩圆形，长1.5～7cm，宽0.4～4cm，顶端圆钝，具突尖，基部楔形或圆形，全缘或波状，两面密生柔毛，或近无毛；叶柄长5～15mm。穗状花序顶生，直立，长10～30cm，花期后反折；总花梗具棱角；花长3～4mm，疏生；苞片披针形，长3～4mm，小苞片刺状，光亮，常带紫色；花被片披针形，长3.5～5mm，花后变硬且锐尖，具1脉。胞果长2.5～3mm。花期6～8月，果期10月。

分布 钦州市：常见；北海市：很常见；防城港市：很常见。

用途 药用，生态防护。

类型 浪花飞溅区植物。

莲子草

Alternanthera sessilis (L.) DC.

特征　多年生草本。茎上升或匍匐，绿色或稍带紫色，有条纹及纵沟，沟内有柔毛。叶片形状及大小有变化，条状披针形、矩圆形、倒卵形、卵状矩圆形，长1～8cm，宽2～20mm，顶端急尖、圆形或圆钝，全缘或有不显明锯齿，两面无毛或疏生柔毛；叶柄长1～4mm。头状花序1～4个，腋生，无总花梗，初为球形，后渐成圆柱形，直径3～6mm 花密生；花被片卵形，长2～3mm，白色。胞果长2～2.5mm。花期5～7月，果期7～9月。

分布　钦州市：少见；北海市：常见；防城港市：常见。

用途　食用（野菜），药用，饲用。

类型　浪花飞溅区植物。

合被苋

Amaranthus polygonoides L.

特征　茎直立或斜升，高10～40cm。叶卵形、倒卵形或椭圆状披针形，长0.6～3cm，宽0.3～1.5cm，先端微凹或圆形，具长0.5～1mm的芒尖，上面中央常横生一条白色斑带，无毛；叶柄长0.3～2cm。花簇腋生，总梗极短，花单性，雌雄花混生。花被（4～）5裂，膜质，白色，具3条纵脉，中肋绿色；柱头2～3裂。胞果不裂。花果期9～10月。

分布　钦州市：无；北海市：罕见；防城港市：无。

用途　饲用。

类型　浪花飞溅区植物；外来入侵种。

刺苋

Amaranthus spinosus L.

特征 一年生草本，高30～100cm。茎直立，多分枝，有纵条纹。叶片菱状卵形或卵状披针形，长3～12cm，宽1～5.5cm，顶端圆钝，基部楔形，全缘，无毛或幼时沿叶脉稍有柔毛；叶柄长1～8cm，无毛，在其旁有2刺，刺长5～10mm。圆锥花序腋生及顶生，长3～25cm，下部顶生花穗常全部为雄花；苞片在腋生花簇及顶生花穗的基部者变成尖锐直刺；花被片绿色。胞果长1～1.2mm。花果期7～11月。

分布 钦州市：常见；北海市：很常见；防城港市：常见。

用途 食用（野菜），药用，饲用。

类型 浪花飞溅区植物；外来入侵种。

皱果苋

Amaranthus viridis L.

特征　一年生草本，高50～100cm，全部无毛。茎直立，少分枝。叶片卵形、卵状矩圆形或卵状长圆形，长3～9cm，宽2.5～6cm，顶端尖或凹缺，少数圆钝，有1芒尖，基部楔形，全缘或微呈波状缘；叶柄长3～7cm，绿色或紫红色。圆锥花序顶生，长6～12cm，宽1.5～3cm，具分枝，由穗状花序形成，圆柱形，细长、直立，顶生花穗比侧生花序长；总花梗长2～2.5cm；花被片长1.2～1.5mm，背部有1绿色隆起中脉。胞果扁球形，直径约2mm，绿色。花期6～8月，果期8～10月。

分布　钦州市：少见；北海市：很常见；防城港市：很常见。

用途　食用（野菜），药用，饲用。

类型　浪花飞溅区植物；外来入侵种。

青葙

Celosia argentea L.

特征 一年生草本，高0.3～1m，全体无毛。茎直立，有分枝，绿色或红色，具显明条纹。叶片矩圆披针形、披针形或披针状条形，长5～8cm，宽1～3cm，绿色常带红色，顶端急尖或渐尖，具小芒尖，基部渐狭。花多数，密生，在茎端或枝端成单一、无分枝的塔状或圆柱状穗状花序；花被片长6～10mm，初为白色顶端带红色，或全部粉红色，后成白色，顶端渐尖，具1中脉。胞果卵形，长3～3.5mm。花期4～12月，果期6～10月。

分布 钦州市：很常见；北海市：很常见；防城港市：很常见。

用途 食用（野菜），药用，饲用，观赏，生态防护。

类型 浪花飞溅区植物。

银花苋

Gomphrena celosioides Mart.

苋科
千日红属

特征 直立或披散草本，高约35m。茎被贴生白色长柔毛。单叶对生；叶柄短或无；叶片长椭圆形至近匙形，长3～5cm，宽1～1.5m，先端急尖或钝，基部渐狭，背面密被或疏生柔毛。头状花序顶生，银白色，初呈球状，后呈长圆形，长约2m以上；无总花梗；小苞片白色；萼片外面被白色长柔毛，花后外侧2片脆革质；雄蕊管先端5裂，具缺口；花柱极短，柱头2裂。花果期2～6月。

分布 钦州市：少见；北海市：少见；防城港市：少见。

类型 浪花飞溅区植物；外来入侵种；广西新记录。

广西滨海植物

蒺藜
Tribulus terrestris L.

蒺藜科
蒺藜属

特征 一年生草本。茎平卧，枝长20～60cm，偶数羽状复叶，长1.5～5cm；小叶对生，3～8对，矩圆形或斜短圆形，长5～10mm，宽2～5mm，先端锐尖或钝，基部稍偏科被柔毛，全缘。花腋生，花梗短于叶，花黄色；萼片5，宿存；花瓣5；雄蕊10，子房5棱，柱头5裂。果有分果瓣5，硬，长4～6mm，无毛或被毛，中部边缘有锐刺2枚，下部常有小锐刺2枚，其余部位常有小瘤体。花期5～8月，果期6～9月。

分布 钦州市：无；北海市：罕见；防城港市：无。

用途 药用，饲用。

类型 浪花飞溅区植物。

酢浆草
Oxalis corniculata L.

酢浆草科
酢浆草属

特征　草本。高10～35cm，全株被柔毛。茎细弱，多分枝，匍匐，节上生根。叶基生或茎上互生；叶柄长1～13cm，基部具关节；小叶3，无柄，倒心形，长4～16mm，宽4～22mm，两面被柔毛或无毛。花单生或数朵集为伞形花序状，腋生；花梗长4～15mm；萼片5，宿存；花瓣5，黄色，长6～8mm，宽4～5mm；雄蕊10枚，花丝基部合生，长、短互间。蒴果长圆柱形，长1～2.5cm，5棱，被短伏毛。花、果期2～9月。

分布　钦州市：很常见；北海市：很常见；防城港市：很常见。

用途　药用，观赏，生态防护。

类型　浪花飞溅区植物。

毛草龙

Ludwigia octovalvis (Jacq.) Raven

特征 多年生粗壮直立草本，多分枝，稍具纵棱，常被伸展的黄褐色粗毛。叶披针形至线状披针形，长4~12cm，宽0.5~2.5cm，先端渐尖或长渐尖，侧脉每侧9~17条，两面被黄褐色粗毛，边缘具毛。萼片4，卵形，长6~9mm，宽3~5mm，基出3脉，两面被粗毛；花瓣黄色，倒卵状，长7~14mm，宽6~10mm，具侧脉4~5对；雄蕊8，花丝长2~3mm；柱头近头状，浅4裂。蒴果圆柱状，具8条棱，绿色至紫红色，长2.5~3.5cm，粗3~5mm，被粗毛。种子每室多列。花期6~8月，果期8~11月。

分布 钦州市：少见；北海市：少见；防城港市：少见。

用途 食用（野果），药用，饲用。

类型 浪花飞溅区植物。

丁香蓼

Ludwigia prostrata Roxb.

特征 一年生直立草本，高25～60cm。幼枝四棱形，常淡红色，近无毛，多分枝。叶狭椭圆形，长3～9cm，宽1.2～2.8cm，先端锐尖或稍钝，侧脉每侧5～11条，两面近无毛；叶柄长5～18mm，稍具翅。萼片4，长1.5～3mm，宽0.8～1.2mm；花瓣黄色，匙形，长1.2～2mm，宽0.4～0.8mm，先端近圆形，基部楔形，雄蕊4枚；花药扁圆形，宽0.4～0.5mm。蒴果四棱形，长1.2～2.3cm，粗1.5～2mm，无毛，熟时开裂；果梗长3～5mm。花期6～7月，果期8～9月。

分布 钦州市：常见；北海市：常见；防城港市：常见。

用途 食用（野果），药用，饲用。

类型 浪花飞溅区植物。

黄细心
Boerhavia diffusa L.

特征　多年生蔓性草本。叶片卵形，长1～5cm，宽1～4cm，顶端钝或急尖，基部圆形或楔形，边缘微波状，两面被疏柔毛，下面灰黄色；叶柄长4～20mm。头状聚伞圆锥花序顶生；花序梗纤细，被疏柔毛；花梗短或近无梗；花被淡红色或亮紫色，长2.5～3mm，花被筒上部钟形，长1.5～2mm，薄而微透明，具5肋，顶端皱褶，浅5裂；花丝细长；花柱细长，柱头浅帽状。果实棍棒状，长3～3.5mm，具5棱，有黏腺和疏柔毛。花果期夏秋间。

分布　钦州市：少见；北海市：少见；防城港市：少见。

用途　食用，药用。

类型　浪花飞溅区植物。

紫茉莉

Mirabilis jalapa L.

特征　二年生草本。根肥粗。茎直立，多分枝，节稍膨大。叶片卵形或卵状三角形，长3～15cm，宽2～9cm，顶端渐尖，基部截形或心形，全缘，两面均无毛；叶柄长1～4cm。花常数朵簇生枝端；花梗长1～2mm；总苞钟形，长约1cm，5裂，果时宿存；花被紫红色、黄色、白色或杂色，高脚碟状，檐部直径2.5～3cm，5浅裂；雄蕊5枚，花丝细长。瘦果球形，直径5～8mm，黑色，表面具皱纹。花期6～10月，果期8～11月。

分布　钦州市：少见；北海市：少见；防城港市：少见。原产热带美洲，为观赏花卉，常在海岛、海岸林中逸为野生。

用途　药用，观赏。

类型　浪花飞溅区植物；外来入侵种。

粗齿刺蒴麻

Triumfetta grandidens Hance

特征 木质草本，披散或匍匐。多分枝；嫩枝有简单柔毛。叶变异较大，下部的菱形，3～5裂，上部的长圆形，长1～2.5cm，宽7～15mm，先端钝，两面无毛或下面脉上有毛，三出脉，边缘有粗齿；叶柄长5～10mm，被毛。聚伞花序腋生，长10～20mm；萼片线形，长6mm，外面被柔毛；花瓣比萼片稍短；雄蕊8～10枚。蒴果球形，针刺长2～4mm，被柔毛，先端有短勾。花期冬春季间。

分布 钦州市：无；北海市：罕见；防城港市：无。

类型 浪花飞溅区植物。

山芝麻

Helicteres angustifolia L.

特征　草本或亚灌木。小枝被灰绿色短柔毛。叶狭矩圆形或条状披针形，长3.5～5cm，宽1.5～2.5cm，顶端钝或急尖，基部圆形，背面被星状茸毛；叶柄长5～7mm。聚伞花序有2朵花以上；花梗通常有小苞片4片；萼管状，长6mm，被星状短柔毛，5裂；花瓣5片，不等大，淡红色或紫红色，比萼略长，基部有2个耳状附属体；雄蕊10枚，退化雄蕊5枚；子房5室，被毛。蒴果卵状矩圆形，长12～20mm，宽7～8mm，顶端急尖，密被星状毛及混生长绒毛。花期几乎全年。

分布　钦州市：少见；北海市：少见；防城港市：常见。

用途　药用，纤维。

类型　浪花飞溅区植物。

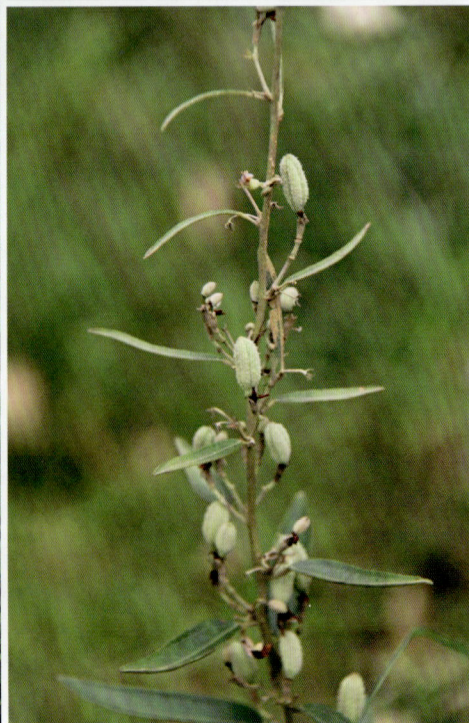

蛇婆子

Waltheria indica L.

特征　匍匐状半灌木。多分枝，小枝密被短柔毛。叶卵形或长椭圆状卵形，长2.5～4.5cm，宽1.5～3cm，顶端钝，基部圆形或浅心形，边缘有小齿，两面均密被短柔毛；叶柄长0.5～1cm。聚伞花序腋生，头状，近于无轴；萼筒状，5裂，长3～4mm；花瓣5片，淡黄色，顶端截形，比萼略长；雄蕊5枚。蒴果小，二瓣裂，长约3mm，被毛，为宿存的萼所包围，内有种子1粒。花期夏秋。

分布　钦州市：少见；北海市：少见；防城港市：少见。

用途　药用，纤维。

类型　浪花飞溅区植物；外来入侵种。

磨盘草

Abutilon indicum (L.) Sweet

特征　直立草本。分枝多，全株均被灰色柔毛。叶卵圆形或近圆形，长3～9cm，宽2.5～7cm，先端短尖或渐尖，基部心形，边缘具不规则锯齿；叶柄长2～4cm；托叶钻形。花单生于叶腋，花梗长达4cm，近顶端具节；花萼盘状，直径6～10mm，裂片5；花黄色，直径2～2.5cm，花瓣5；雄蕊柱被星状硬毛。果为倒圆形似磨盘，直径约1.5cm，分果爿15～20，先端截形，具短芒，被星状长硬毛；种子肾形。花期7～10月。

分布　钦州市：少见；北海市：常见；防城港市：少见。

用途　药用，纤维。

类型　浪花飞溅区植物。

苘麻

Abutilon theophrasti Medicus

特征　一年生亚灌木状草本。枝、叶柄、叶片、花梗被柔毛或星状柔毛。叶互生，圆心形，长5～10cm，先端长渐尖，基部心形，边缘具细圆锯齿；叶柄长3～12cm。花单生叶腋，花梗长1～13cm，近顶端具节；花萼杯状，裂片5，长约6mm；花黄色，花瓣倒卵形，长约1cm；雄蕊柱平滑无毛。蒴果半球形，直径约2cm，分果爿15～20，被粗毛，顶端具长芒2。花期7～8月。

分布　钦州市：少见；北海市：少见；防城港市：少见。

用途　药用，纤维，油脂。

类型　浪花飞溅区植物；外来入侵种。

赛葵

Malvastrum coromandelianum (L.) Gurcke

特征 直立草本。疏被单毛和星状粗毛。叶卵形至卵状披针形，长3～6cm，宽1～3cm，基部宽楔形至圆形，先端钝头，边缘具粗锯齿，上面疏被长毛，下面疏被长毛和星状长毛；叶柄长1～3cm，密被长毛；托叶披针形，长5mm。花黄色，单生于叶腋，花梗长5mm；萼浅杯状，裂片5枚；花冠黄色，直径1.5cm，花瓣5枚，倒卵形，长8mm，宽4mm；雄蕊柱长6mm，秃净。果直径6mm，分果爿8～12枚，被星状疏柔毛，具2芒刺。花期几全年。

分布 钦州市：常见；北海市：很常见；防城港市：很常见。

用途 药用。

类型 浪花飞溅区植物；外来入侵种。

黄花稔

Sida acuta Burm. F.

特征　直立亚灌木状草本。分枝多。叶披针形，长2～5cm，宽4～10mm，先端短尖或渐尖，基部圆或钝，具锯齿；叶柄长4～6mm，疏被柔毛；托叶线形，与叶柄近等长，常宿存。花单朵或成对生于叶腋，花梗长4～12mm，被柔毛，中部具节；萼浅杯状，无毛，长约6mm；花黄色，直径8～10mm，被纤毛；雄蕊柱长约4mm，疏被硬毛。蒴果近圆球形，分果爿4～9，但通常为5～6，长约3.5mm，顶端具2短芒。花期冬春季。

分布　钦州市：常见；北海市：常见；防城港市：常见。

用途　药用，纤维。

类型　浪花飞溅区植物；外来入侵种。

桤叶黄花稔

Sida alnifolia L.

特征　直立亚灌木。小枝细瘦，与叶、叶柄、花梗、萼被星状柔毛或绒毛。叶倒卵形、卵形、卵状披针形至近圆形，长2～5cm，宽8～30mm，先端尖或圆，基部圆形至楔形，边缘具锯齿，叶柄长2～8mm；托叶钻形，常短于叶柄。花单生于叶腋，花梗长1～3cm，中部以上具节；萼杯状，长6～8mm，裂片5；花黄色，直径约1cm，花瓣长约1cm；雄蕊柱长4～5mm，被长硬毛。果近球形，分果爿6～8，长约3mm，具2芒，被长柔毛。花期7～12月。

分布　钦州市：无；北海市：罕见；防城港市：无。

类型　浪花飞溅区植物。

圆叶黄花稔

Sida alnifolia var. *orbiculata* S. Y. Hu

特征　斜生平卧草本。叶圆形，直径5～15mm；具圆齿，两面被星状长硬毛；叶柄长约5mm，密被星状疏柔毛；托叶钻形，长约2mm。花单生，花梗长2～3cm；花萼被星状绒毛，裂片顶端被纤毛，雄蕊柱被长硬毛。分果爿具2芒。花期7～12月。

分布　钦州市：无；北海市：少见；防城港市：无。

类型　浪花飞溅区植物。

长梗黄花稔

Sida cordata (Burm. F.) Borss.

特征　披散亚灌木状。小枝细瘦，被黏质和星状柔毛及长柔毛。叶心形，长1～5cm，先端渐尖，边缘具钝齿或锯齿，两面均被星状柔毛；叶柄长1～3cm，被星状长柔毛。花腋生，通常单生或簇生成具叶的总状花序状，疏被星状柔毛和长柔毛，花梗纤细，长2～4cm，中部以上具节，花后延长；花萼杯状，长约4mm；花黄色；雄蕊柱疏被长硬毛。蒴果近球形，直径约3mm，分果爿5，不具芒。花期7月至翌年2月。

分布　钦州市：少见；北海市：少见；防城港市：无。

类型　浪花飞溅区植物。

心叶黄花稔

Sida cordifolia L.

特征 直立亚灌木。小枝、叶、叶柄、花梗密被星状柔毛并混生长柔毛。叶卵形，长1.5～5cm，宽1～4cm，先端钝或圆，基部微心形或圆，边缘具钝齿；叶柄长1～2.5cm；托叶线形，长约5mm。花单生或簇生于叶腋或枝端，花梗长5～15mm，上端具节；萼杯状，裂片5，长5～6mm；花黄色，直径约1.5cm，花瓣长圆形，长6～8mm；雄蕊柱长约6mm，被长硬毛。蒴果直径6～8mm，分果爿10，顶端具2长芒，芒长3～4mm，突出于萼外。花期全年。

分布 钦州市：少见；北海市：少见；防城港市：少见。

用途 药用。

类型 浪花飞溅区植物。

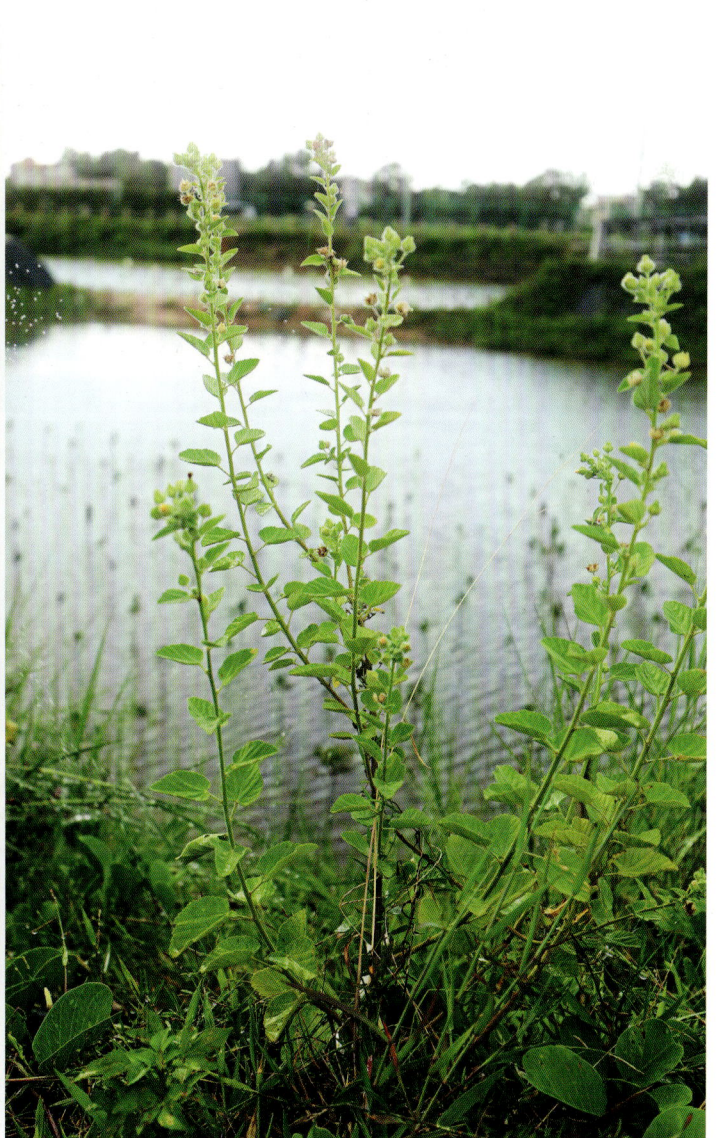

拔毒散

Sida szechuensis Matsuda

特征　直立亚灌木。小枝、叶柄被星状长柔毛。叶二型，下部生的宽菱形至扇形，长2.5～5cm，宽近似；上部生的长圆状椭圆形至长圆形，长2～3cm，两端钝至浑圆，下面密被灰色星状毡毛；叶柄长5～10mm。花单生或簇生于小枝端，花梗长约1cm，密被星状黏毛，中部以上具节；萼杯状，长约7mm；花黄色，直径1～1.5cm；雄蕊柱长约5mm，被长硬毛。果近圆球形，直径约6mm，分果爿8～9，具短芒。花期6～11月。

分布　钦州市：常见；北海市：常见；防城港市：常见。

用途　药用，纤维。

类型　浪花飞溅区植物。

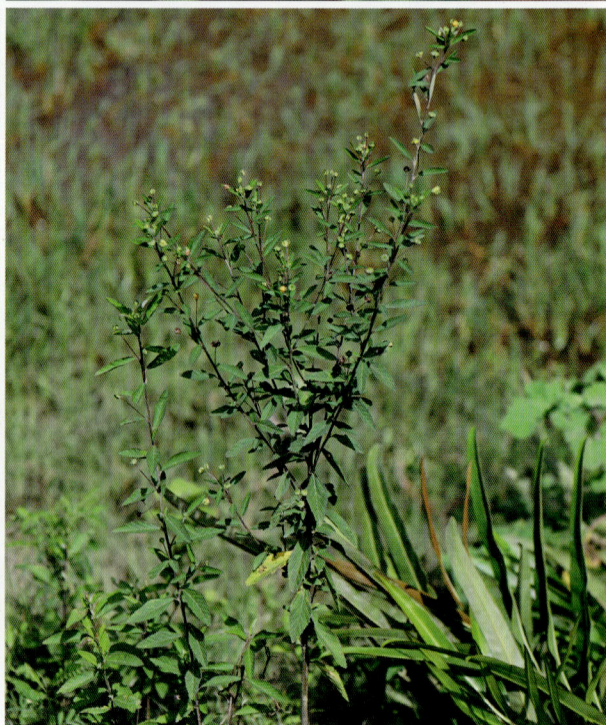

地桃花

Urena lobata L.

锦葵科
梵天花属

特征 直立亚灌木状草本。小枝被星状绒毛。茎下部的叶近圆形，长4～5cm，宽5～6cm，先端浅3裂，基部圆形或近心形，边缘具锯齿；中部的叶卵形，长5～7cm；上部的叶长圆形至披针形，长4～7cm；叶上面被柔毛，下面被灰白色星状绒毛；叶柄长1～4cm。花腋生，淡红色，直径约15mm；花萼杯状，裂片5，被星状柔毛；花瓣5，外面被星状柔毛；雄蕊柱长约15mm，无毛。果扁球形，直径约1cm，分果爿被星状短柔毛和锚状刺。花期4～10月。

分布 钦州市：很常见；北海市：很常见；防城港市：很常见。

用途 药用，纤维，观赏，油脂。

类型 浪花飞溅区植物。

各 论 265

梵天花
Urena procumbens L.

锦葵科
梵天花属

特征　小灌木。小枝、叶柄、叶片、苞片、花萼被星状毛。叶下部生的轮廓为掌状3～5深裂，圆形而狭，长1.5～6cm，宽1～4cm，裂片菱形或倒卵形，先端钝，具锯齿，叶柄长4～15mm。花单生或近簇生，花梗长2～3mm；小苞片长约7mm；花冠淡红色，花瓣长10～15mm；雄蕊柱无毛。果球形，直径约6mm，具刺和长硬毛，刺端有倒钩。花期6～9月。

分布　钦州市：少见；北海市：少见；防城港市：少见。

用途　药用。

类型　浪花飞溅区植物。

266　广西滨海植物

细齿大戟

Euphorbia bifida Hook.

特征 一年生草本。二歧分枝；茎节环状，明显。叶对生，长椭圆形至宽线形，长1～2.5cm，宽2～5mm，先端钝尖或渐尖，基部不对称；边缘具细锯齿，齿尖有短尖；叶柄长不足3mm。花序常聚生；总苞杯状，高与直径各约1mm；边缘5裂，先端撕裂；腺体4个；附属物粉红色。雄花数枚，雌花1枚，略伸出总苞外；子房光滑无毛；花柱3，分离；柱头2裂。蒴果三棱状，直径与长均约2mm，近无毛；种子被稀疏的横纹，无种阜。花果期4～10月。

分布 钦州市：少见；北海市：少见；防城港市：少见。

用途 药用。

类型 浪花飞溅区植物。

猩猩草

Euphorbia cyathophora Murr.

特征　草本。茎直立，上部多分枝，光滑无毛。叶互生，卵形、椭圆形或卵状椭圆形，先端尖或圆，长3～10cm，宽1～5cm，边缘波状分裂或具波状齿或全缘，无毛；叶柄长1～3cm；总苞叶与茎生叶同形，较小，淡红色或仅基部红色。花序单生，数枚聚伞状排列于分枝顶端，总苞钟状，绿色，高5～6mm，直径3～5mm，边缘5裂；腺体常1个，黄色。雄花多枚，雌花1枚，伸出总苞处。蒴果，三棱状球形，直径3.5～4mm，无毛；成熟时分裂为3个分果瓣。花果期5～11月。

分布　钦州市：少见；北海市：少见；防城港市：少见。

用途　药用，有毒，观赏。

类型　浪花飞溅区植物；外来入侵种。

白苞猩猩草

Euphorbia heterophylla L.

特征　多年生直立草本。叶互生，卵形至披针形，长3～12cm，宽1～6cm，先端尖或渐尖，边缘具锯齿或全缘，两面被柔毛；叶柄长4～12mm；苞叶与茎生叶同形，较小，绿色或基部白色。花序单生，基部具柄，无毛；总苞钟状，高2～3mm，直径1.5～5mm，边缘5裂；腺体常1个，杯状，直径0.5～1mm。雄花多枚；雌花1枚，子房柄不伸出总苞外。蒴果卵球状，直径3.5～4.0mm，被柔毛。花果期2～11月。

分布　钦州市：少见；北海市：少见；防城港市：少见。

用途　药用，有毒。

类型　浪花飞溅区植物；外来种。

通奶草

Euphorbia hypericifolia L.

特征 一年生草本，常不分枝，高15～30cm。叶对生，狭长圆形或倒卵形，长1～2.5cm，宽4～8mm，先端钝或圆，基部不对称，边缘全缘或具细锯齿，两面疏被柔毛；叶柄长1～2mm。苞叶2枚，与茎生叶同形。花序数个簇生，花序柄纤细，柄长3～5mm；总苞边缘5裂；腺体4个；雄花数枚，微伸出总苞外；雌花1枚，子房柄长于总苞。蒴果三棱状，长约1.5mm，直径约2mm，无毛，成熟时分裂为3个分果爿。花果期8～12月。

分布 钦州市：少见；北海市：常见；防城港市：常见。

用途 药用。

类型 浪花飞溅区植物；外来入侵种。

紫斑大戟

Euphorbia hyssopifolia L.

特征　一年生草本。茎斜展或近直立，少匍匐，无毛，长约15cm，直径约1mm。叶对生，椭圆形，长1～2cm，宽3～5mm，先端钝，基部偏斜，近圆形，边缘具稀疏钝锯齿；叶面具数个紫色斑点；叶柄短，长约1.5mm。花序单一或聚伞状生于叶腋，单生时具柄；总苞狭钟状，高8mm，直径4～5mm；腺体4个；雄花5～15枚；雌花1枚。具较长的子房柄。蒴果三角状卵形，长与直径均约2.5mm，光滑无毛；果柄长达2mm；种子卵状四棱形，长约1.1mm。花果期4～10月。

分布　钦州市：少见；北海市：少见；防城港市：少见。

用途　药用。

类型　浪花飞溅区植物；外来入侵种；广西新记录。

斑地锦

Euphorbia maculata L.

特征　一年生草本。茎匍匐，长10～17cm，被白色疏柔毛。叶对生，长椭圆形至肾状长圆形，长6～12mm，宽2～4mm，先端钝，基部偏斜，边缘中部以上常具细小疏锯齿；叶面中部常具有一个长圆形的紫色斑点，两面无毛；叶柄极短，长约1mm。花序单生于叶腋，基部具短柄；总苞狭杯状；腺体4个，边缘具白色附属物。雄花4～5枚，微伸出总苞外；雌花1枚，子房柄伸出总苞外。蒴果三角状卵形，长和直径约2mm，被稀疏柔毛，成熟时易分裂为3个分果爿。花果期4～9月。

分布　钦州市：少见；北海市：常见；防城港市：常见。

用途　药用。

类型　浪花飞溅区植物；外来入侵种。

千根草

Euphorbia thymifolia L.

特征　一年生草本。茎纤细，常呈匍匐状，自基部极多分枝，长可达10～20cm，直径仅1～2（3）mm，被稀疏柔毛。叶对生，椭圆形、长圆形或倒卵形，长4～8mm，宽2～5mm，先端圆，基部偏斜，不对称，呈圆形或近心形，边缘有细锯齿，稀全缘，两面常被稀疏柔毛，稀无毛；叶柄极短，长约1mm。花序单生或数个簇生于叶腋，具短柄，长1～2mm，被稀疏柔毛。蒴果卵状三棱形，长约1.5mm，成熟时分裂为3个分果爿；种子长卵状四棱形，长约0.7mm。花果期6～11月。

分布　钦州市：少见；北海市：少见；防城港市：少见。

用途　药用。

类型　浪花飞溅区植物。

地杨桃

Microstachys chamaelea (L.) Mull. Arg.

特征　多年生草本，高20～60cm。多分枝，具锐纵棱，无毛或幼嫩部分被柔毛。叶互生，厚纸质，叶片线形或线状披针形，长20～55mm，宽2～10mm，顶端钝，边缘有贴生、钻状的密细齿，基部两侧边缘上常有小腺体，背面被柔毛；叶柄短，长约2mm；托叶宿存，长约1mm。花单性，雌雄同株，聚集成长5～10mm的纤弱穗状花序。蒴果三棱状球形，直径3～4mm，分果爿背部具2纵列的小皮刺。花期几乎全年。

分布　钦州市：少见；北海市：少见；防城港市：少见。

用途　药用。

类型　浪花飞溅区植物。

珠子草

Phyllanthus niruri L.

特征 一年生草本，高达50cm。全株无毛。叶片纸质，长椭圆形，长5～10mm，宽2～5mm，顶端钝、圆或近截形，有时具不明显的锐尖头，基部偏斜；侧脉每边4～7条；叶柄极短；托叶披针形，长1～2mm。通常1朵雄花和1朵雌花双生于每一叶腋内；雄花花梗长1～1.5mm，萼片5，长1.2～1.5mm，边缘膜质，雄蕊3枚；雌花花梗长1.5～4mm，萼片5，长1.5～2.3mm。蒴果扁球状，直径约3mm，平滑，成熟后开裂为3个2裂的分果爿。花果期1～10月。

分布 钦州市：少见；北海市：常见；防城港市：常见。

用途 食用（野果），药用。

类型 浪花飞溅区植物；外来入侵种。

叶下珠

Phyllanthus urinaria L.

特征 一年生草本，高10～60cm。茎通常直立，基部多分枝；枝具翅状纵棱。叶片纸质，因叶柄扭转而呈羽状排列，长圆形或倒卵形，长4～10mm，宽2～5mm，顶端圆、钝或急尖而有小尖头，下面灰绿色，近边缘或边缘有1～3列短粗毛；侧脉每边4～5条；叶柄极短；托叶卵状披针形，长约1.5mm。花雌雄同株，直径约4mm；雄花2～4朵簇生于叶腋，花梗长约0.5mm，萼片6，长约1mm。蒴果圆球状，直径1～2mm。花期4～6月，果期7～11月。

分布 钦州市：常见；北海市：常见；防城港市：常见。

用途 药用。

类型 浪花飞溅区植物。

黄珠子草

Phyllanthus virgatus Forst. F.

特征 一年生草本，通常直立，高达60cm。枝条通常自茎基部发出，上部扁平而具棱；全株无毛。叶片近革质，线状披针形、长圆形或狭椭圆形，长5～25mm，宽2～7mm，顶端钝或急尖，有小尖头，基部圆而稍偏斜；几无叶柄；托叶长约1mm。常2～4朵雄花和1朵雌花簇生叶腋；雄花直径约1mm，花梗长约2mm，萼片6；雌花花梗长约5mm，花萼深6裂，长约1mm。蒴果扁球形，直径2～3mm，有鳞片状凸起；果梗丝状，长5～12mm；萼片宿存。花期4～5月，果期6～11月。

分布 钦州市：少见；北海市：少见；防城港市：少见。

用途 食用（野果），药用。

类型 浪花飞溅区植物。

茅莓

Rubus parvifolius L.

特征　草本或攀缘状亚灌木。枝呈弓形弯曲，被柔毛和稀疏钩状皮刺。小叶3枚，在新枝上偶有5枚，菱状圆形或倒卵形，长2.5～6cm，宽2～6cm，顶端圆钝或急尖，上面伏生疏柔毛，下面密被灰白色绒毛，边缘有粗锯齿或缺刻状粗重锯齿，常具浅裂片；叶柄长2.5～5cm；托叶线形，长5～7mm，具柔毛。伞房花序，稀顶生花序成短总状，被柔毛和细刺；花直径约1cm；花萼外面密被柔毛和针刺；花瓣粉红至紫红色。果实卵球形，直径1～1.5cm，红色。花期5～6月，果期7～8月。

分布　钦州市：少见；北海市：少见；防城港市：罕见。

用途　食用（野果），药用，油脂。

类型　浪花飞溅区植物。

合欢草

Desmanthus virgatus (L.) Willd.

特征　多年生亚灌木状草本，高 0.5～1.3m。分枝纤细，具棱，棱上被短柔毛。二回羽状复叶，最下一对羽片着生处有长圆形腺体 1 枚；羽片 2～6 对，长 1.2～2.5cm；小叶 6～21 对，长圆形，长 4～6mm，宽约 2mm。头状花序直径 5～10mm，绿白色，有花 4～10 朵。荚果线形，长 4～11cm，宽 2～4mm，直或稍弯。花期主要在秋季，但全年均可见开花。

分布　钦州市：无；北海市：少见；防城港市：无。原产美洲热带地区，作为观赏植物或牧草引种，已逸为野生。

特性　对海岛环境适应性好，全年可开花结实，生长迅速，种群扩散能力强。

用途　饲用，观赏。

类型　浪花飞溅区植物；外来入侵种。

合萌

Aeschynomene indica L.

特征　一年生草本或亚灌木状。枝圆柱形，无毛，具小凸点而稍粗糙。叶具20～30对小叶或更多；托叶长约1cm，基部下延成耳状；叶柄长约3mm；小叶近无柄，薄纸质，线状长圆形，长5～10（～15）mm，宽2～2.5（～3.5）mm，上面密布腺点，下面稍带白粉，全缘。总状花序比叶短，腋生，长1.5～2cm；花梗长约1cm；花萼具纵脉纹，长约4mm，无毛；花冠淡黄色，具紫色的纵脉纹。荚果长3～4cm，宽约3mm，腹缝直，背缝波状；荚节4～8（～10）。花期7～8月，果期8～10月。

分布　钦州市：少见；北海市：常见；防城港市：常见。

用途　药用，有毒。

类型　浪花飞溅区植物。

望江南（羊角菜）

Senna occidentalis (Linnaeus) Link

豆科
山扁豆属

特征 草本或亚灌木。常仅基部木质化，枝条草质，具棱。小叶3~5对，卵形或卵状披针形，长3~10cm，先端渐尖，有小缘毛；托叶膜质，卵状披针形，早落；叶柄近基部具圆锥状腺体，小叶柄具腐败气味。伞房式总状花序顶生和顶生，花序长约5cm；萼片和花瓣大小不等；花冠黄色；雄蕊10枚，其中3枚不育。果带状镰形，稍扁，长10~13cm，膜质，褐色，疏被毛，有尖头及短柄；种子30~40粒，种子间成节状有隔膜，近圆形。花期7~9月，果期10~11月。

分布 钦州市：少见；北海市：少见；防城港市：少见。

用途 食用（野菜），药用，饲用，油脂。

类型 浪花飞溅区植物；外来入侵种。

决明

Senna tora (L.) Roxb.

特征　草本或亚灌木。叶长4～8cm，叶轴上每对小叶间有长2mm的线状腺体，小叶2～3对，膜质，倒卵形或倒卵状长圆形，先端一对小叶最大，长1.3～6cm，宽0.8～3cm，两面被柔毛；小叶柄长1.5～2mm，叶柄长1～4cm。总状花序腋生，常2花聚生；花梗长4～10mm，被疏柔毛；花瓣黄色，下方2片稍长，长约15mm，宽7mm；能育雄蕊6～7枚，近等长，花药顶孔开裂。荚果线状圆柱形，长10～15cm，直径0.5cm，有疏毛；种子20～30粒，棕色，光亮，长5mm。花期6～10月，果期10～12月。

分布　钦州市：少见；北海市：少见；防城港市：少见。

用途　食用（保健饮料），药用，观赏，生态防护。

类型　浪花飞溅区植物。

链荚豆

Alysicarpus vaginalis (L.) Candolle

特征　多年生草本。基部多分枝。茎平卧或上部直立。单小叶；托叶线状披针形，无毛，与叶柄等距或稍长；叶柄长5～14mm，无毛；小叶形状及大小变化很大，茎上部小叶通常为卵状长圆形、长圆状披针形至线状披针形，长3～6.5cm，宽1～2cm，全缘，侧脉4～5条（～9条），稍清晰。总状花序长1.5～7cm，有花6～12朵；花梗长3～4mm；花萼膜质，长5～6mm，5裂；花冠紫蓝色。荚果扁圆柱形，长1.5～2.5cm，宽2～2.5mm，被短柔毛，有不明显皱纹，荚节4～7。花期9月，果期9～11月。

分布　钦州市：少见；北海市：常见；防城港市：常见。

用途　食用（保健饮料），药用，饲用。

类型　浪花飞溅区植物。

铺地蝙蝠草

Christia obcordata (Poir.) Bahn. F.

特征 多年生平卧草本。茎与枝极纤细，与叶柄、叶背、花梗、花萼均被灰色短柔毛。叶常为三出复叶，稀单小叶；托叶刺毛状，长约1mm；叶柄长8～10mm；小叶膜质，顶生小叶多为肾形、圆三角形或倒卵形，长5～15mm，宽10～20mm，先端截平而略凹，侧生小叶较小。总状花序长3～18cm；每节生1花；花梗长2～3mm；花萼结果时长达6～8mm，有明显网脉，5裂；花冠蓝紫色或玫瑰红色，略长于花萼。荚果有荚节4～5，完全藏于萼内，无毛。花期5～8月，果期9～10月。

分布 钦州市：少见；北海市：少见；防城港市：少见。

用途 药用，饲用。

类型 浪花飞溅区植物。

线叶猪屎豆

Crotalaria linifolia L. f.

特征 多年生草本。茎圆柱形，密被丝质短柔毛。托叶小，常早落；单叶，倒披针形或长圆形，长2～5cm，宽0.5～1.5cm，先端渐尖或钝尖，具细小的短尖头，两面被丝质柔毛；叶柄短。总状花序有花多朵，长10～20cm；苞片与小苞片披针形，长2～3mm；花萼二唇形，长6～7mm，密被锈色柔毛；花冠黄色，旗瓣先端圆或凹，长5～7mm；子房无柄。荚果四角菱形，长5～6mm，无毛，成熟后果皮黑色；种子8～10粒。花期5～10月，果期8～12月。

分布 钦州市：罕见；北海市：罕见；防城港市：罕见。

用途 药用，饲用。

类型 浪花飞溅区植物。

猪屎豆
Crotalaria pallida Ait.

特征　草本或亚灌木。小枝被平伏毛。托叶极细，刚毛状，早落。3小叶，顶生小叶倒卵状长圆形，长5～7cm，先端钝或微凹，有芒尖，基部宽楔形，上面密被腺点，无毛，下面疏被平伏柔毛。总状花序长15～30cm，顶生，有花10～40朵；萼5裂，长4～6mm，萼齿三角形，与萼筒等长，被平伏柔毛；花冠黄色，伸出萼外，旗瓣有紫红色条纹，无毛，基部具胼胝体2枚，翼瓣长8mm，龙骨瓣长12mm，90°弯曲。果圆柱形，长3～5cm，成熟时开裂；种子多数。花期9～10月，果期10～11月。

分布　钦州市：少见；北海市：少见；防城港市：少见。生于村旁、路边、田边和荒地。

用途　药用，观赏，生态防护。

类型　浪花飞溅区植物；外来入侵种。

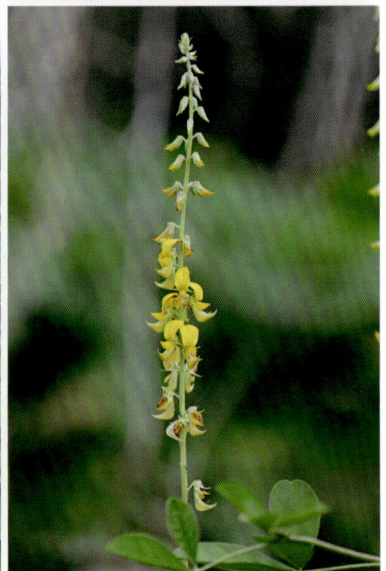

球果猪屎豆

Crotalaria uncinella Lamk.

特征　草本或亚灌木。幼枝被毛。托叶卵状三角形，长 1～1.5mm；叶三出，柄长 1～2cm；小叶椭圆形，长 1～2cm，宽 1～1.5cm，先端钝，具短尖头或有时凹，两面叶脉清晰；小叶柄长约 1mm。总状花序有花 10～30 朵；苞片极小，长约 1mm；花梗长 2～3mm；花萼近钟形，长 3～4mm，五裂，密被短柔毛；花冠黄色，伸出萼外，旗瓣长约 5mm。荚果卵球形，长约 5mm，被短柔毛；种子 2 粒，成熟后朱红色。花果期 8～12 月。

分布　钦州市：罕见；北海市：罕见；防城港市：无。

类型　浪花飞溅区植物。

假地豆
Desmodium heterocarpon (L.) DC.

豆科
山蚂蝗属

特征 半常绿亚灌木。基部多分枝，幼枝疏被毛。三出复叶，纸质，顶生小叶椭圆形或倒卵形，长2.7～7cm，宽1～3cm，侧生小叶较小，先端微凹，具短尖，下面被平伏白色柔毛，全缘；托叶宿存，狭三角形。总状花序长2～8cm，花序轴被长柔毛，花成对着生，花梗长3mm；花冠紫红色或白色，长5mm。荚果条形，密集，长1.2～2.5cm。花期7～8月，果期10～11月。

分布 钦州市：少见；北海市：常见；防城港市：少见。

用途 药用，生态防护。

类型 浪花飞溅区植物。

异叶山蚂蝗（异叶三点金）

豆科
山蚂蝗属

Desmodium heterophyllum (Willd.) DC.

特征 平卧或上升草本。茎纤细，多分枝。幼枝、叶柄、叶面、花萼被柔毛。羽状三出复叶，在茎下部有时为单小叶；托叶长3～6mm；叶柄长5～15mm，上面具沟槽；小托叶长约1mm；小叶纸质，顶生小叶宽椭圆形或宽椭圆状倒卵形，长（0.5）1～3cm，宽0.8～1.5cm，全缘。花1～3朵腋生；花梗长10～25mm；花萼宽钟形，长约3mm，5深裂；花冠紫红色至白色，长约5mm。荚果长12～18mm，宽约3mm，有荚节3～5，扁平。花果期7～10月。

分布 钦州市：罕见；北海市：无；防城港市：罕见。

用途 药用。

类型 浪花飞溅区植物。

三点金

Desmodium triflorum (L.) DC.

特征　多年生草本，平卧。羽状三出复叶，小叶3；叶柄长约5mm，被柔毛；小叶纸质，顶生小叶倒心形，倒三角形或倒卵形，长和宽为2.5～10mm，先端平截而微凹，上面无毛，下面被白色柔毛；小叶柄长0.5～2mm。花单生或2～3朵簇生于叶腋；花梗长3～8mm；花萼长约3mm，密被白色长柔毛，5深裂；花冠紫红色，旗瓣倒心形；雄蕊二体。荚果扁平，略呈镰刀状，长5～12mm，宽2.5mm，腹缝线直，背缝线波状，有荚节3～5。花果期6～10月。

分布　钦州市：常见；北海市：常见；防城港市：常见。

用途　食用（保健饮料），药用。

类型　浪花飞溅区植物。

硬毛木蓝

Indigofera hirsuta L.

特征 平卧或直立，草本或亚灌木。枝、叶柄、叶轴、花序、花萼和荚果均被长硬毛。羽状复叶长2.5～10cm；叶柄长约1cm，叶轴上面有槽；小叶3～5对，对生，倒卵形或长圆形，长3～3.5cm，宽1～2cm，先端圆钝，两面有伏贴毛，侧脉4～6对；小叶柄长约2mm。总状花序长10～25cm，花密集；苞片线形，长约4mm；花梗长约1mm；花萼长约4mm；花冠红色，长4～5mm，外面有柔毛。荚果圆柱形，长1.5～2cm，径2.5～8mm，有种子6～8粒。花期7～9月。果期10～12月。

分布 钦州市：罕见；北海市：罕见；防城港市：罕见。

用途 观赏。

类型 浪花飞溅区植物。

雾水葛

Pouzolzia zeylanica (L.) Benn.

特征 多年生草本。茎直立或渐升，高12~40cm，不分枝，通常在基部或下部有1~3对对生的长分枝，枝条不分枝或有少数极短的分枝，有短伏毛，或混有开展的疏柔毛。叶全部对生，或茎顶部的对生；叶片草质，卵形或宽卵形，长1.2~3.8cm，宽0.8~2.6cm，短分枝的叶很小，长约6mm，顶端短渐尖或微钝，基部圆形，边缘全缘，两面有疏伏毛，或有时下面的毛较密，侧脉1对；叶柄长0.3~1.6cm。团伞花序通常两性，直径1~2.5mm。花期秋季。

分布 钦州市：少见；北海市：常见；防城港市：常见。

用途 药用。

类型 浪花飞溅区植物。

积雪草（雷公根）

Centella asiatica (L.) Urban

特征 匍匐草本，幼时常具柔毛。茎细而伸长。叶簇生茎节处；叶片圆形、肾形或马蹄形，长1～3cm，宽1.5～5cm；背面脉上有时疏生柔毛；叶柄比叶片长2～4倍；托叶2，膜质，卵形，长约5mm，宽约3mm，时常早萎或脱落。单伞形花序头状；花序梗长0.2～1.5cm，2～4个聚生叶腋；每单伞花序有花3～4；花瓣紫红色或黄白色，长约2mm。果实圆形，两侧极扁压，长2～3mm。花果期5～10月。

分布 钦州市：常见；北海市：很常见；防城港市：很常见。

用途 食用（野菜，保健饮料），药用。

类型 浪花飞溅区植物。

天胡荽

Hydrocotyle sibthorpioides Lam.

特征　多年生草本，有气味。茎细长而匍匐，平铺地上成片，节上生根。叶片膜质至草质，圆形或肾圆形，长0.5～1.5cm，宽0.8～2.5cm，基部心形，两耳有时相接，不分裂或5～7裂，裂片阔倒卵形，边缘有钝齿，表面光滑；叶柄长0.7～9cm。伞形花序与叶对生，单生于节上；花序梗纤细，短于叶柄1～3.5倍；小伞形花序有花5～18，花无柄或几无柄，花瓣长约1.2mm，绿白色。果实略呈心形，长1～1.4mm。花果期4～9月。

分布　钦州市：少见；北海市：常见；防城港市：常见。

用途　药用。

类型　浪花飞溅区植物。

水田白

Mitrasacme pygmaea R. Br.

特征　一年生草本，高达20cm。茎直立，纤细，不分枝或从基部分枝，被长硬毛，老渐无毛。叶对生，疏离，在茎基部呈莲座式轮生，叶片卵形、长圆形或线状披针形，长4～12mm，宽1～5mm，下面、边缘及叶脉被白色长硬毛，老时近无毛。花单生于侧枝的顶端或数朵组成稀疏而不规则的伞形花序；花梗纤细，长5～9mm；花冠白色或淡黄色，钟状，长3～6mm，花冠裂片4，长达1.5mm；雄蕊4枚，内藏。朔果近圆球状，直径约3mm。花期6～7月，果期8～9月。

分布　钦州市：罕见；北海市：无；防城港市：罕见。

用途　药用。

类型　浪花飞溅区植物。

长春花

Catharanthus roseus (L.) G. Don

特征　草本或亚灌木，有水液，全株无毛或仅有微毛。叶膜质，倒卵状长圆形，长3～4cm，宽1.5～2.5cm，先端浑圆，有短尖头。聚伞花序有花2～3朵；子房和花盘与属的特征相同。蓇葖果双生，直立，平行或略叉开，长约2.5cm，直径3mm；外果皮厚纸质，有条纹，被柔毛；种子黑色，长圆状圆筒形，两端截形，具有颗粒状小瘤。花果期几乎全年。

分布　钦州市：罕见；北海市：少见；防城港市：罕见。原产非洲东部，作为花卉栽培，已逸为野生。

用途　药用，有毒，观赏。

类型　浪花飞溅区植物；外来入侵种。

耳草

Hedyotis auricularia L.

特征 多年生、近直立或平卧的粗壮草本，高30～100cm。小枝被短硬毛，幼时近方柱形。叶对生，近革质，披针形或椭圆形，长3～8cm，宽1～2.5cm，顶端短尖或渐尖，下面常被粉末状短毛；侧脉每边4～6条；叶柄长2～7mm；托叶膜质，被毛，合生成一短鞘，顶部5～7裂，裂片线形或刚毛状。聚伞花序腋生，密集成头状，无总花梗；花几无梗；萼管长约1mm，萼檐裂片4；花冠白色，管长1～1.5mm，花冠裂片4，长1.5～2mm，广展。花期3～8月。

分布 钦州市：少见；北海市：少见；防城港市：少见。

用途 药用。

类型 浪花飞溅区植物。

伞房花耳草

Hedyotis corymbosa (L.) Lam.

特征　一年生柔弱披散草本，高10～50cm。枝无毛或在棱上被疏短柔毛，分枝多。叶对生，近无柄，膜质，线形或线状披针形，长1～2.5cm，宽1～3mm，先端短尖，中脉在叶面下陷；托叶膜质，鞘状，长1～1.5mm，顶部有数条短刺。花序腋生，伞房花序式排列，有花2～5朵，稀单花，总花梗纤细如丝，长5～10mm；花4数，花梗纤细；花冠白色或淡红色，管状，长2.2～2.5mm。蒴果球形，直径1.5～1.8mm。花果期几乎全年。

分布　钦州市：少见；北海市：常见；防城港市：常见。

用途　药用。

类型　浪花飞溅区植物。

白花蛇舌草
Hedyotis diffusa Willd.

茜草科
耳草属

特征　一年生无毛纤细披散草本，高20～50cm。叶对生，无柄，膜质，线形，长1～3cm，宽1～3mm；中脉在上面下陷；托叶长1～2mm，顶部芒尖。花4数，单生或双生于叶腋；花梗略粗壮，长2～5mm，罕无梗或偶有长达10mm的花梗；花冠白色，管形，长3.5～4mm。蒴果扁球形，直径2～2.5mm，宿存萼檐裂片长1.5～2mm。花期春季。

分布　钦州市：少见；北海市：少见；防城港市：少见。

用途　药用。

类型　浪花飞溅区植物。

松叶耳草

Hedyotis pinifolia Wall.

特征　柔弱多分枝披散草本，高10～25cm。枝纤细，锐四棱柱形。叶丛生，很少对生，无柄，坚硬而挺直，线形，长12～25mm，宽1～2mm；中脉在上面压入。团伞花序有花3～10朵，顶生和腋生，无总花梗；苞片披针形，长3～4mm；花4数，具长0.8～1mm的花梗；萼管长1～1.5mm，被疏硬毛；花冠管状，长8～8.5mm，管长4～4.2mm。蒴果近卵形，长2.5～3mm，直径1.5～2mm，中部以上被疏硬毛。花期5～8月。

分布　钦州市：罕见；北海市：罕见；防城港市：罕见。

用途　药用。

类型　浪花飞溅区植物。

盖裂果

Mitracarpus hirtus (L.) DC.

特征 直立、分枝、被毛草本，高40～80cm。茎被疏粗毛。叶无柄，长圆形或披针形，长3～4.5cm，宽0.7～1.5cm，顶端短尖，基部渐狭，上面粗糙或被极疏短毛，边缘粗糙；叶脉纤细而不明显。花细小，簇生于叶腋内，有线形与萼近等长的小苞片；花冠漏斗形，长2～2.2mm，管内和喉部均无毛。果近球形，直径约1mm。花期4～6月。

分布 钦州市：常见；北海市：很常见；防城港市：很常见。

类型 浪花飞溅区植物；外来入侵种；广西新记录。

墨苜蓿
Richardia scabra L.

特征　一年生匍匐或近直立草本，长可至80cm。茎被硬毛，节上无不定根，疏分枝。叶厚纸质，卵形、椭圆形或披针形，长1～5cm或过之，顶端通常短尖，钝头，两面粗糙，边上有缘毛；叶柄长约5～10mm。头状花序有花多朵，顶生，几无总梗，总梗顶端有1或2对叶状总苞，分为2对时，则里面1对较小；花6或5数；萼长2.5～3.5mm，被缘毛；花冠白色，漏斗状或高脚碟状，管长2～8mm，里面基部有一环白色长毛，裂片6，盛开时星状展开。花期春夏间。

分布　钦州市：少见；北海市：少见；防城港市：少见。

类型　浪花飞溅区植物；外来入侵种；广西新记录。

阔叶丰花草

Spermacoce alata Aublet

特征 披散、粗壮草本，被毛。茎和枝均为明显的四棱柱形，棱上具狭翅。叶椭圆形或卵状长圆形，长2～7.5cm，宽1～4cm，先端锐尖或钝，边缘波浪形，侧脉5～6对；叶柄长4～10mm；托叶膜质，被粗毛，顶部有数条长于鞘的刺毛。花数朵丛生于托叶鞘内，无花梗；小苞片略长于花萼；花萼裂片4，长2mm；花冠漏斗形，浅紫色，稀白色，长3～6mm，花冠裂片4；柱头2裂。蒴果椭圆形，长约3mm，直径约2mm，被毛。花期7月，果期10～11月。

分布 钦州市：常见；北海市：很常见；防城港市：很常见。

类型 浪花飞溅区植物；外来入侵种。

糙叶丰花草

Spermacoce hispida L.

特征　平卧草本。枝四棱柱形，棱上具粗毛，节间延长。叶革质，长圆形、倒卵形或匙形，长1～3cm，宽5～15mm，基部楔形而下延，边缘粗糙或具缘毛，干时常背卷；侧脉每边约3条，不明显；叶柄长1～4mm，扁平；托叶膜质，被粗毛，顶部有数条长于鞘的刺毛。花4～6朵聚生于托叶鞘内，无梗；花冠淡红色或白色，漏斗形，管长4～4.5mm，顶部4裂，裂片长1.5mm。蒴果椭圆形，长3～5mm。花果期5～8月。

分布　钦州市：罕见；北海市：少见；防城港市：无。

类型　浪花飞溅区植物。

光叶丰花草

Spermacoce remota Lam.

特征　多年生草本。茎近圆柱状至近正方形、具槽或棱，无毛或棱上具短缘毛。叶柄无至具长约3mm的短柄；叶片纸质，狭椭圆形至披针形，长10～45mm，宽4～16mm，被微柔毛，后脱落；托叶鞘1～3mm，具5～7条长0.5～2mm刺毛。花序近球形，直径5～12mm，多花；花冠白色，漏斗状；花冠筒0.5～1.5mm，喉部有短柔毛。蒴果长1.8～2mm。花期6～9月，果期8～12月。

分布　钦州市：少见；北海市：少见；防城港市：少见。

类型　浪花飞溅区植物；外来入侵种。

鬼针草（白花鬼针草）
Bidens pilosa L.

特征　一年生草本。茎直立，钝四棱形。中部叶柄长1.5～5cm，三出，小叶常3枚，顶生小叶较大，长椭圆形或卵状长圆形，长3.5～7cm，先端渐尖，基部渐狭或近圆形，具长1～2cm的柄，边缘有锯齿。头状花序直径8～9mm，有长1～6cm的花序梗。总苞片7～8枚，草质。头状花序边缘常具舌状花5～7枚或更少，舌片椭圆状倒卵形，白色，长5～8mm，宽3.5～5mm，先端钝或有缺刻。瘦果黑色，条形，略扁，具棱，长7～13mm，宽约1mm，顶端芒刺3～4枚，具倒刺毛。全年都可开花。

分布　钦州市：很常见；北海市：很常见；防城港市：很常见。

用途　食用（野菜），药用，饲用。

类型　浪花飞溅区植物；外来入侵种。

柔毛艾纳香
Blumea axillaris (Lam.) DC.

特征 草本。茎直立，高60～90cm，被开展的白色长柔毛，杂有具柄腺毛。下部叶有长达1～2cm的柄，长7～9cm，宽3～4cm；中部叶具短柄，倒卵形至倒卵状长圆形，长3～5cm，宽2.5～3cm；上部叶渐小，近无柄。头状花序多数，径3～5mm，通常3～5个簇生，再排成大圆锥花序，花序柄长达1cm，被密长柔毛；总苞圆柱形，长约5mm，总苞片近4层。花紫红色或花冠下半部淡白色。瘦果长约1mm，冠毛白色，长约3mm。花期几乎全年。

分布 钦州市：罕见；北海市：罕见；防城港市：罕见。

用途 药用。

类型 浪花飞溅区植物。

石胡荽

菊科
石胡荽属

Centipeda minima (L.) A. Br. et Aschers.

特征　一年生小草本。茎多分枝，高5～20cm，匍匐状，微被蛛丝状毛或无毛。叶互生，楔状倒披针形，长7～18mm，顶端钝，边缘有少数锯齿，无毛或背面微被蛛丝状毛。头状花序小，扁球形，直径约3mm，单生于叶腋，无花序梗或极短；总苞半球形；总苞片2层；边缘花雌性，淡绿黄色；盘花两性，淡紫红色。瘦果椭圆形，长约1mm，具4棱，无冠状冠毛。花果期6～10月。

分布　钦州市：少见；北海市：少见；防城港市：少见。

用途　药用。

类型　浪花飞溅区植物。

飞机草

Chromolaena odorata (L.) R. M. King & H. Robinson

特征 多年生直立草本。分枝粗壮，常对生。叶对生，卵形、三角形或卵状三角形，长4～10cm，宽1.5～5cm，质地稍厚，柄长1～2cm，两面被长柔毛及红棕色腺点，顶端急尖，基出三脉，边缘有粗大而不规则的圆锯齿或全缘。头状花序排成伞房状或复伞房状花序。花序梗粗壮，密被稠密的短柔毛。总苞圆柱形，长1cm，宽4～5mm；总苞片3～4层；全部苞片有3条宽中脉。花白色或粉红色，花冠长5mm。瘦果黑褐色，长4mm，5棱。花果期4～12月。

分布 钦州市：少见；北海市：很常见；防城港市：少见。

用途 药用，香精香料。

类型 浪花飞溅区植物；外来入侵种。

蓟（大蓟）

Cirsium japonicum Fisch. ex DC.

特征 多年生草本。茎直立，全部茎枝有条棱，被多细胞长节毛。基生叶较大，长8～20cm，宽2.5～8cm，羽状深裂或几全裂，侧裂片6～12对，边缘有稀疏大小不等小锯齿，齿顶针刺长可达6mm。全部茎叶两面绿色，沿脉有稀疏的多细胞节毛。头状花序直立。总苞钟状，直径3cm。总苞片约6层，外层有长1～2mm的针刺。小花红色或紫色，长2.1cm，檐部长1.2cm。冠毛浅褐色，多层，长达2cm。瘦果压扁，长4mm，宽2.5mm，顶端斜截形。花果期3～11月。

分布 钦州市：罕见；北海市：罕见；防城港市：罕见。

用途 药用，观赏。

类型 浪花飞溅区植物。

鳢肠（旱莲草）

Eclipta prostrata (L.) L.

菊科
鳢肠属

特征　一年生草本。茎常自基部分枝，被贴生糙毛。叶长圆状披针形或披针形，无柄或有极短的柄，长3～10cm，宽0.5～2.5cm，顶端尖或渐尖，边缘有细锯齿或有时仅波状，两面被密硬糙毛。头状花序径6～8mm，有长2～4cm的细花序梗；总苞球状钟形，总苞片绿色，5～6个排成2层；外围雌花2层，舌状，长2～3mm，中央的两性花多数，花冠管状，白色，长约1.5mm，顶端4齿裂；花托凸。瘦果长2.8mm，雌花的瘦果三棱形，两性花的瘦果扁四棱形，无毛。花期6～9月。

分布　钦州市：少见；北海市：少见；防城港市：少见。

用途　药用。

类型　浪花飞溅区植物。

地胆草

Elephantopus scaber L.

特征　茎直立，高20～60cm。常二歧分枝，稍粗糙，密被白色贴生长硬毛。基部叶在花期生存，莲座状，匙形或倒披针状匙形，长5～18cm，宽2～4cm，顶端圆钝，基部渐狭成宽短柄，边缘有锯齿；茎叶少数而小，向上渐小，两面被毛。头状花序多数；总苞狭，长8～10mm，宽约2mm；花4个，淡紫色或粉红色，花冠长7～9mm。瘦果长圆状线形，长约4mm；冠毛污白色。花期7～11月。

分布　钦州市：常见；北海市：少见；防城港市：少见。

用途　药用。

类型　浪花飞溅区植物。

一点红

Emilia sonchifolia (L.) DC.

特征 一年生草本，高25～40cm。基生叶和茎下部叶大头羽状分裂，长5～10cm，顶裂片大，边缘有不整齐齿；侧裂片1对；叶背常紫红色，两面被短卷毛；叶柄具宽翅；中上部叶较小，基部抱茎，全缘或有细齿。头状花序长8mm，花后伸长达14mm，下垂，通常2～5朵，排列成疏伞房花序；花序梗长2.5～5cm；总苞筒形，长8～14mm，宽5～8mm；总苞片8～9枚，背面无毛；小花粉红色或紫色，管状，长9mm。瘦果长3～4mm，具5肋；冠毛白色。花果期7～10月。

分布 钦州市：很常见；北海市：很常见；防城港市：很常见。

用途 食用（野菜，保健饮料），药用。

类型 浪花飞溅区植物。

小蓬草

Erigeron canadensis L.

特征　一年生草本，高30～100cm。茎直立，上部多分枝，茎和枝具纵棱，与叶均被具节长硬毛。叶多数密集，基部叶在花期枯萎，下部叶狭倒披针形、线状倒披针形或线状披针形，长3～8cm，宽0.2～1cm；中部和上部叶渐小，全缘或稀具1～2齿，全部叶先端渐尖或急尖。头状花序径3～5mm，大型圆锥状花序；总苞半球形，总苞片2～3层；雌花花冠长2.5～3.5mm；两性花花冠黄白色或白色，长2.5～3.5mm。瘦果长1～1.2mm；冠毛1层，污白色，糙毛状，长2.5～3.5mm。花果期3～9月。

分布　钦州市：常见；北海市：很常见；防城港市：很常见。生于林下、灌丛下、草坡、路边、田边和荒地。

特性　适应性强，分布广泛，在各种生境中均有发现。该种在广西钦州茅尾海分布于典型的潮间带生境。

用途　药用，饲用。

类型　浪花飞溅区植物；外来入侵种。

香丝草（左）和小蓬草（右）

白子菜

Gynura divaricata (L.) DC.

特征　多年生草本，高20～60cm，稍带紫色。叶常集生茎下部，具柄或近无柄，卵形、椭圆形或倒披针形，长2～15cm，基部楔状下延成柄，或近平截或微心形，边缘具粗齿，有时提琴状裂，稀全缘，下面带紫色，侧脉3～5对两面被柔毛；叶柄长0.5～4cm，有柔毛；上部叶渐小。头状花序3～5排成疏伞房状圆锥花序，花序梗长1～15cm，密被柔毛；总苞钟状，长0.8～1cm，基部有线状或丝状小苞片；小花橙黄色，略伸出总苞。瘦果圆柱形，冠毛白色。花果期8～10月。

分布　钦州市：罕见；北海市：罕见；防城港市：罕见。

特性　适应性强，分布广泛，在各种生境中均有发现。

用途　食用（野菜），药用，饲用。

类型　浪花飞溅区植物。

白凤菜

Gynura formosana Kitam.

特征 多年生草本。茎下部平卧，被短糙毛，基部叶花期凋落，下部和中部叶具柄。叶片肉质，长4~6cm，宽2~4cm，顶端钝，叶柄基部有1对耳状假托叶，两面被贴生短毛；上部叶小，无柄，基部有假托叶。头状花序2~5，通常3个在上端排成疏伞房状，直径15~18mm；花序梗长5~7cm，被短柔毛；总苞筒状，长11mm，宽12~15mm；总苞片1层，12~14枚，花冠黄色，长14~15mm。瘦果圆柱形，长4~4.5mm，具10条肋。冠毛白色，长约10mm。花果期5~7月。

分布 钦州市：少见；北海市：罕见；防城港市：罕见。

用途 食用（野菜），药用，饲用。

类型 浪花飞溅区植物。

泥胡菜

Hemisteptia lyrata (Bunge) Fischer & C. A. Meyer

特征 一年生草本。茎被疏蛛丝状毛，上部常分枝。基生叶花期常枯萎；全部叶大头羽状深裂或几全裂，稀不裂，侧裂片2~6对，顶裂片大，全部裂片边缘有锯齿或重锯齿；全部茎叶质地薄，两面异色，正面绿色，无毛，背面灰白色，被茸毛；基生叶及下部茎叶柄长达83cm，柄基扩大抱茎，上部茎叶的叶柄渐短。头状花序在枝顶排成疏松伞房花序，少有单生；总苞直径1.5~33cm；小花紫色或红色，花冠长1.43cm，深5裂。冠毛异型，白色，两层。花果期3~8月。

分布 钦州市：少见；北海市：少见；防城港市：少见。

用途 食用（野菜），药用，饲用。

类型 浪花飞溅区植物。

匍枝栓果菊

Launaea sarmentosa (Willd.) Merr. et Chun

特征 多年生匍匐草本。匍匐茎有稀疏的节，节上生不定根及莲座状叶，全部植株光滑无毛。基生叶多数，莲座状，倒披针形，长3～8cm，宽0.6～1cm，羽状浅裂或稍大头羽状浅裂、或边缘浅波状锯齿；全部叶向基部渐狭成短翼柄或无柄，两面无毛。头状花序约含14枚舌状小花，单生于莲座状叶丛中；舌状小花黄色，舌片顶端5齿裂。瘦果钝圆柱状，有4条大而钝的纵肋，长3.8mm；冠毛白色，纤细，长6mm。花果期6～12月。

分布 钦州市：罕见；北海市：罕见；防城港市：无。生于海滨沙地、空旷处。

特性 喜光，耐旱，喜生长于海滨沙地、空旷处。

类型 浪花飞溅区植物。

卤地菊

Melanthera prostrata (Hemsley) W. L. Wagner & H. Robinson

特征　一年生草本。茎匍匐。枝、叶、疏被短糙毛。叶无柄或有短柄，叶片披针形或长圆状披针形，连叶柄长1～4cm，宽4～9mm。头状花序少数，径约10mm，单生茎顶或上部叶腋内，无花序梗或有1～6mm长短梗；总苞近球形，径约9mm；总苞片2层，外层长4～6mm，内层长约6mm；舌状花1层，黄色，舌片长7～9mm，宽约3mm，顶端3浅裂；管状花黄色，长6～7mm，5裂。瘦果倒卵状三棱形，长约4mm，宽2.5～3mm。无冠毛。花期6～10月。

分布　钦州市：罕见；北海市：罕见；防城港市：无。

特性　喜光，耐旱，喜生于海岸干燥沙地。

用途　药用。

类型　浪花飞溅区植物。

银胶菊

Parthenium hysterophorus L.

特征 一年生草本。茎直立，高0.5～1m，多分枝，具条纹，被短柔毛。下部和中部叶二回羽状深裂，全形卵形或椭圆形，连叶柄长10～19cm，宽6～11cm，羽片3～4对，卵形，长3.5～7cm，小羽片卵状或长圆状，常具齿，顶端略钝，两面被毛；上部叶无柄，羽裂，全缘或具齿。头状花序多数，径3～4mm，在茎枝顶端排成开展的伞房花序，花序柄长3～8mm，被粗毛；总苞宽钟形或近半球形，径约5mm，长约3mm。舌状花1层，5个，白色，长约1.3mm。花期4～10月。

分布 钦州市：少见；北海市：常见；防城港市：少见。

类型 浪花飞溅区植物；外来入侵种。

翼茎阔苞菊

Pluchea sagittalis (Lam.) Cabrera

特征　多年生直立草本，高1～1.5m，直径约1.5cm。全株具浓厚的芳香气味。茎多分枝，枝条密被绒毛。叶基部向茎延伸形成明显的翼。叶互生，披针形或阔披针形，中部叶片长6～12cm，宽2.5～4cm，两面疏被腺毛，顶端尖，边缘具锯齿，基部渐狭，无柄。头状花序盘状，具异形小花，直径7～10mm，在茎枝顶端排列为复伞房花序；苞片4或5层；外层雌花多数，花冠白色，长3～3.5mm，顶端3浅裂，冠毛白色。花果期3～10月。

分布　钦州市：罕见；北海市：罕见；防城港市：罕见。

类型　浪花飞溅区植物；广西新记录。

假臭草

Praxelis clematidea Cassini

特征 一年生草本。全株被长柔毛，茎直立，高0.3～1m，多分枝。叶对生，卵圆形至菱形，具腺点；边缘齿状，先端急尖，某部圆楔形，具三脉；叶柄长0.3～2cm。头状花序于茎、枝端，总苞钟形，小花25～30，蓝紫色；花冠长3.5～4.8mm。瘦果长2～3mm，黑色，具白色冠毛。花果期全年。

分布 钦州市：很常见；北海市：很常见；防城港市：很常见。

类型 浪花飞溅区植物；外来入侵种。

三裂蟛蜞菊（南美蟛蜞菊）

Sphagneticola trilobata (L.) Pruski

特征　多年生草本，茎匍匐。叶对生、具齿，椭圆形、长圆形或线形，长4～9cm，宽2～5cm，呈三浅裂，叶面有光泽，两面被贴生的短粗毛，几近无柄。头状花序宽约2cm，连柄长达4cm，花黄色，小花多数；假舌状花呈放射状排列于花序四周。瘦果长约4mm。花期几乎全年。

分布　钦州市：常见；北海市：常见；防城港市：常见。原产南美洲，常逸为野生。

用途　观赏，生态防护。

类型　浪花飞溅区植物；外来入侵种。

钻叶紫菀

Symphyotrichum subulatum (Michx.) G.L.Nesom

特征 一年生直立草本。茎和分枝具粗棱，光滑无毛。基生叶花期凋落；茎生叶多数，披针状线形，长2～10（～15）cm，宽0.2～1.2（～2.3）cm，边缘常全缘，两面绿色，光滑无毛，上部叶渐小，全部叶无柄。头状花序极多数，径7～10mm，于茎和枝先端排列成疏圆锥状花序；总苞钟形，径7～10mm；总苞片3～4层，光滑无毛；雌花花冠舌状，舌片淡红色、红色、紫红色或紫色；两性花花冠管状。瘦果长1.5～2mm，冠毛1层，长3～4mm。花果期6～10月。

分布 钦州市：很常见；北海市：很常见；防城港市：很常见。生于山坡灌丛中、草坡、沟边、路旁或荒地。

类型 浪花飞溅区植物；外来入侵种。

金腰箭

Synedrella nodiflora (L.) Gaertn.

特征　一年生草本，高30～100cm。茎直立，圆柱形，具二歧状分枝，茎和枝被白色向上、贴生的糙毛。叶对生，叶片卵形、长卵形至披针形，长2～9cm，宽1～4.5cm，先端急尖，边缘具整齐的圆锯齿或稀近全缘，两面被糙伏毛，离基三出脉；叶柄长0.3～1.5cm，具翅，被糙伏毛。头状花序径4～5mm，2～6个簇生于茎和枝先端或叶腋；花序梗短或近无；雌花花冠舌状，长3.2～4.2mm；两性花花冠管状，长3～4mm。雌花的瘦果长4.5～5mm。花果期5～11月。

分布　钦州市：少见；北海市：常见；防城港市：常见。生于山谷灌丛、路边草地、旷野或耕地。

类型　浪花飞溅区植物；外来入侵种。

夜香牛

Vernonia cinerea (L.) Less.

　　特征　草本。茎直立，常上部分枝，被灰色贴生短柔毛，具腺。下部和中部叶具柄，长3～6.53cm，宽1.5～33cm，基部渐狭成具翅的柄，边缘有具小尖的疏锯齿或波状，两面均有腺点；叶柄长10～20mm；上部叶渐小，具短柄或近无柄。头状花序直径6～8mm，在茎枝端排列成伞房状圆锥花序；花序梗细，长5～15mm；总苞钟状，长4～5mm，宽6～8mm；花淡红紫色，花冠管状，长5～6mm。瘦果圆柱形，长约2mm；冠毛白色，长4～5mm。花期全年。

　　分布　钦州市：常见；北海市：常见；防城港市：常见。生于干热的空旷地、草坡或疏林下。

　　用途　药用。

　　类型　浪花飞溅区植物。

孪花菊（孪花蟛蜞菊）

Wollastonia biflora (L.) DC.

特征　攀缘状草本。茎粗壮，长1～1.5m，径约5mm。下部叶有长达2～4cm的柄，叶片卵形至卵状披针形，连叶柄长9～25cm，宽4～11cm，边缘有规则的锯齿，两面被贴生的短糙毛，主脉3条；上部叶较小。头状花序少数，径可达2cm，生叶腋和枝顶，有时孪生，花序梗长2～4（6）cm，被向上贴生的短粗毛；总苞径8～12mm；总苞片2层；舌状花1层，黄色，舌片长约8mm，宽约4mm，顶端2齿裂；管状花花冠黄色，长约4mm。瘦果长约4mm，宽近3mm，无冠毛。花期几全年。

分布　钦州市：少见；北海市：常见；防城港市：常见。

类型　浪花飞溅区植物。

苦蘵

Physalis angulata L.

特征　一年生草本。被疏短柔毛或近无毛。茎多分枝。叶柄长1～5cm，叶片卵形至卵状椭圆形，全缘或有不等大的牙齿，两面近无毛，长3～6cm，宽2～4cm。花梗长5～12mm；花冠淡黄色，喉部常有紫色斑纹，长4～6mm，直径6～8mm；花药蓝紫色或有时黄色。浆果直径约1.2cm，包于膨大中空的花萼里。花期5～7月，果期7～12月。

分布　钦州市：少见；北海市：少见；防城港市：少见。生于山谷林下及村边路旁。

用途　药用，有毒。果形奇特，可盆栽观赏，或片植作地被植物。

类型　浪花飞溅区植物；外来入侵种。

龙葵（白花菜）

Solanum nigrum L.

茄科
茄属

特征　一年生草本。叶卵形，长2.5～10cm，宽1.5～5.5cm，先端短尖，基部楔形至阔楔形而下延至叶柄，全缘或每边具不规则的波状粗齿，叶脉每边5～6条，叶柄长1～2cm。蝎尾状花序腋外生，由3～6～（10）花组成，总花梗长1～2.5cm，花梗长约5mm；花冠白色，筒部隐于萼内，长不及1mm，冠檐长约2.5mm，5深裂，裂片长约2mm；花药黄色；花柱长约1.5mm，中部以下被白色绒毛。浆果球形，直径约8mm，熟时黑色。全年均可开花结果。

分布　钦州市：很常见；北海市：很常见；防城港市：很常见。生于田边、荒地及村庄附近。

用途　食用（野菜），药用。

类型　浪花飞溅区植物。

土丁桂

Evolvulus alsinoides (L.) L.

特征　多年生草本，平卧或上升，细长。枝、叶、花梗具贴生的柔毛。叶长圆形，椭圆形或匙形，长（7）15～25mm，宽5～9（10）mm，先端钝及具小短尖，侧脉两面不明显；叶柄短至近无柄。总花梗丝状，长2.5～3.5cm；花单一或数朵组成聚伞花序；苞片长1.5～4mm；萼片披针形，长3～4mm；花冠辐状，直径7～8（～10）mm，蓝色或白色；雄蕊5枚，内藏。蒴果球形，无毛，直径3.5～4mm，4瓣裂。花期5～9月。

分布　钦州市：罕见；北海市：罕见；防城港市：罕见。

用途　药用。

类型　浪花飞溅区植物。

长蒴母草

Lindernia anagallis (Burm. F.) Pennell

特征　一年生草本，长10~40cm。茎下部匍匐，节上生根，有条纹，无毛。叶仅下部者有短柄；叶片三角状卵形、卵形或矩圆形，长4~20mm，宽7~12mm，顶端圆钝或急尖，基部截形或近心形，边缘有不明显的浅圆齿，侧脉3~4对，两面无毛。花单生于叶腋，花梗长6~10mm，在果中达2cm，无毛，萼长约5mm，仅基部联合，齿5，无毛；花冠白色或淡紫色，长8~12mm，上唇直立，2浅裂，下唇开展，3裂。蒴果条状披针形，比萼长约2倍。花期4~9月，果期6~11月。

分布　钦州市：少见；北海市：少见；防城港市：少见。

用途　药用。

类型　浪花飞溅区植物。

泥花草

Lindernia antipoda (L.) Alston

特征 一年生草本。枝基部匍匐，下部节上生根，弯曲上升，高可达30cm，茎枝有沟纹，无毛。叶片长0.3～4cm，宽0.6～1.2cm，顶端急尖或圆钝，基部下延有宽短叶柄，而近于抱茎，边缘有锯齿或近全缘，两面无毛。花多在茎枝之顶成总状；花梗有条纹，长可达1.5cm；萼仅基部联合，齿5；花冠紫色、紫白色或白色，长可达1cm，管长可达7mm，上唇2裂，下唇3裂。蒴果圆柱形。花、果期春季至秋季。

分布 钦州市：罕见；北海市：罕见；防城港市：罕见。

用途 药用。

类型 浪花飞溅区植物。

母草

Lindernia crustacea (L.) F. Muell

特征 草本；高10～20cm。常铺散成密丛，多分枝，枝弯曲上升，微方形有深沟纹，无毛。叶柄长1～8mm；叶片三角状卵形或宽卵形，长10～20mm，宽5～11mm，顶端钝或短尖，边缘有浅钝锯齿，上面近于无毛。花单生于叶腋或在茎枝之顶成极短的总状花序，花梗细弱，长5～22mm，有沟纹，近无毛；花萼坛状，长3～5mm；花冠紫色，长5～8mm，管略长于萼。蒴果椭圆形，与宿萼近等长。花、果期全年。

分布 钦州市：罕见；北海市：罕见；防城港市：罕见。

用途 药用。

类型 浪花飞溅区植物。

伏胁花（黄花过长沙舅）
Mecardonia procumbens Small

特征　多年生草本，高8～20cm。基部多分枝，铺散或多少外倾，全体无毛，植株干后常变黑。茎四棱形。叶对生，无柄或基部渐狭而有长2～5mm而带翅的柄；叶片椭圆形或卵形，长1～2cm，宽0.6～1.3cm，边缘具锯齿；两面无毛，上面具腺点；侧脉3～5对。花单生于叶腋，花梗长7～12mm；萼片5枚；花冠筒状，黄色，略长于萼片，长6～8mm，二唇形；雄蕊4枚，全育，2强；雌蕊长3.5～4mm，花柱短，柱头扁唇形。蒴果椭圆状，长约5mm，宽约2mm。花果期3～11月。

分布　钦州市：少见；北海市：少见；防城港市：少见。原产热带美洲及美国南部。

特性　适应能力较强，易成为杂草，容易危害农田、苗圃和城市绿地。

类型　浪花飞溅区植物；外来入侵种。

野甘草

Scoparia dulcis L.

特征　直立草本或为半灌木状，高可达100cm。茎多分枝，枝有棱角及狭翅，无毛。叶对生或轮生，菱状卵形至菱状披针形，长达35mm，宽达15mm，枝上部叶较小而多，顶端钝，基部长渐狭，全缘而成短柄，两面无毛。花单朵或成对生于叶腋，花梗细，长5～10mm，无毛；萼分生，齿4；花冠小，白色，直径约4mm，喉部生有密毛，瓣片4；雄蕊4枚，花柱挺直。蒴果卵圆形至球形，直径2～3mm。花期夏秋季。

分布　钦州市：少见；北海市：很常见；防城港市：很常见。生于荒地、路旁，亦偶见于山坡。

用途　药用。

类型　浪花飞溅区植物；外来入侵种。

轮叶离药草（轮叶孪生花）

Stemodia verticillata (Mill.) Hassler

特征　多年生草本，直立或斜卧，高4～17cm。嫩枝、叶柄及叶背皆被短绒毛。叶对生或轮生，叶柄长0.2～1cm，具翅；叶片卵形至椭圆形，叶缘锯齿明显，叶背中脉明显，叶片长0.8～1.4cm，宽0.3～0.9cm。花单生，花序生于叶腋，花梗长约1cm；花萼5深裂，裂片表面被绒毛，宿存；花冠紫色至深紫色，外面疏生毛，二唇形；雄蕊4枚，雌蕊1枚；二强雄蕊，着生于花冠管的约2/3处，花萼长于花冠，紫色花冠外被短绒毛。蒴果近扁球形至卵形。花期8～9月，果期9～10月。

分布　钦州市：少见；北海市：少见；防城港市：少见。原产于墨西哥、南美北部以及加勒比地区。

特性　喜生于阳光充足草地上，适应能力强，易成为杂草，主要危害农田、苗圃和城市绿地。

类型　浪花飞溅区植物；外来种。

假杜鹃

Barleria cristata L.

特征　草本或亚灌木。茎被柔毛。长枝叶柄长 3～6mm，叶片纸质，椭圆形、长椭圆形或卵形，长 3～10cm，宽 1.3～4cm，先端急尖，基部楔形下延，两面被长柔毛，全缘，侧脉 4～5（7）对，早落；腋生短枝的叶小，具短柄，长 2～4cm，宽 1.5～2.3cm。叶腋内常生 2 朵花。苞片叶形，无柄，小苞片长 10～15mm，宽约 1.5mm，先端具锐尖头，主脉明显，齿端具尖刺。花冠蓝紫色或白色，2 唇形，长 3.5～5cm，有时可达 7.5mm，冠檐 5 裂。蒴果长圆形，长 1.2～1.8cm，无毛。花期 11～12 月。

分布　钦州市：少见；北海市：少见；防城港市：少见。

用途　药用，观赏。

类型　浪花飞溅区植物。

过江藤

Phyla nodiflora (L.) E. L. Greene

特征 多年生草本。多分枝。全体有紧贴丁字状短毛。叶近无柄，匙形、倒卵形至倒披针形，长1～3cm，宽0.5～1.5cm，顶端钝或近圆形，基部狭楔形，中部以上的边缘有锐锯齿；穗状花序腋生，卵形或圆柱形，长0.5～3cm，宽约0.6cm，有长1～7cm的花序梗；苞片宽倒卵形，宽约3mm；花萼膜质，长约2mm；花冠白色、粉红色至紫红色，内外无毛；雄蕊短小；子房无毛。果淡黄色，长约1.5mm，内藏于膜质的花萼内。花果期6～10月。

分布 钦州市：少见；北海市：少见；防城港市：少见。

用途 药用。

类型 浪花飞溅区植物。

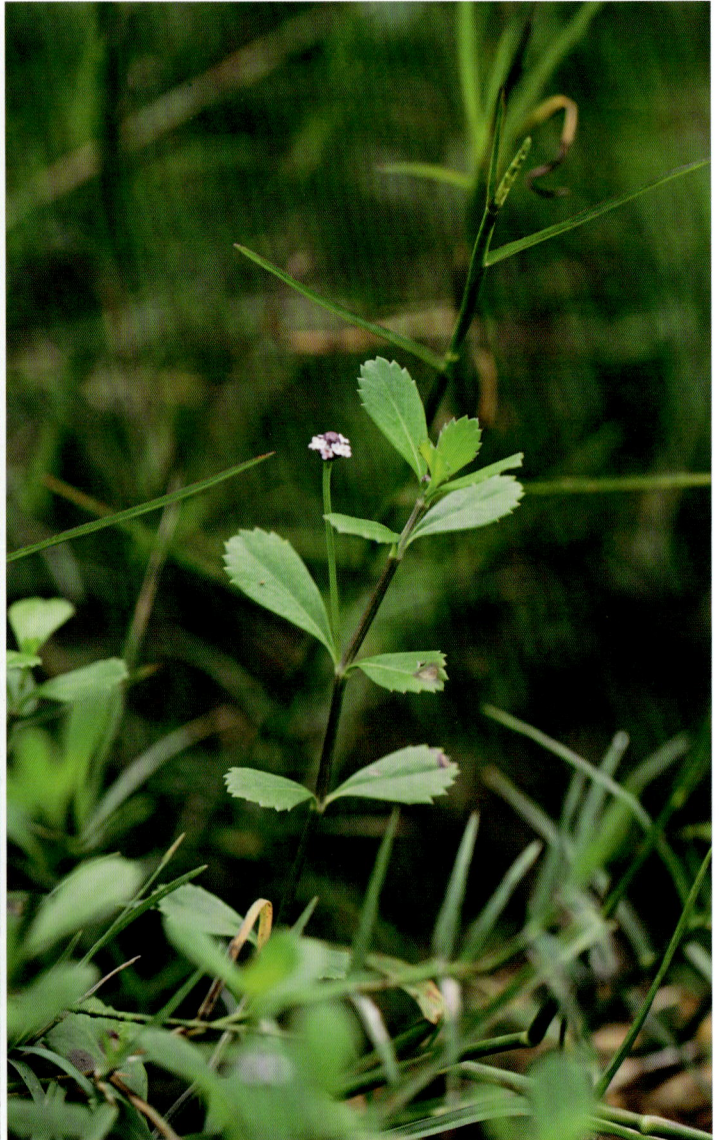

假马鞭

Stachytarpheta jamaicensis (L.) Vahl

马鞭草科
假马鞭属

特征 多年生粗壮草本或亚灌木，高0.6～2m。幼枝近四方形，疏生短毛。叶片厚纸质，椭圆形至卵状椭圆形，长2.4～8cm，顶端短锐尖，边缘有粗锯齿，两面均散生短毛，侧脉3～5；叶柄长1～3cm。穗状花序顶生，长11～29cm；花单生于苞腋内，一半嵌生于花序轴的凹穴中，螺旋状着生；苞片有纤毛，顶端有芒尖；花萼长约6mm；花冠深蓝紫色，长0.7～1.2cm，顶端5裂；雄蕊2枚，花丝短；花柱伸出；子房无毛。果内藏于膜质的花萼内。花期8月，果期9～12月。

分布 钦州市：罕见；北海市：少见；防城港市：罕见。

用途 药用。

类型 浪花飞溅区植物；外来入侵种。

各 论 339

广防风

Anisomeles indica (L.) Kuntze

特征 草本，直立，粗壮，分枝。茎高1～2m，四棱形，具浅槽，密被白色贴生短柔毛。叶阔卵圆形，长4～9cm，宽2.5～6.5cm，先端急尖或短渐尖，基部截状阔楔形，边缘有不规则的牙齿，草质，上面被短伏毛，下面有极密的白色短绒毛，叶柄长1～4.5cm。轮伞花序在主茎及侧枝的顶部排列成长穗状花序；苞片线形，长3～4mm；花萼钟形，长约6mm，齿5，果时增大；花冠淡紫色，长约1.3cm；雄蕊伸出；花柱丝状，无毛，先端2裂。花期9～10月，果期9～11月。

分布 钦州市：罕见；北海市：罕见；防城港市：少见。生于林缘或路旁等荒地上。

用途 药用。

类型 浪花飞溅区植物。

滨海白绒草

Leucas chinensis (Retz.) R. Br.

特征 草本或亚灌木，高10～30cm。枝条四棱形，略具沟槽，密生白色向上平伏绢状绒毛。叶小，无柄或近于无柄，卵圆形，长0.8～1.3cm，宽0.6～1cm，先端钝，基部宽楔形、圆形或近心形，纸质，基部以上具圆齿状锯齿，两面均被白色平伏绢状绒毛，侧脉2～3对。轮伞花序腋生，具3～8花；花萼管状钟形，长约5mm，脉10，齿10；花冠白色，长约1.1cm，冠筒细长，外面无毛；雄蕊4枚，内藏。花期11～12月，果期12月。

分布 钦州市：无；北海市：罕见；防城港市：无。

用途 药用。

类型 浪花飞溅区植物；广西新记录。

山香

Mesosphaerum suaveolens (L.) Kuntze

唇形科
山香属

特征 一年生、直立、多分枝草本，揉之有香气。茎钝四棱形，具四槽，被平展刚毛。叶卵形至宽卵形，长1.4～11cm，宽1.2～9cm，生于花枝上的较小，先端近锐尖至钝形，基部圆形或浅心形，常稍偏斜，边缘为不规则的波状，具小锯齿，薄纸质，两面均被疏柔毛。聚伞花序2～5花，着生于渐变小叶腋内，成总状花序或圆锥花序排列于枝上；花冠蓝色，长6～8mm；雄蕊4枚；花柱先端2浅裂。花、果期一年四季。

分布 钦州市：少见；北海市：少见；防城港市：少见。

用途 药用，油脂，香精香料。

类型 浪花飞溅区植物；外来入侵种。

饭包草

Commelina benghalensis L.

特征 多年生披散草本。茎大部分匍匐，节上生根，被疏柔毛。叶有明显的叶柄；叶片卵形，长3～7cm，宽1.5～3.5cm，顶端钝或急尖，近无毛；叶鞘口沿有疏而长的睫毛。总苞片常数个集于枝顶，长8～12mm；花序下面一枝具细长梗，具1～3朵不孕的花，伸出佛焰苞，上面一枝有花数朵，结实，不伸出佛焰苞；萼片长2mm，无毛；花瓣蓝色，圆形，长3～5mm；内面2枚具长爪。蒴果长4～6mm。花期夏秋。

分布 钦州市：少见；北海市：少见；防城港市：少见。生于沟边、路旁等的阴湿地。

用途 药用，饲用。

类型 浪花飞溅区植物。

鸭跖草

Commelina communis L.

特征 一年生披散草本。茎匍匐生根，多分枝，长可达1m。叶披针形至卵状披针形，长3～9cm，宽1.5～2cm。总苞片佛焰苞状，有1.5～4cm的柄，与叶对生，折叠状，展开后为心形，顶端短急尖，基部心形，长1.2～2.5cm，边缘常有硬毛；聚伞花序，下面一枝仅有花1朵，具长8mm的梗，不孕；上面一枝具花3～4朵，具短梗，几乎不伸出佛焰苞。萼片膜质，长约5mm，内面2枚常靠近或合生；花瓣深蓝色；内面2枚具爪，长近1cm。蒴果椭圆形，长5～7mm。花期7～12月。

分布 钦州市：常见；北海市：很常见；防城港市：很常见。常见生于湿地、路旁、村旁。

用途 药用，饲用。

类型 浪花飞溅区植物。

硬叶葱草

Xyris complanata R. Br.

特征　多年生草本。叶厚而坚挺，线形，长10～25（40）cm，宽1～3.5mm，顶端尖锐；叶鞘狭，长2.5～7.5cm。花葶直立，长10～40（～60）cm，宽1.2～2.5mm，扁圆形，边缘有2条革质粗糙的棱，常向左扭曲；头状花序长圆状卵形至圆柱形，长8～20mm，宽5～8mm；苞片长5～5.5mm，宽4～5mm，革质，淡褐色，背部常具龙骨状突起；花瓣黄色，长5～6mm，顶端边缘撕裂状；雄蕊3枚。蒴果卵形，长3～3.5mm。花期8～9月，果期9～10月。

分布　钦州市：无；北海市：无；防城港市：罕见。

类型　浪花飞溅区植物。

山菅（山菅兰）

Dianella ensifolia (L.) Redouté

特征　植株高可达1～2m。根状茎圆柱状，横走，粗5～8mm。叶狭条状披针形，长30～80cm，宽1～2.5cm，基部稍收狭成鞘状，套迭或抱茎，边缘和背面中脉具锯齿。顶端圆锥花序长10～40cm，分枝疏散；花常多朵生于侧枝上端；花梗长7～20mm，常稍弯曲，苞片小；花被片条状披针形，长6～7mm，绿白色、淡黄色至青紫色；花药条形，比花丝略长或近等长，花丝上部膨大。浆果近球形，深蓝色，直径约6mm；种子5～6粒。花果期3～8月。

分布　钦州市：常见；北海市：常见；防城港市：常见。生于林下、山坡或草丛中。

用途　药用，有毒。

类型　浪花飞溅区植物。

海芋（滴水观音）

Alocasia odora (Roxb.) K. Koch

特征　大型常绿草本。有直立地上茎，植株大小变异大。叶多数，叶柄粗厚，长可达1.5m；叶片亚革质，草绿色，箭状卵形，边缘波状，长50～90cm，宽40～90cm，有的长宽都在1m以上。花序柄2～3枚丛生，圆柱形；佛焰苞管部绿色，长3～5cm，先端喙状；肉穗花序芳香，雌花序白色，长2～4cm，不育雄花序绿白色，长（2.5～）5～6cm，能育雄花序淡黄色，长3～7cm；附属器淡绿色至乳黄色，长3～5.5cm，圆锥状，嵌以不规则的槽纹。浆果红色。全年可开花。

分布　钦州市：少见；北海市：常见；防城港市：常见。生于林缘、河谷、路旁、村旁。

用途　食用（淀粉），药用，有毒，观赏，油脂。

类型　浪花飞溅区植物。

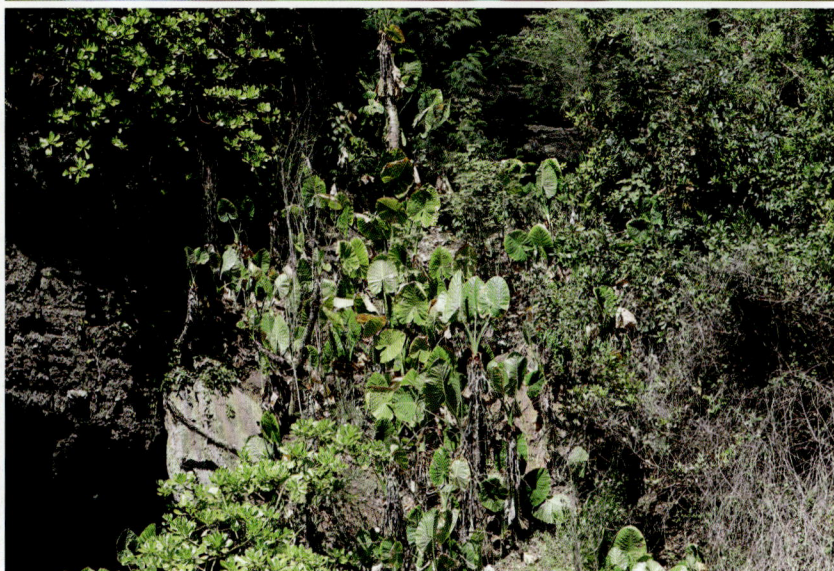

水烛

Typha angustifolia L.

特征　多年生，水生或沼生草本。有根状茎。地上茎直立，粗壮，高1.5～2.5（～3）m。叶片长54～120cm，宽0.4～1cm，中部以下腹面微凹，下部横切面呈半圆形，细胞间隙大，呈海绵状；叶鞘抱茎。雌雄花序相距2.5～7cm；雄花序轴具褐色扁柔毛，单出或分叉；叶状苞片1～3枚，花后脱落；雌花序长15～30cm，基部具1枚叶状苞片。花果期6～9月。

分布　钦州市：少见；北海市：少见；防城港市：少见。

用途　食用（野菜），药用，纤维，观赏。

类型　浪花飞溅区植物。

香蒲

Typha orientalis Presl

特征　多年生沼生草本，体高1～2m。茎直立。叶线形，宽0.5～1cm，长超过花序；叶鞘圆筒形，抱茎。雌花序和雄花序相连接；雄花序长3～5cm；雌花序长6～14cm，粗1～1.5cm；雌花无小苞片，有多数基生的白色长毛，花序外表常似覆盖着白绒；子房纺锤形，具长柄；花柱与子房柄近等长；柱头匙状披针形，棕色，常弯曲；雄花棕褐色。花果期5～8月。

分布　钦州市：少见；北海市：少见；防城港市：少见。生于水边、沼泽地。

用途　食用（野菜），药用，纤维，观赏。

类型　浪花飞溅区植物。

龙舌兰
Agave americana L.

特征　多年生植物。叶呈莲座式排列，通常30～40枚，有时50～60枚，大型，肉质，倒披针状线形，长1～2m，中部宽15～20cm，基部宽10～12cm，叶缘具有疏刺，顶端有1硬尖刺，刺暗褐色，长1.5～2.5cm。圆锥花序大型，长达6～12m，多分枝；花黄绿色；花被管长约1.2cm，花被裂片长2.5～3cm；雄蕊长约为花被的2倍。蒴果长圆形，长约5cm。开花后花序上生成的珠芽较少。花期5～6月。

分布　钦州市：罕见；北海市：罕见；防城港市：罕见。

用途　药用，纤维，观赏。

类型　浪花飞溅区植物；外来入侵种。

绶草（盘龙参）

Spiranthes sinensis (Pers.) Ames

特征　小草本。根数条，肉质。茎较短，近基部生2～5枚叶。叶片宽线形或宽线状披针形，直立伸展，长3～10cm，宽常5～10mm，基部收狭具柄状抱茎的鞘。花茎直立，长10～25cm；总状花序具多数密生的花，呈螺旋状扭转；花苞片卵状披针形；子房纺锤形，扭转，连花梗长4～5mm；花小，紫红色、粉红色或白色，在花序轴上呈螺旋状排生。花期7～8月。

分布　钦州市：无；北海市：罕见；防城港市：罕见。生于山坡、草地。

用途　药用，观赏。

类型　浪花飞溅区植物。

薄果草

Dapsilanthus disjunctus (Masters) B. G. Briggs & L. A. S. Johnson

特征 多年生草本。高40~70（~100）cm；根茎匍匐，木质粗壮，密被灰黄色绒毛；茎直立，圆柱状，不分枝或少分枝，径1.5~3mm，具细密条纹。叶鞘草质，紧密包茎，长1~1.5cm。花序由密集穗状花序排成稀疏的窄圆锥花序；花雌雄异株及杂性同株；雄花花被片4~6枚，外轮2枚对生，舟状，雄蕊3枚；雌花花被片6~8枚，长1~1.5mm；柱头通常3个。果椭圆形，长约1mm。花期4~7月，果期5~8月。

分布 钦州市：无；北海市：无；防城港市：常见。见于东兴市巫头村和港口区沙螺寮村。

用途 纤维。枝条可用于编制扫把、篮子等。

类型 浪花飞溅区植物。

球柱草

Bulbostylis barbata (Rottb.) C. B. Clarke

特征　一年生草本，无根状茎。秆丛生，细，无毛，高6～25cm。叶纸质，极细，长4～8cm，宽0.4～0.8mm；叶鞘薄膜质，边缘具白色长柔毛状缘毛。苞片2～3枚，极细，长1～2.5cm或较短；长侧枝聚伞花序头状，具密聚的无柄小穗3至数个；小穗披针形或卵状披针形，长3～6.5mm，宽1～1.5mm。小坚果倒卵状三棱形，长0.8mm，宽0.5～0.6mm。花果期4～10月。

分布　钦州市：少见；北海市：罕见；防城港市：罕见。

用途　药用。

类型　浪花飞溅区植物。

毛鳞球柱草

Bulbostylis puberula (Poir.) C. B. Clarke

莎草科
球柱草属

特征　一年生草本，无根状茎。秆丛生，细，无毛，高10～30cm。叶纸质，极细，长4～6cm，宽0.4～0.8mm；叶鞘薄膜质，顶端被长柔毛或长丝状毛。苞片2～3枚，叶状，线形，长不超过0.8cm；长侧枝聚伞花序分枝短，简单或复出，具小穗1～3个或多个；小穗长3～6mm，宽1～2mm；鳞片长1.5～2mm，背面具龙骨状突起，被短柔毛，边缘具缘毛；雄蕊1枚。花果期2～6月。

分布　钦州市：无；北海市：无；防城港市：罕见。见于东兴市巫头村。

用途　药用。

类型　浪花飞溅区植物；广西新记录。

354　广西滨海植物

异型莎草
Cyperus difformis L.

莎草科
莎草属

特征 一年生草本。秆丛生，高2～65cm，扁三棱形，平滑。叶短于秆，宽2～6mm。苞片2枚，少3枚，叶状，长于花序；长侧枝聚伞花序简单，少数为复出，具3～9个辐射枝，辐射枝长短不等，最长达2.5cm，或有时近于无花梗；头状花序球形，具极多数小穗，直径5～15mm；小穗密聚，长2～8mm，宽约1mm；小穗轴无翅。花果期7～10月。

分布 钦州市：少见；北海市：少见；防城港市：少见。

类型 浪花飞溅区植物。

各 论 355

疏穗莎草

Cyperus distans L. f.

特征 草本。根状茎短。秆稍粗壮，高35～110cm，扁三棱形，平滑。叶短于秆，宽4～6mm。叶状苞片4～6枚，下面的2～3枚较花序长，其余均短于花序；长侧枝聚伞花序复出或多次复出，具6～10个第一次辐射枝，辐射枝最长达15cm，每个辐射枝具3～5个第二次辐射枝，最上面的第二次辐射枝常由几个穗状花序组成一总状花序；小穗呈二列，排列松散，长8～40mm，宽不及1mm，稍呈圆柱状。花果期7～8月。

分布 钦州市：罕见；北海市：罕见；防城港市：罕见。

类型 浪花飞溅区植物。

畦畔莎草

Cyperus haspan L.

莎草科
莎草属

特征 草本。根状茎短缩，具许多须根。秆丛生或散生，稍细弱，高2～100cm，扁三棱形，平滑。叶短于秆，宽2～3mm，或有时仅剩叶鞘。苞片2枚，叶状，常较花序短；长侧枝聚伞花序复出或简单，少数为多次复出，具多数细长松散的第一次辐射枝，辐射枝最长达17cm；小穗通常3～6个呈指状排列，长2～12mm，宽1～1.5mm；小穗轴无翅。花果期几全年。

分布 钦州市：少见；北海市：少见；防城港市：少见。

类型 浪花飞溅区植物。

羽状穗砖子苗

Cyperus javanicus Houtt.

特征 草本。根状茎粗短，木质。秆粗壮，高35～105cm，钝三棱形。叶稍硬，革质，通常长于秆，宽8～10mm，基部折合；苞片5～6枚，叶状，较花序长；长侧枝聚伞花序复出；穗状花序圆筒状，长1.5～3cm，具多数小穗；小穗排列稍密，平展或稍下垂，肿胀，长4.5～5.5mm；小穗轴具宽翅。小坚果三棱形，黑褐色，具密的微突起细点。花果期6～7月。

分布 钦州市：无；北海市：罕见；防城港市：无。见于北海涠洲岛、斜阳岛。

特性 耐盐碱，耐旱，喜生于沿海沙地、盐碱沼泽、海岸边石缝。

类型 浪花飞溅区植物；广西新记录。

多枝扁莎
Cyperus polystachyos Rottboll

莎草科
莎草属

特征 草本。秆密丛生，高15～60cm，扁三棱形，坚挺，平滑。叶短于秆，宽2～4mm，稍硬。苞片4～6枚，叶状，长于花序；复出长侧枝聚伞花序具多数辐射枝，辐射枝有时短缩，有时延长达3.5cm，具多数小穗；小穗排列紧密，线形，长7～18mm，宽约1.5mm；小穗轴多次回折，具狭翅。小坚果双凸状，表面具微突的细点。花果期5～10月。

分布 钦州市：常见；北海市：少见；防城港市：少见。

类型 浪花飞溅区植物。

各 论 359

辐射砖子苗
Cyperus radians Nees et C. A. Mey. ex Nees

特征 草本。根状茎短缩。秆丛生，粗短，高1.5～5cm，常为丛生的狭叶所隐藏，平滑。叶厚而稍硬，宽2～3mm，常向内折合；叶鞘紫褐色。苞片3～7枚，叶状，等长或短于最长辐射枝；长侧枝聚伞花序简单，具2～7个辐射枝，其最长达10cm，常较秆长；头状花序具5至多数小穗，球形，直径8～25mm；小穗长5～12mm，宽2～5mm。小坚果侧面凹陷，黑褐色。花果期8～9月。

分布 钦州市：无；北海市：罕见；防城港市：无。

类型 浪花飞溅区植物；广西新记录。

香附子

Cyperus rotundus L.

特征 草本。匍匐根状茎长，具椭圆形块茎。秆稍细弱，高15～95cm，锐三棱形，平滑。叶较多，短于秆，宽2～5mm，平张；鞘棕色，常裂成纤维状；叶状苞片2～3（～5）枚，常长于花序；长侧枝聚伞花序简单或复出，具（2～）3～10个辐射枝；穗状花序具3～10个小穗；小穗线形，长1～3cm，宽约1.5mm；小穗轴具翅；鳞片稍密地覆瓦状排列，长约3mm，中间绿色，两侧紫红色或红棕色；花药长，暗血红色；花柱长，柱头3个。花果期5～11月。

分布 钦州市：常见；北海市：常见；防城港市：少见。生于山坡荒地草丛中或水边潮湿处。

用途 药用，香精香料。

类型 浪花飞溅区植物。

苏里南莎草
Cyperus surinamensis Rottboll

莎草科
莎草属

特征　一年或多年生草本。秆丛生，高30～80cm，微三棱形，具倒刺。叶短于秆，叶宽5～8mm。总苞片3～8枚。头状花序，一级辐射枝4～12条，长1～6cm，粗糙，常具短的次级辐射枝，小穗常15～40枚，两侧压扁，颖10～50枚；雄蕊1枚。花果期5～9月。

分布　钦州市：少见；北海市：少见；防城港市：少见。原产美洲

特性　适应性强、生长速度快，从水边草地到城市草坪，以及干旱贫瘠的路旁、荒地都能建立种群。

类型　浪花飞溅区植物；外来入侵种；广西新记录。

紫果蔺

Eleocharis atropurpurea (Retz.) Kunth

特征 草本。无匍匐根状茎。秆多数，丛生，高2～15cm，细若毫发，圆柱状，鞘上部淡绿色，下部紫红色。小穗卵形、球形或长圆状卵形，顶端钝，长2～5.5mm，宽1.5～2.5mm；鳞片膜质，背部绿色，两侧血红色；柱头2个。小坚果双凸状，长0.5～0.8mm，有光泽。花果期6～10月。

分布 钦州市：罕见；北海市：无；防城港市：罕见。

类型 浪花飞溅区植物。

荸荠

Eleocharis dulcis (N. L. Burman) Trinius ex Henschel

特征 草本。匍匐根状茎顶端生块茎。秆多数，直立，圆柱状，高15～60cm，直径1.5～3mm，有多数横隔膜，光滑无毛。叶缺如，只在秆的基部有2～3个叶鞘；鞘口斜。小穗顶生，圆柱状，长1.5～4cm，直径6～7mm，顶端钝或近急尖，有多数花；鳞片顶端钝圆，长3～5mm，具一条中脉；柱头3个。小坚果宽倒卵形，双凸状，长约2.4mm。花果期5～10月。

分布 钦州市：常见；北海市：少见；防城港市：罕见。

用途 食用（淀粉），药用。

类型 浪花飞溅区植物。

野荸荠

Eleocharis plantagineiformis T. Tang et F. T. Wang

莎草科
荸荠属

特征 多年生草本。有长的匍匐根状茎。秆多数，丛生，直立，圆柱状，高30～100cm，直径4～7mm，中有横隔膜。叶无，只在秆的基部有2～3个叶鞘；鞘膜质，紫红色，微红色，深、淡褐色或麦秆黄色，光滑，无毛，鞘口斜，顶端急尖，高7～26cm。小穗圆柱状，长1.5～4.5cm，直径4～5mm，微绿色，有多数花；在小穗基部多半有两片、少有一片不育鳞片，各抱小穗基部一周，其余鳞片全有花，长5mm。

分布 钦州市：少见；北海市：少见；防城港市：少见。

类型 浪花飞溅区植物。

黑果飘拂草

Fimbristylis cymosa (Lam.) R. Br.

特征 草本。根状茎短，无匍匐根状茎。秆上部细，高10～60cm，扁钝三棱形，生多数叶。叶极坚硬，厚，平张，顶端急尖，边缘有稀疏细锯齿，宽1.5～4mm；苞片1～3枚，短于花序；长侧枝聚伞花序简单或近于复出，少有减缩为头状，辐射枝张开；小穗多数簇生成头状，直径5～10mm，长圆形或卵形，顶端纯，长4～6mm，宽2mm，无小穗柄。小坚果，三棱形，长0.75mm，成熟时紫黑色。花果期6～10月。

分布 钦州市：罕见；北海市：罕见；防城港市：罕见。

类型 浪花飞溅区植物。

细叶飘拂草

Fimbristylis polytrichoides (Retz.) Vahl

特征　草本。根状茎极短或无。秆密丛生，较细，高5～25cm，圆柱状，具纵槽，平滑，基部具少数叶。叶短于秆。苞片1枚或缺如，针形，长5～12mm；小穗单个顶生，椭圆形或长圆形，顶端钝或圆，长5～8mm，宽3～3.5mm；鳞片顶端圆，长约3mm，背面无龙骨状突起，具1条脉；柱头2个。小坚果倒卵形，双凸状，长约lmm，表面具网纹。花果期3～9月。

分布　钦州市：罕见；北海市：罕见；防城港市：罕见。

类型　浪花飞溅区植物。

毛芙兰草

Fuirena ciliaris (L.) Roxb.

特征 草本。秆丛生，三棱形，具槽，被疏柔毛，高7～40cm，基部通常有1～2个鞘，鞘顶端无叶片，被疏柔毛。叶秆生，平张，宽3～7mm。苞片叶状，小苞片刚毛状；圆锥花序狭长，由顶生和侧生的简单长侧枝聚伞花序组成；小穗3～15个聚成圆簇，簇直径1～3cm；小穗卵形或长圆形，长5～8mm，宽2.5～3mm；鳞片长1～2mm，被疏柔毛；下位刚毛6条，内轮3条变成花瓣状；柱头3个。花果期7～12月。

分布 钦州市：罕见；北海市：无；防城港市：罕见。

类型 浪花飞溅区植物。

短叶水蜈蚣

Kyllinga brevifolia Rottb.

特征　草本。根状茎长而匍匐。秆成列散生，高7～20cm，扁三棱形，平滑，具4～5个圆筒状叶鞘，上面2～3个叶鞘顶端具叶片。叶柔弱，短于或稍长于秆，宽2～4mm，平张，上部边缘和背面中肋上具细刺。叶状苞片3枚，极展开；穗状花序单个，极少2个或3个，球形或卵球形，长5～11mm，宽4.5～10mm，具极多数密生的小穗。小穗长约3mm，具1朵花；鳞片长2.8～3mm，白色，背面的龙骨状突起绿色，具刺，顶端延伸成外弯的短尖。花果期5～9月。

分布　钦州市：常见；北海市：常见；防城港市：少见。

用途　药用。

类型　浪花飞溅区植物。

单穗水蜈蚣

Kyllinga nemoralis (J. R. Forster & G. Forster) Dandy ex Hutchinson & Dalziel

特征　多年生草本，具匍匐根状茎。秆散生或疏丛生，扁锐三棱形。叶通常短于秆，宽2.5～4.5mm，平张，柔弱，边缘具疏锯齿；叶鞘短。苞片3～4枚，叶状，斜展，较花序长很多；穗状花序1个，少2～3个，圆卵形或球形，长5～9mm，宽5～7mm，具极多数小穗；小穗长2.5～3mm，具1朵花；鳞片舟状，苍白色或麦秆黄色，背面龙骨状突起具翅，翅的下部狭，从中部至顶端较宽，且延伸出鳞片顶端呈稍外弯的短尖，翅边缘具缘毛状细刺。花果期5～8月。

分布　钦州市：常见；北海市：常见；防城港市：少见。生于沟边、田边近水处及旷野潮湿处。

用途　药用。

类型　浪花飞溅区植物。

矮扁莎

Pycreus pumilus (L.) Domin

特征　一年生草本。秆丛生，高1～15cm，稍纤细，扁三棱形，平滑。叶少，宽约2mm。苞片3～5枚，叶状，长于花序，长侧枝聚伞花序简单，具3～5个辐射枝，或有时紧缩成头状，辐射枝长达2cm，每一辐射枝具10～20余个或更多小穗；小穗线状长圆形，长3～11mm，宽1.5～2mm，压扁；小穗轴直，无翅；鳞片密覆瓦状排列，背面具明显龙骨状突起，绿色，具3～5条脉，常延伸出顶端成一短尖。花果期8～11月。

分布　钦州市：少见；北海市：少见；防城港市：少见。

类型　浪花飞溅区植物。

三俭草

Rhynchospora corymbosa (L.) Britt.

特征 多年生高大草本，具短而粗的根状茎。秆直立，粗壮，高60～100cm，三棱形，兼具基生叶和秆生叶。叶鞘管状，抱秆，长2～6cm，鞘口有短而宽的膜质叶舌；叶线形，宽9～17mm，平滑，边缘粗糙。顶生枝花序下面的苞片3～5枚，叶状；圆锥花序由伞房状长侧枝聚伞花序组成，大型，复出，辐射枝多数，具极多数小穗；小穗簇生；柱头2个。小坚果长圆倒卵形，长3.5mm，扁。花果期3～12月。

分布 钦州市：罕见；北海市：罕见；防城港市：罕见。

类型 浪花飞溅区植物。

水蔗草
Apluda mutica L.

特征　多年生草本。秆高50～200cm，质硬，基部常斜卧并生不定根。叶片扁平，长10～35cm，宽3～15mm，两面无毛或沿侧脉疏生白色糙毛；先端长渐尖，基部渐狭成柄状。圆锥花序先端常弯垂，由许多总状花序组成；每一总状花序包裹在一舟形总苞内；总苞长4～8mm，先端具1～2mm的锥形尖头；总状花序长6.5～8mm；总状花序轴膨胀成陀螺形，长约1mm；小穗柄长3～5mm；正常有柄小穗含2小花；无柄小穗两性。花果期夏秋季。

分布　钦州市：少见；北海市：常见；防城港市：少见。

用途　药用，饲用。

类型　浪花飞溅区植物。

地毯草

Axonopus compressus (Sw.) Beauv.

特征　多年生草本。具长匍匐枝。秆压扁，高8～60cm，节密生灰白色柔毛。叶鞘松弛，基部者互相跨复，压扁，呈脊，边缘质较薄，近鞘口处常疏生毛；叶舌长约0.5mm；叶片扁平，质地柔薄，长5～10cm，宽（2）6～12mm，两面无毛或上面被柔毛，近基部边缘疏生纤毛。总状花序2～5枚，长4～8cm，最长两枚成对而生，呈指状排列在主轴上；小穗长圆状披针形，长2.2～2.5mm，疏生柔毛，单生；花柱基分离，柱头羽状，白色。花果期夏秋间。

分布　钦州市：常见；北海市：常见；防城港市：常见。生于荒野、路旁较潮湿处。

用途　饲用，纤维，观赏，生态防护。

类型　浪花飞溅区植物；外来入侵种。

臭根子草

Bothriochloa bladhii (Retz.) S. T. Blake

特征 多年生草本。秆疏丛，直立或基部倾斜，高50～100cm，一侧有凹沟，具多节。叶鞘无毛；叶片线形，长10～25cm，宽1～4mm，两面疏生疣毛或下面无毛。圆锥花序长9～11cm，主轴长3～5cm，每节具1～3枚单纯的总状花序；总状花序长3～8cm，具总梗；总状花序轴节间与小穗柄两侧具丝状纤毛；无柄小穗两性，长3.5～4mm；有柄小穗中性，稀为雄性，无芒。花果期7～10月。

分布 钦州市：常见；北海市：常见；防城港市：常见。

用途 饲用，纤维，生态防护。

类型 浪花飞溅区植物。

臂形草

Brachiaria eruciformis (J. E. Smith) Griseb.

特征　一年生草本，高30～40cm。秆纤细，基部倾斜，节上生根，多分枝，节带具白柔毛。叶舌退化呈一圈白色缘毛；叶片线状披针形，扁平，内卷，长1.5～10.5cm，宽3～6mm，边缘齿状粗糙，密生脱落性细毛。圆锥花序由4～5枚总状花序组成，总状花序长5～12cm；穗轴被纤毛，棱边粗糙；小穗卵形，长约2mm，被纤毛，具长约0.2mm的柄。花果期夏秋间。

分布　钦州市：少见；北海市：少见；防城港市：罕见。

用途　饲用。

类型　浪花飞溅区植物。

蒺藜草

Cenchrus echinatus L.

特征　一年生草本。秆高约50cm，基部膝曲或横卧地面而于节处生根。叶片线形或狭长披针形，质较软，长5～20（～40）cm，宽4～10m，上面近基部疏生长约4mm的长柔毛或无毛。总状花序直立，长4～8cm，宽约1cm；花序主轴具棱粗糙；刺苞呈稍扁圆球形，长5～7mm，每刺苞内具小穗2～4（～6）个。颖果椭圆状扁球形，长2～3mm，背腹压扁。花果期夏季。

分布　钦州市：无；北海市：罕见；防城港市：罕见。

用途　饲用。

类型　浪花飞溅区植物；外来入侵种；广西新记录。

台湾虎尾草
Chloris formosana (Honda) Keng

特征　一年生草本。秆直立或基部伏卧地面；高20～70cm，光滑无毛。叶鞘两侧压扁，背部具脊，无毛；叶片线形，长可达20cm，宽可达7mm，两面无毛或在近鞘口处偶有疏柔毛。穗状花序4～11枚，长3～8cm，穗轴被微柔毛；小穗长2.5～3mm，含1孕性小花及2不孕小花；第一小花两性，芒长4～6mm。花果期8～10月。

分布　钦州市：常见；北海市：常见；防城港市：少见。

用途　饲用。

类型　浪花飞溅区植物。

鼠妇草

Eragrostis atrovirens (Desf.) Trin. ex Steud.

特征　多年生草本。秆直立，疏丛生，基部稍膝曲，高50～100cm，径约4mm，具5～6节，第二、三节处常有分枝。叶鞘除基部外，均较节间短，光滑，鞘口有毛；叶片长4～17cm，宽2～3mm，近基部疏生长毛。圆锥花序开展，长5～20cm，宽2～4cm，每节有一个分枝，穗轴下部往往有1/3左右裸露；小穗柄长0.5～1cm，小穗窄矩形，长5～10mm，宽约2.5mm。颖果长约1mm。夏秋抽穗。

分布　钦州市：很常见；北海市：很常见；防城港市：很常见。

用途　饲用。

类型　浪花飞溅区植物。

鲫鱼草

Eragrostis tenella (L.) Beauv. ex Roem. et Schult.

特征　一年生草本。秆纤细，高15～60cm，直立或基部膝曲。叶鞘比节间短；叶片扁平，长2～10cm，宽3～5mm，无毛。圆锥花序开展，分枝单一或簇生，节间很短，小枝和小穗柄上具腺点；小穗长约2mm，含小花4～10朵。颖果深红色，长约0.5mm。花果期4～8月。

分布　钦州市：罕见；北海市：罕见；防城港市：罕见。

用途　药用，饲用。

类型　浪花飞溅区植物。

白茅

Imperata cylindrica (L.) Beauv.

特征 多年生草本。具粗壮的长根状茎。秆直立，高30～80cm，节无毛。叶鞘聚集于秆基；叶片窄线形，质硬，被有白粉。圆锥花序稠密，长20cm，宽达3cm，小穗长4.5～5mm，具长12～16mm的丝状柔毛；雄蕊2枚，花药长3～4mm；花柱细长，柱头2个，紫黑色，羽状，长约4mm。花果期3～5月。

分布 钦州市：常见；北海市：很常见；防城港市：很常见。生于低山带河岸草地、荒地、路旁。

用途 食用（保健饮料），药用，饲用，纤维，生态防护。

类型 浪花飞溅区植物。

李氏禾
Leersia hexandra Swartz

特征　多年生草本。具发达匍匐茎和细瘦根状茎。秆倾卧地面并于节处生根，直立部分高40～50cm，节部膨大且密被倒生微毛。叶片披针形，长5～12cm，宽3～6mm，粗糙。圆锥花序开展，长5～10cm；小穗长3.5～4mm，宽约1.5mm；雄蕊6枚，花药长2～2.5mm。花果期6～8月，热带地区秋冬季也开花。

分布　钦州市：少见；北海市：少见；防城港市：少见。生于河沟田岸水边湿地。

用途　饲用。

类型　浪花飞溅区植物。

红毛草

Melinis repens (Willd.) Zizka

特征 多年生草本。根茎粗壮。秆直立，常分枝，高可达1m，节间常具疣毛，节具软毛。叶片线形，长可达20cm，宽2～5mm。圆锥花序开展，长10～15cm，分枝纤细，长可达8cm；小穗柄纤细弯曲，顶端稍膨大，疏生长柔毛；小穗长约5mm，常被粉红色绢毛；花药长约2mm；花柱分离，柱头羽毛状。花果期6～11月。

分布 钦州市：少见；北海市：少见；防城港市：少见。

特性 喜光不耐阴、耐旱，繁殖能力和适应能力强。

用途 饲用。

类型 浪花飞溅区植物；外来入侵种；广西新记录。

五节芒

Miscanthus floridulus (Lab.) Warb. ex Schum et Laut.

特征　多年生草本。秆高大似竹，高1～3m，无毛，节下具白粉，叶鞘无毛；叶片线形，长25～60cm，宽1.5～3cm，扁平，中脉粗壮隆起，两面无毛，边缘粗糙。圆锥花序大型，稠密，长30～50cm，主轴粗壮，延伸达花序的2/3以上，无毛；分枝较细弱，长15～20cm，具2～3回小枝；小穗卵状披针形，长3～3.5mm，黄色；雄蕊3枚，橘黄色。花果期5～11月。

分布　钦州市：很常见；北海市：很常见；防城港市：很常见。生于荒野、路旁、灌草丛中。

用途　药用，饲用，纤维，生态防护。

类型　浪花飞溅区植物。

类芦

Neyraudia reynaudiana (Kunth.) Keng

特征 多年生草本。秆直立，高2～3m，径5～10mm，节间被白粉；叶鞘无毛，仅沿颈部具柔毛；叶舌密生柔毛；叶片长30～60cm，宽5～10mm，扁平或卷折，顶端长渐尖，无毛或上面生柔毛。圆锥花序长30～60cm，分枝细长，开展或下垂；小穗长6～8mm，含5～8小花。花果期8～12月。

分布 钦州市：很常见；北海市：很常见；防城港市：很常见。生于河边、山坡或砾石草地。

用途 饲用，纤维，生态防护。

类型 浪花飞溅区植物。

竹叶草

Oplismenus compositus (L.) Beauv.

特征　草本。秆较纤细，基部平卧地面，节着地生根，上升部分高20～80cm。叶片披针形至卵状披针形，基部多少包茎而不对称，长3～8cm，宽5～20mm，近无毛或边缘疏生纤毛，具横脉。圆锥花序长5～15cm，主轴无毛或疏生毛；分枝互生而疏离，长2～6cm；小穗孪生，稀上部者单生，长约3mm；颖草质，近等长，长为小穗的1/2～2/3，边缘常被纤毛。花期5～7月，果期6～8月。

分布　钦州市：少见；北海市：少见；防城港市：少见。生长于疏林下阴湿处。

用途　饲用。

类型　浪花飞溅区植物。

两耳草

Paspalum conjugatum Berg.

特征 多年生草本。秆直立部分高30～60cm。叶鞘具脊；叶片披针状线形，长5～20cm，宽5～10mm，质薄，无毛或边缘具疣柔毛。总状花序2枚，纤细，长6～12cm，开展；穗轴宽约0.8mm，边缘有锯齿；小穗柄长约0.5mm；小穗卵形，长1.5～1.8mm，宽约1.2mm，顶端稍尖，覆瓦状排列成两行。颖果长约1.2mm。花果期5～9月。

分布 钦州市：少见；北海市：常见；防城港市：常见。生于田野、林缘、潮湿草地上。

用途 饲用。

类型 浪花飞溅区植物；外来入侵种。

丝毛雀稗
Paspalum urvillei Steud.

特征　多年生草本。具短根状茎。秆丛生，高50～150cm。叶鞘密生糙毛，鞘口具长柔毛；叶舌长3～5mm；叶片长15～30cm，宽5～15mm，无毛或基部生毛。总状花序10～20枚，长8～15cm，组成长20～40cm的大型总状圆锥花序；小穗卵形，顶端尖，长2～3mm，稍带紫色，边缘密生丝状柔毛。花果期5～10月。

分布　钦州市：罕见；北海市：少见；防城港市：少见。

用途　饲用。

类型　浪花飞溅区植物；外来入侵种；广西新记录。

茅根

Perotis indica (L.) Kuntze

特征 草本。秆丛生，基部稍倾斜或卧伏，高20～30cm。叶鞘无毛；叶舌长不及0.5mm；叶片披针形，质地稍硬，长2～4cm，宽2～5mm，基部最宽，微呈心形而抱茎，无毛或边缘疏生纤毛。穗形总状花序直立，长5～10cm，穗轴具纵沟，小穗脱落后小穗柄宿存；小穗（不连芒）长2～2.5mm；颖中部具1脉，自顶端延伸成1～2cm细芒。颖果细柱形，长约2mm。花果期夏秋季。

分布 钦州市：罕见；北海市：罕见；防城港市：少见。

用途 饲用。

类型 浪花飞溅区植物。

卡开芦

Phragmites karka (Retz.) Trin

特征　多年生苇状草本。根状茎粗而短。秆高大直立，粗壮不具分枝，茎高3～6m，直径1.5～2.5cm。叶鞘通常平滑；叶舌长约1mm；叶片长达50cm，顶端长渐尖成丝形。圆锥花序大型，具稠密分枝与小穗，长30～50cm，宽10～20cm，分枝多数轮生于主轴各节，基部分枝长10～30cm；小穗柄长5mm，无毛；小穗长8～10（11）mm。花果期8～12月。

分布　钦州市：少见；北海市：少见；防城港市：少见。

用途　饲用，生态防护。

类型　浪花飞溅区植物。

斑茅

Saccharum arundinaceum Retz.

特征 多年生高大丛生草本。秆粗壮，高2～4m，直径1～2cm，具多数节，无毛。叶鞘长于其节间；叶片宽大，线状披针形，长1～2m，宽2～5cm，顶端长渐尖，中脉粗壮，无毛，上面基部生柔毛，边缘锯齿状粗糙。圆锥花序大型，稠密，长30～80cm，宽5～10cm，主轴无毛，每节着生2～4枚分枝；总状花序，小穗柄长3～5mm，被长丝状柔毛，顶端稍膨大。花果期8～12月。

分布 钦州市：常见；北海市：常见；防城港市：常见。生于山坡和河岸溪涧草地。

用途 饲用，纤维，生态防护。

类型 浪花飞溅区植物。

狗尾草

Setaria viridis (L.) Beauv.

特征　一年生草本。秆直立或基部膝曲，高 10～100cm。叶鞘松弛，边缘具较长的密绵毛状纤毛；叶片扁平，线状披针形，先端长渐尖或渐尖，基部钝圆形，长 4～30cm，宽 2～18mm，常无毛或疏被疣毛，边缘粗糙。圆锥花序紧密呈圆柱状或基部稍疏离，直立或稍弯垂，主轴被长柔毛，长 2～15cm；刚毛长 4～12mm，粗糙，直或稍扭曲，常绿色或褐黄到紫红或紫色；小穗 2～5 个簇生于主轴上。花果期 6～11 月。

分布　钦州市：少见；北海市：少见；防城港市：少见。生于荒野、路旁、灌草丛中。

用途　药用，饲用，纤维。

类型　浪花飞溅区植物。

鼠尾粟

Sporobolus fertilis (Steud.) W. D. Glayt.

特征 多年生草本。秆直立，丛生，高25～120cm，平滑无毛。叶鞘疏松裹茎，平滑无毛或其边缘稀具极短的纤毛；叶片质较硬，平滑无毛，或仅上面基部疏生柔毛，通常内卷，少数扁平，先端长渐尖，长15～65cm，宽2～5mm。圆锥花序较紧缩呈线形，常间断，或稠密近穗形，长7～44cm，宽0.5～1.2cm，分枝与主轴贴生或倾斜。花果期3～12月。

分布 钦州市：很常见；北海市：很常见；防城港市：很常见。生于田野路边、山坡草地及山谷湿处和林下。

用途 药用，饲用，生态防护。

类型 浪花飞溅区植物。

砂滨草（蒭雷草）

Thuarea involuta (Forst.) R. Br. ex Roem. et Schult.

特征　多年生草本。秆匍匐地面，节处生根，向上抽出叶和花序，直立部分高4～10cm。叶鞘松弛，长1～2.5cm，约为节间长的1/2；叶片披针形，长2～3.5cm，宽3～8mm，通常两面有细柔毛，边缘常部分地波状皱折。穗状花序长1～2cm；佛焰苞长约2cm；穗轴叶状，具多数脉，下部具1两性小穗，上部具4～5雄性小穗，顶端延伸成一尖头。花果期4～12月。

分布　钦州市：罕见；北海市：罕见；防城港市：无。

用途　饲用。

类型　浪花飞溅区植物。

棕叶芦

Thysanolaena latifolia (Roxburgh ex Hornemann) Honda

特征　多年生丛生草本。秆高2～3m，直立粗壮，具白色髓部，不分枝。叶鞘无毛；叶舌长1～2mm，质硬，截平；叶片披针形，长20～50cm，宽3～8cm，具横脉，顶端渐尖，基部心形，具柄。圆锥花序大型，柔软，长达50cm，分枝多，斜向上升，下部裸露，基部主枝长达30cm；小穗长1.5～1.8mm，小穗柄长约2mm，具关节；颖片无脉，长为小穗的1/4。一年有两次花果期，春夏或秋季。

分布　钦州市：很常见；北海市：很常见；防城港市：很常见。生于山坡、山谷或树林下和灌丛中。

用途　药用，饲用，纤维，观赏，生态防护。

类型　浪花飞溅区植物。

◎藤本

海金沙
Lygodium japonicum (Thunb.) Sw.

海金沙科
海金沙属

特征　植株高攀达1～4m。叶轴上面有二条狭边，羽片多数，相距9～11cm，对生于叶轴上的短距两侧，平展。距长达3mm，有一丛黄色柔毛覆盖腋芽。不育羽片尖三角形，长宽几相等，10～12cm或较狭，二回羽状；一回羽片2～4对，互生，柄长4～8mm，基部一对卵圆形，长4～8cm。宽3～6cm，一回羽状；二回小羽片2～3对，互生，掌状三裂；末回裂片短阔，中央一条长2～3cm，宽6～8mm。主脉明显，侧脉纤细。叶纸质。

分布　钦州市：常见；北海市：很常见；防城港市：很常见。生于次生林缘、灌木丛、路边。

用途　药用。

类型　浪花飞溅区植物。

小叶海金沙

Lygodium microphyllum (Cav.) R. Brown

特征　植株蔓攀，高达5～7m。叶轴纤细如铜丝，二回羽状；羽片多数，相距约7～9cm，羽片对生于叶轴的距上，距长2～4mm，顶端密生红棕色毛。不育羽片生于叶轴下部，长7～8cm，宽4～7cm，互生，有2～4mm长的小柄，柄端有关节。叶脉清晰，三出，小脉2～3回二叉分歧。叶薄草质，两面光滑。能育羽片长圆形，长8～10cm，宽4～6cm，通常奇数羽状，小羽片的柄长2～4mm，9～11片，互生。

分布　钦州市：少见；北海市：常见；防城港市：很常见。

用途　药用。

类型　浪花飞溅区植物。

假鹰爪

Desmos chinensis Lour.

特征 攀缘或直立灌木，高1～4m。除花外，各部无毛。叶纸质，椭圆形，少数为阔卵形，长4～13cm，宽2～5cm，顶端钝或急尖，基部圆形至稍偏斜，下面粉绿色。花黄白色，单朵；花萼和花瓣被微柔毛；心皮长圆形，长1～1.5mm，被长柔毛，柱头近头状，向外弯，顶端2裂。果念珠状，长2～5cm，种子1～7粒，径约5mm。花期夏季至冬季；果期6月至翌年春季。

分布 钦州市：少见；北海市：少见；防城港市：少见。生于低海拔旷地、荒野及山谷等地。

用途 药用，纤维，观赏，香精香料。

类型 浪花飞溅区植物。

无根藤
Cassytha filiformis L.

特征　寄生缠绕藤本，借盘状吸根攀附于寄主植物上。茎线形，绿色或绿褐色，幼嫩部分被锈色短柔毛。叶退化为微小的鳞片。穗状花序长2～53cm，密被锈色短柔毛；花小，白色，长不及2mm，无梗；子房卵珠形，几无毛，花柱短，略具棱，柱头小，头状。果小，卵球形，包藏于花后增大的肉质果托内，但彼此分离，顶端有宿存的花被片。花果期5～12月。

分布　钦州市：少见；北海市：少见；防城港市：少见。生于山坡灌木丛或疏林中。

用途　药用，纤维。

类型　浪花飞溅区植物。

木防己
Cocculus orbiculatus (L.) DC.

特征　木质藤本。叶片纸质至近革质，形状变异极大，自线状披针形至阔卵状近圆形、狭椭圆形至近圆形、倒披针形至倒心形，顶端短尖或钝而有小凸尖，有时微缺或2裂，边全缘或3裂，长通常3～8cm，两面被柔毛，有时近无毛；掌状脉3条，很少5条；叶柄长1～3cm，被稍密的白色柔毛。聚伞花序少花，腋生，或排成多花。核果近球形，红色，径常7～8mm。果核骨质，背部有小横肋状雕纹。花期5～6月，果期8～9月。

分布　钦州市：少见；北海市：少见；防城港市：少见。

用途　药用。

类型　浪花飞溅区植物。

夜花藤

Hypserpa nitida Miers

特征 木质藤本。小枝常延长，被柔毛。叶片纸质至革质，卵形、卵状椭圆形至长椭圆形，较少椭圆形或阔椭圆形，长4～10cm或稍过之，宽1.5～5cm，顶端渐尖、短尖或稍钝头而具小凸尖，基部钝或圆，有时楔形，通常两面无毛；掌状脉3条；叶柄长1～2cm。雄花序通常仅有花数朵，长1～2cm。核果成熟时黄色或橙红色，近球形，稍扁，长5～6mm。花果期夏季。

分布 钦州市：少见；北海市：无；防城港市：少见。

用途 药用。

类型 浪花飞溅区植物。

中华青牛胆

Tinospora sinensis (Lour.) Merr.

特征　藤本。枝稍肉质，有条纹，被柔毛，老枝肥壮，皮孔凸起。叶纸质，阔卵状近圆形，很少阔卵形，长7～14cm，宽5～13cm，顶端骤尖，基部心形，后裂片通常圆，全缘，两面被短柔毛；掌状脉5条；叶柄被短柔毛，长6～13cm。总状花序，雄花序长1～4cm或更长；雄花萼片6，花瓣6。核果红色，近球形，果核长达10mm。花期4月，果期5～6月。

分布　钦州市：少见；北海市：少见；防城港市：少见。

用途　药用。

类型　浪花飞溅区植物。

落葵薯

Anredera cordifolia (Tenore) Steenis

特征 缠绕藤本，长可达数米。叶具短柄，叶片卵形至近圆形，长2～6cm，宽1.5～5.5cm，顶端急尖，基部圆形或心形，稍肉质，腋生小块茎（珠芽）。总状花序具多花，花序轴纤细，下垂，长7～25cm；花梗长2～3mm；花直径约5mm；花被片白色，渐变黑，开花时张开；雄蕊白色；花柱白色，3裂。花期6～10月。

分布 钦州市：少见；北海市：很常见；防城港市：常见。生于路边、荒地、村旁。

用途 食用（野菜），药用。

类型 浪花飞溅区植物；外来入侵种。

龙珠果

Passiflora foetida L.

特征　多年生草质藤本。茎、叶柄被平展柔毛。叶膜质，宽卵形至长圆状卵形，长4.5～13cm，先端3浅裂，基部心形，边缘常具头状缘毛；不具腺体；托叶半抱茎。聚伞花序退化仅存1花，与卷须对生；花白色或淡紫色，具白斑，直径2～3cm；苞片3枚，一至三回羽状分裂，裂片丝状；花瓣5枚；外副花冠裂片3～5轮，丝状。浆果直径2～3cm。花期7～8月，果期翌年4～5月。

分布　钦州市：少见；北海市：少见；防城港市：少见。原产西印度群岛，常见逸生于草坡路边。

用途　食用（野果），药用。

类型　浪花飞溅区植物；外来入侵种。

红瓜

Coccinia grandis (L.) Voigt

特征 攀缘藤本。茎纤细无毛，有棱角。叶柄细，有纵条纹，长2～5cm；叶片阔心形，长、宽均5～10cm，常有5个角或稀近5中裂，两面有颗粒状小凸点，先端钝圆，基部有数个腺体。卷须不分歧。雌雄异株；雌花、雄花均单生。花冠白色或稍带黄色，长2.5～3.5cm，5中裂，外面无毛，内面有柔毛；雄蕊3，花丝及花药合生。果实纺锤形，长5cm，径2.5cm，熟时深红色。花果期夏季。

分布 钦州市：少见；北海市：少见；防城港市：无。

用途 食用（野果）。

类型 浪花飞溅区植物。

刺果苏木

Caesalpinia bonduc (L.) Roxb.

特征 有刺藤本。各部均被黄色柔毛。叶长30～45cm；叶轴有钩刺；羽片6～9对，对生；托叶大，叶状，常分裂；小叶6～12对，长圆形，长1.5～4cm，宽1.2～2cm，两面均被黄色柔毛。总状花序腋生，具长梗；花梗长3～5mm；花瓣黄色，最上面一片有红色斑点。荚果长圆形，长5～7cm，宽4～5cm，外面具细长针粒；种子2～3粒。花期8～10月，果期10月至翌年3月。

分布 钦州市：少见；北海市：常见；防城港市：少见。

用途 药用。

类型 浪花飞溅区植物。

相思子（鸡骨草）
Abrus precatorius L.

特征　藤本。茎细，多分枝。小叶8～15对，膜质，长圆形或长圆状倒披针形，长1～2.2cm，宽0.4～0.8cm，先端平截，有芒尖，上面无毛，下面被平伏糙毛；叶柄及叶轴被平伏柔毛。总状花序腋生，长3～8cm，花小，密集成头状；花冠紫色。果长圆形，长2～4cm，宽0.5～1.5cm；种子2～6粒，上部鲜红色，近基部黑色，平滑具光泽。花期3～5月，果期10～11月。

分布　钦州市：少见；北海市：少见；防城港市：罕见。生于低山灌丛中。

用途　食用（保健饮料），药用，有毒，观赏。

类型　浪花飞溅区植物。

蔓草虫豆

Cajanus scarabaeoides (L.) Thouars

特征 草质藤本。茎被短茸毛。叶具羽状 3 小叶；叶柄长 1～33cm；小叶背面有腺状斑点，顶生小叶椭圆形至倒卵状椭圆形，长 1.5～43cm，宽 0.8～1.5（3）3cm，两面被褐色短柔毛；基出脉 3 条。总状花序腋生；总轴、花梗、花萼均被黄褐色至灰褐色茸毛；花冠黄色，长约 13cm。荚果长 1.5～2.53cm，宽约 6mm，密被红褐色或灰黄色长毛。花期 9～10 月，果期 11～12 月。

分布 钦州市：少见；北海市：少见；防城港市：少见。常生于旷野、路旁或山坡草丛中。

用途 药用。

类型 浪花飞溅区植物。

小刀豆

Canavalia cathartica Thou.

特征　二年生、粗壮、草质藤本。茎、枝被稀疏的短柔毛。羽状复叶具3小叶；托叶小，胼胝体状。小叶纸质，卵形，长6～10cm，宽4～9cm，先端急尖或圆，两面脉上被极疏的白色短柔毛；叶柄长3～8cm；小叶柄长5～6mm，被绒毛。花梗长1～2mm；萼近钟状，长约12mm；花冠粉红色或近紫色，长2～2.5cm，顶端凹入。荚果长圆形，长7～9cm，宽3.5～4.5cm。花、果期3～10月。

分布　钦州市：罕见；北海市：少见；防城港市：罕见。

用途　有毒。

类型　浪花飞溅区植物。

海刀豆

Canavalia rosea (Sw.) DC.

特征　粗壮，草质藤本。茎被稀疏的微柔毛。羽状复叶具3小叶；托叶、小托叶小。小叶倒卵形、卵形、椭圆形或近圆形，长5～8（～14）cm，宽4.5～6.5（～10）cm，两面均被长柔毛，侧脉每边4～5条；叶柄长2.5～7cm；小叶柄长5～8mm。总状花序腋生；花萼钟状，长1～1.2cm；花冠紫红色，旗瓣圆形，长约2.5cm，顶端凹入。荚果线状长圆形，长8～12cm，宽2～2.5cm。花期6～7月，果期8～12月。

分布　钦州市：少见；北海市：常见；防城港市：少见。

用途　有毒。

类型　浪花飞溅区植物。

弯枝黄檀

Dalbergia candenatensis (Dennst.) Prain in Journ.

特征 藤本。枝无毛，先端常扭转为螺旋钩状。羽状复叶长6～7.5cm；小叶（1～）2～3对，倒卵状长圆形，长1.5～3cm，宽1～2cm，先端圆或钝，有时微缺；小叶柄长约1.5mm，略被短柔毛。圆锥花序腋生，长2.5～5cm；花萼阔钟状，近无毛；花冠白色，花瓣具长柄，旗瓣长圆形，反折；雄蕊9枚或10枚，单体。荚果半月形，腹缝直，背缝弯拱，扁平，具种子1～2粒。花期5～8月，果期6～11月。

分布 钦州市：罕见；北海市：罕见；防城港市：罕见。

类型 浪花飞溅区植物。

乳豆

Galactia tenuiflora (Klein ex Willd.) Wight et Arn

特征　多年生草质藤本。茎密被灰白色或灰黄色长柔毛。小叶椭圆形，纸质，长2～4.5cm，宽1.3～2.7cm，两端钝圆，先端微凹，具小凸尖；侧脉4～7对；小叶柄短，长约2mm。总状花序腋生，花序轴纤细，长2～10cm；花具短梗；花萼长约7mm；花冠淡蓝色，旗瓣倒卵形，长约10.5mm，宽约7mm。荚果线形，长2～4cm，宽6～7mm。花果期8～9月。

分布　钦州市：无；北海市：罕见；防城港市：无。

类型　浪花飞溅区植物。

葛（葛藤）

Pueraria montana (Lour.) Merr.

特征　粗壮藤本。全体被黄色长硬毛。羽状复叶具3小叶；小托叶线状披针形，与小叶柄等长或较长；小叶3裂，偶尔全缘，顶生小叶长7～15（～19）cm，宽5～12（～18）cm。总状花序长15～30cm，中部以上有密集的花；花萼长8～10mm；花冠长10～12mm，紫红色。荚果长椭圆形，长5～9cm，宽8～11mm，扁平，被褐色长硬毛。花期8～10月，果期11～12月。

分布　钦州市：少见；北海市：常见；防城港市：常见。生于村旁、路边、山地疏林中。

用途　食用（保健饮料，淀粉），药用，纤维，观赏。

类型　浪花飞溅区植物。

粉葛

Pueraria montana var. *thomsonii* (Bentham) M. R. Almeida

特征　藤本。顶生小叶菱状卵形或宽卵形，侧生的斜卵形，长、宽均10～13cm，先端急尖或具长小尖头，基部截平或急尖，全缘或具2～3裂片，两面均被黄色粗伏毛。花冠蓝紫色，长16～18mm；旗瓣近圆形。花期9月，果期11月。

分布　钦州市：少见；北海市：少见；防城港市：少见。

用途　食用（野菜，保健饮料，淀粉），药用。

类型　浪花飞溅区植物。

三裂叶野葛

Pueraria phaseoloides (Roxb.) Benth.

特征　草质藤本。茎、叶、叶柄、苞片、萼、果被长硬毛。羽状复叶具3小叶；托叶长3～5mm；小托叶长2～3mm；小叶宽卵形至菱形，顶生小叶较宽，长6～10cm，宽4.5～9cm，全缘或3裂。总状花序单生，中部以上有花；苞片和小苞片线状披针形，长3～4mm；萼钟状，长约6mm；花冠浅蓝色或淡紫色，旗瓣长8～12mm。荚果近圆柱状，长5～8cm，直径约4mm，果瓣开裂后扭曲。花期8～9月，果期10～11月。

分布　钦州市：少见；北海市：少见；防城港市：少见。

用途　食用（淀粉），饲用。

类型　浪花飞溅区植物。

小鹿藿

Rhynchosia minima (L.) DC.

特征　匍匐至缠绕状一年生草本。茎纤细，具细纵纹。叶具羽状3小叶；小叶膜质或近膜质，顶生小叶菱状圆形，长、宽均1.5～3cm，下面密被黄色小腺点，基出脉3。总状花序腋生；花小，长约8mm，排列稀疏；花冠黄色。荚果长1～1.7cm，宽约5mm，被短柔毛和黄色小腺点；种子1～2粒。花果期5～11月。

分布　钦州市：无；北海市：罕见；防城港市：无。见于北海涠洲岛。

类型　浪花飞溅区植物；广西新记录。

滨豇豆

Vigna marina (Burm.) Merr.

特征　多年生匍匐或攀缘藤本，长可达数米。羽状复叶具3小叶；小叶近革质，卵圆形或倒卵形，长3.5～9.5cm，宽2.5～9.5cm，先端浑圆，钝或微凹，两面近无毛；叶柄长1.5～11.5cm；小叶柄长2～6mm。总状花序长2～4cm，被短柔毛；总花梗长3～13cm；花梗长4.5～6mm；花冠黄色，旗瓣长1.2～1.3cm，宽1.4cm。荚果线状长圆形，微弯，肿胀，长3.5～6cm，宽8～9mm，种子间稍收缩；种子2～6粒。

分布　钦州市：罕见；北海市：罕见；防城港市：罕见。

用途　生态防护。

类型　浪花飞溅区植物；广西新记录。

山柑藤

山柚子科
山柑藤属

Cansjera rheedei J. F. Gmel.

特征 攀缘状灌木，高2~6m。枝条广展，有时具刺，小枝、花序均被淡黄色短绒毛。叶薄革质，卵圆形或长圆状披针形，长4~10cm，宽2.5~5cm，顶端长渐尖，全缘；侧脉4~6对；叶柄长2~4mm。花多朵排成密生的穗状花序，花序1~3个聚生于叶腋，长1~2.5cm，花被管坛状，黄色，长约3mm。核果长椭圆状或椭圆状，长1.2~1.8cm，无毛，成熟时橙红色。花期10月至翌年1月，果期1~4月。

分布 钦州市：少见；北海市：少见；防城港市：少见。

用途 药用。

类型 浪花飞溅区植物。

寄生藤

Dendrotrophe varians (Blume) Miq.

特征 木质藤本，常呈灌木状。枝三棱形，扭曲。叶厚，倒卵形至阔椭圆形，长3～7cm，宽2～4.5cm，顶端圆钝，有短尖，基部收狭而下延成叶柄，基出脉3条；叶柄长0.5～1cm，扁平。花通常单性，雌雄异株；雄花长约2mm，5～6朵集成聚伞状花序。核果卵状或卵圆形，带红色，长1～1.2cm，顶端有内拱形宿存花被，成熟时棕黄色至红褐色。花期1～3月，果期6～8月。

分布 钦州市：罕见；北海市：罕见；防城港市：罕见。

用途 药用。

类型 浪花飞溅区植物。

铁包金

Berchemia lineata (L.) DC.

特征　藤状或矮灌木。小枝黄绿色，被密短柔毛。叶纸质，矩圆形或椭圆形，长0.5～2cm，宽0.4～1.2cm，顶端圆形或钝，具小尖头，基部圆形，两面无毛，侧脉4～5对；叶柄短，长不超过2mm；托叶披针形，稍长于叶柄，宿存。花白色，长4～5mm，无毛，花梗长2.5～4mm，密集成顶生聚伞总状花序，核果圆柱形，长5～6mm，径约3mm，成熟时黑色或紫黑色。花期7～10月，果期11月。

分布　钦州市：少见；北海市：少见；防城港市：少见。生于低海拔的山野、路旁、开旷的灌丛中。

用途　药用。

类型　浪花飞溅区植物。

蛇藤

Colubrina asiatica (L.) Brongn.

特征　藤状灌木。幼枝无毛。叶互生，近膜质或薄纸质，卵形或宽卵形，长4～8cm，宽2～5cm，顶端渐尖，微凹，基部圆形或近心形，边缘具粗圆齿，两面无毛或近无毛，侧脉2～3对，叶柄长1～1.6cm。花黄色，五基数，腋生聚伞花序，总花梗长约3mm，花梗长2～3mm；花萼5裂。蒴果状核果，圆球形，直径7～9mm，基部为愈合的萼筒所包围，成熟时室背开裂。花期6～9月，果期9～12月。

分布　钦州市：少见；北海市：少见；防城港市：少见。

用途　药用，有毒。

类型　浪花飞溅区植物。

雀梅藤

Sageretia thea (Osbeck) Johnst.

特征 藤状或直立灌木。小枝具刺，褐色，被短柔毛。叶纸质，通常椭圆形、矩圆形或卵状椭圆形，长1～4.5cm，宽0.7～2.5cm，顶端锐尖，钝或圆形，基部圆形或近心形，边缘具细锯齿，两面无毛，或下面沿脉被柔毛，侧脉每边3～4（5）条；叶柄长2～7mm。花无梗，黄色，有芳香，簇生成疏散穗状或圆锥状穗花序，被绒毛或短柔毛。核果近圆球形，径约5mm。花期7～11月，果期翌年3～5月。

分布 钦州市：少见；北海市：少见；防城港市：少见。生于低海拔山地、丘陵林下或灌丛中。

用途 食用（野果），药用，观赏。

类型 浪花飞溅区植物。

厚叶崖爬藤

葡萄科
崖爬藤属

Tetrastigma pachyphyllum (Hemsl.) Chun

特征 木质藤本。茎扁平。小枝有纵棱纹，常疏生瘤状突起，无毛。叶为鸟足状5小叶或3小叶，小叶倒卵形或倒卵长椭圆形，长4～10cm，宽2～4cm，顶端骤尖，边缘每侧有4～5个疏锯齿，两面无毛；叶柄长4.5～9.5cm，小叶柄长1.5～4cm，无毛。复二歧聚伞花序，腋生，长9.5～10cm；花序梗长1～1.5cm，密被短柔毛；花瓣、雄蕊、柱头4数。果球形，直径1～1.8cm，有种子1～2粒。花期4～7月，果期5～10月。

分布 钦州市：无；北海市：罕见；防城港市：无。

用途 观赏。

类型 浪花飞溅区植物。

小果葡萄
Vitis balansana Planch.

特征 木质藤本。小枝圆柱形，有纵棱纹；枝条、叶、叶柄、托叶、花序幼时被蛛丝状绒毛，以后脱落无毛。卷须2叉分，每隔2节间断与叶对生。叶心形，长4～14cm，宽3.5～9.5cm，边缘有细牙齿；基生脉5出；叶柄长2～5cm。圆锥花序与叶对生，长4～13cm；花瓣5，呈帽状黏合脱落；雄蕊5枚。果实球形，成熟时紫黑色，直径0.5～0.8cm。花期2～8月，果期6～11月。

分布 钦州市：少见；北海市：少见；防城港市：少见。

用途 药用，观赏。

类型 浪花飞溅区植物。

倒地铃

Cardiospermum halicacabum L.

特征 草质攀缘藤本。茎、枝绿色，有棱和直槽，棱上被皱曲柔毛。二回三出复叶，轮廓为三角形；叶柄长3～4cm；小叶近无柄，薄纸质。圆锥花序少花，总花梗直，长4～8cm，卷须螺旋状；萼片4；花瓣乳白色。蒴果高1.5～3cm，宽2～4cm，被短柔毛；种子黑色，有光泽，直径约5mm。花期夏秋，果期秋季至初冬。

分布 钦州市：少见；北海市：少见；防城港市：少见。

用途 药用。

类型 浪花飞溅区植物。

扭肚藤

Jasminum elongatum (Berg.) Willd.

特征 攀缘灌木。小枝圆柱形,疏被短柔毛至密被黄褐色绒毛。叶对生,单叶,纸质,卵形、狭卵形或卵状披针形,长(1.5～)3～11cm,宽2～5.5cm,先端短尖或锐尖,两面被短柔毛或近无毛,侧脉3～5对;叶柄长2～5mm。聚伞花序密集;花梗长1～4mm;花冠白色,高脚碟状,花冠管长2～3cm,裂片6～9枚,披针形,长0.8～1.4cm,宽3～5mm。果长圆形或卵圆形,长1～1.2cm,径5～8mm,呈黑色。花期4～12月,果期8月至翌年3月。

分布 钦州市:少见;北海市:少见;防城港市:少见。

用途 药用,观赏,香精香料。

类型 浪花飞溅区植物。

白皮素馨

Jasminum rehderianum Kobuski

特征 攀缘藤本。小枝灰白色。幼枝、叶背、叶柄、花梗被长柔毛。单叶，纸质或薄革质，椭圆形、卵形或狭卵形，长2～5.5cm，宽1.5～2.7cm，下面脉腋间具簇毛，侧脉2～4对；叶柄长2～6mm，扭转，中部具关节。花单生；花萼裂片6或7，线形，长5～8mm；花冠白色，高脚碟状，花冠管长1.5～2cm，裂片5枚，披针形，长1.3～2cm，宽3～6mm。果常双生，近球形，径5～7mm，黑色。花期8～9月，果期9月至翌年3月。

分布 钦州市：无；北海市：罕见；防城港市：无。

用途 香精香料。

类型 浪花飞溅区植物；广西新记录。

羊角拗

Strophanthus divaricatus (Lour.) Hook. et Arn.

特征　蔓延灌木。枝条密被灰白色圆形皮孔；除花外，其余均无毛。叶薄纸质，椭圆状长圆形或椭圆形，长3～10cm，宽1.5～5cm。聚伞花序顶生，常着花3朵；花黄色，花冠漏斗状，裂片顶端延长呈一长尾带，长达10cm，下垂，裂片内面基部和冠筒喉部有紫红色的斑纹。蓇葖广叉生，木质，长10～15cm，直径2～3.5cm；种子扁平，白色绢质种毛长2.5～3cm。花期3～6月，果期6月至翌年2月。

分布　钦州市：罕见；北海市：罕见；防城港市：罕见。生于山地疏林或山坡灌木丛中。

用途　药用，有毒。

类型　浪花飞溅区植物。

弓果藤

Toxocarpus wightianus Hook. et Arn.

特征 柔弱攀缘灌木。小枝、叶柄、萼被锈色绒毛。叶对生，近革质，椭圆形或椭圆状长圆形，长2.5～5cm，宽1.5～3cm，顶部锐尖，基部微耳形；侧脉5～8对；叶柄长约1cm。两歧聚伞花序腋生；花冠淡黄色，无毛，长约3mm，宽1mm。蓇葖叉开成180°或更大，狭披针形，长约9cm，直径1cm，被锈色绒毛；种毛白色绢质，长约3cm。花期6～8月，果期10月至翌年1月。

分布 钦州市：少见；北海市：少见；防城港市：少见。

用途 药用，有毒。

类型 浪花飞溅区植物。

海南杯冠藤

Cynanchum insulanum (Hance) Hemsl.

特征　柔弱草质藤本。全株无毛。叶对生，长圆状戟形至三角状披针形，长2～3.5cm，宽0.5～1.5cm；侧脉5对；叶柄长约1cm。聚伞花序腋生，着花4～5朵；花萼5深裂；花冠绿白色，裂片长约3mm；副花冠顶端浅10裂。蓇葖单生，长披针形，长4.5～5cm，直径8mm；种子长3mm；种毛白色绢质，长2cm。花期5～10月，果期10月至翌年春季。

分布　钦州市：无；北海市：罕见；防城港市：无。

用途　有毒。

类型　浪花飞溅区植物。

眼树莲

Dischidia chinensis Champ. ex Benth.

特征　藤本，常攀附于树上或石上。全株含有乳汁。茎肉质，节上生根，绿色，无毛。叶肉质，卵圆状椭圆形，长1.55～2.5cm，宽1cm，顶端圆形，基部楔形，叶柄长约2mm。聚伞花序腋生，近无柄；花极小；花冠黄白色，坛状，裂片长和宽约1mm。蓇葖披针状圆柱形，长5～8cm，直径4mm；种子顶端具白色绢质种毛。花期4～5月，果期5～6月。

分布　钦州市：少见；北海市：常见；防城港市：少见。生于山地潮湿杂木林中或山谷、溪边，攀附在树上或附生石上。

用途　药用，有毒。

类型　浪花飞溅区植物。

匙羹藤

Gymnema sylvestre (Retz.) Schult.

夹竹桃科
匙羹藤属

特征　木质藤本，具乳汁。幼枝、叶柄、花序梗、花梗被微毛。叶倒卵形或卵状长圆形，长3～8cm，宽1.5～4cm；侧脉每边4～5条；叶柄长3～10mm，顶端具丛生腺体。聚伞花序腋生，比叶为短；花梗长2～3mm；花小，绿白色，长、宽约2mm；花冠绿白色，钟状。蓇葖卵状披针形，长5～9cm，基部宽2cm，无毛；种毛白色绢质。花期5～9月，果期10月至翌年1月。

分布　钦州市：少见；北海市：少见；防城港市：少见。

用途　药用，有毒。

类型　浪花飞溅区植物。

鸡眼藤

Morinda parvifolia Bartl. et DC.

特征 攀缘、缠绕或平卧藤本。嫩枝密被短粗毛。叶形多变，倒卵形、线状倒披针形、近披针形、倒披针形、倒卵状长圆形，长2～5（7）cm，宽0.3～33cm，顶端急尖、渐尖或具小短尖；叶柄长3～8mm。花序3～9个伞状排列于枝顶；头状花序直径5～8mm；花冠白色，长6～7mm，管部长约2mm，直径2～3mm。聚花核果近球形，直径6～10（15）mm，熟时橙红至橘红色。花期4～6月，果期7～8月。

分布 钦州市：常见；北海市：少见；防城港市：少见。

用途 药用。

类型 浪花飞溅区植物。

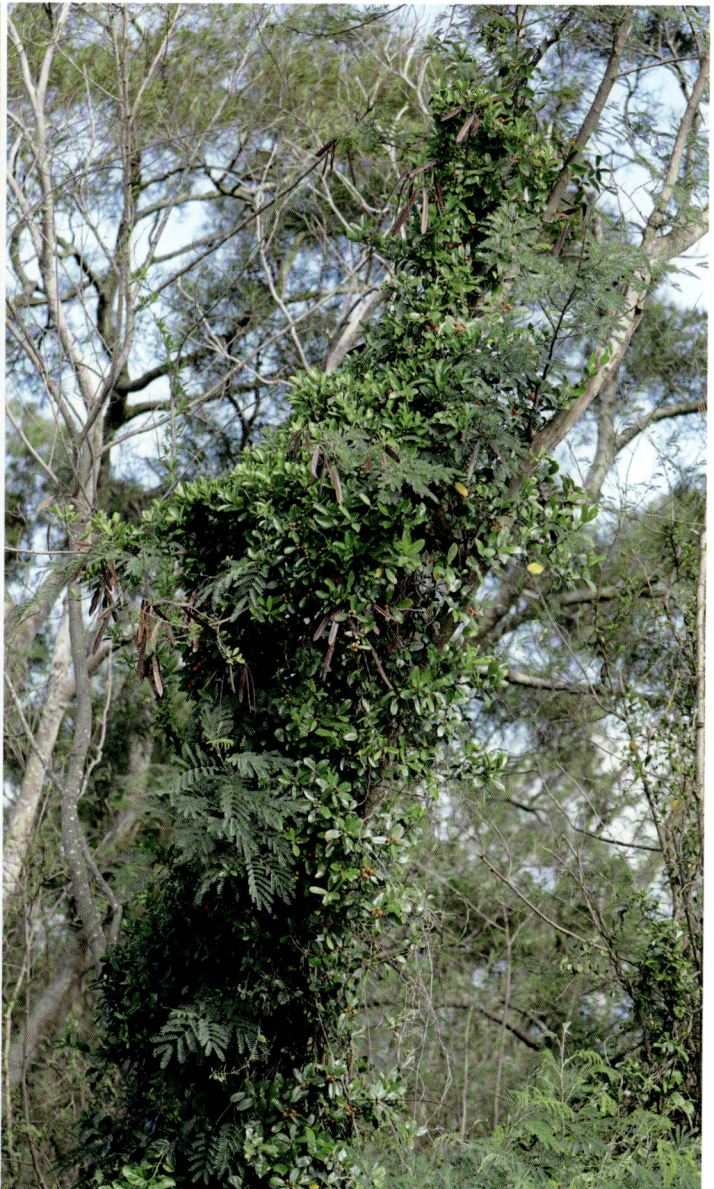

鸡屎藤（鸡矢藤）

Paederia foetida L.

特征　藤本。茎、叶无毛或近无毛。叶对生，纸质或近革质，形状变化很大，卵形、卵状长圆形至披针形，长5～9（15）cm，宽1～4（6）cm；侧脉每边4～6条；叶柄长1.5～7cm；托叶长3～5mm，无毛。圆锥花序式的聚伞花序扩展，分枝对生；花具短梗或无；花冠浅紫色，管长7～10mm，外面被粉末状柔毛，里面被绒毛，顶部5裂，裂片长1～2mm。果球形，成熟时近黄色，有光泽，直径5～7mm。花期5～7月，果期7～12月。

分布　钦州市：常见；北海市：很常见；防城港市：很常见。生于山坡、林中、林缘、沟谷边灌丛中。

用途　食用（野菜），药用。

类型　浪花飞溅区植物。

蔓九节

Psychotria serpens L.

特征　攀缘或匍匐藤本，常以气根攀附于树干或岩石上。叶对生，纸质或革质，叶形变化很大，长0.7～9cm，宽0.5～3.8cm，全缘；叶柄长1～10mm。聚伞花序顶生，常三歧分枝，长、宽1～5cm；花冠白色，冠管与花冠裂片近等长，长1.5～3mm，喉部被白色长柔毛。浆果状核果球形或椭圆形，具纵棱，常呈白色，长4～7mm，直径2.5～6mm。花期4～6月，果期全年。

分布　钦州市：罕见；北海市：罕见；防城港市：少见。

用途　药用，观赏。

类型　浪花飞溅区植物。

微甘菊
Mikania micrantha H. B. K.

特征 攀缘藤本，平滑至具多柔毛。茎圆柱状，有时管状，具棱。叶薄，淡绿色，卵心形或戟形，渐尖，茎生叶大多箭形或戟形，具深凹刻，近全缘至粗波状齿或牙齿，长4.0～13.0cm，宽2.0～9.0cm。圆锥花序顶生或侧生，复花序聚伞状分枝；头状花序小，花冠白色，喉部钟状，具长小齿，弯曲。瘦果黑色；冠毛鲜时白色。

分布 钦州市：少见；北海市：少见；防城港市：少见。

特性 开花数量很大，无性繁殖能力强，入侵性强，是世界上极具危险性的有害植物。

类型 浪花飞溅区植物；外来入侵种。

宿苞厚壳树

Ehretia asperula Zool. et Mor.

特征 攀缘灌木。枝粗糙，无毛，小枝被柔毛。叶革质，宽椭圆形或长圆状椭圆形，长3～12cm，宽2～6cm，通常全缘；叶柄具瘤状突起。聚伞花序顶生，呈伞房状，宽4～6cm；花冠白色，漏斗形，长3.5～4mm。核果红色或橘黄色，直径3～4mm，内果皮成熟时分裂为4个具单种子的分核。

分布 钦州市：无；北海市：罕见；防城港市：无。见于北海涠洲岛。

类型 浪花飞溅区植物；广西新记录。

菟丝子

Cuscuta chinensis Lam.

特征 一年生寄生藤本。茎缠绕，黄色，纤细，直径约1mm，无叶。花序侧生，花簇生成小伞形或小团伞花序，近于无总花序梗；花梗稍粗壮，长1mm；花冠白色，壶形，长约3mm，裂片三角状卵形，向外反折，宿存。蒴果球形，直径约3mm，几乎全为宿存的花冠所包围，成熟时整齐周裂；种子2～49粒，淡褐色，卵形，长约1mm，表面粗糙。

分布 钦州市：少见；北海市：少见；防城港市：少见。

用途 食用（野菜），药用。

类型 浪花飞溅区植物。

猪菜藤

Hewittia malabarica (L.) Suresh

特征　缠绕或平卧藤本。茎有细棱，与叶柄、叶片、花序梗、花梗、苞片、萼片、蒴果均被短柔毛。叶卵形、心形或戟形，长3~6（10）cm，宽3~4.5（8）cm，顶端短尖或锐尖，全缘或3裂，侧脉5~7对；叶柄长1~2.5cm。花序腋生；常1朵花；花梗长2~4mm；萼片5，不等大，结果时增大；花冠淡黄色或白色，喉部以下带紫色，钟状，长2~2.5cm。蒴果近球形，为宿存萼片包被，径8~10mm。花果期全年。

分布　钦州市：少见；北海市：少见；防城港市：无。

用途　饲用。

类型　浪花飞溅区植物。

五爪金龙

Ipomoea cairica (L.) Sweet

特征　多年生缠绕藤本，全体无毛。茎细长，有细棱。叶掌状5深裂或全裂，中裂片较大，长4~5cm，宽2~2.5cm，全缘或不规则微波状，基部1对裂片通常再2裂；叶柄长2~8cm，基部具小的掌状5裂的假托叶。聚伞花序腋生，常具1~3花；花梗长0.5~2cm；花冠紫红色、紫色或淡红色，偶有白色，漏斗状，长5~6cm；子房无毛。蒴果近球形，高约1cm；种子黑色，长约5mm。花期5~12月。

分布　钦州市：少见；北海市：很常见；防城港市：很常见。生于山坡或路边灌丛。

用途　药用。

类型　浪花飞溅区植物；外来入侵种。

牵牛

Ipomoea nil (L.) Roth

特征 一年生缠绕藤本。茎、叶柄、花序梗、花梗被倒向的短柔毛及杂有长硬毛。叶心形，3裂，偶5裂，长4~15cm，宽4.5~14cm，叶面被柔毛；叶柄长2~15cm。花腋生，单一或常2朵着生于花序梗顶；花梗长2~7mm；萼长2~2.5cm，外面被开展的刚毛；花冠漏斗状，长5~8（~10）cm，蓝紫色或紫红色；雄蕊及花柱内藏；子房无毛，柱头头状。蒴果近球形，直径0.8~1.3cm，3瓣裂。花期6~9月，果期9~10月。

分布 钦州市：少见；北海市：常见；防城港市：常见。生于山坡灌丛、路边、村旁或为栽培。

用途 药用，观赏。

类型 浪花飞溅区植物；外来入侵种。

小心叶薯

Ipomoea obscura (L.) Ker Gawl.

特征　缠绕藤本。茎有细棱，和叶、叶柄、花序梗被短毛。叶心形，长2～8cm，宽1.6～8cm，顶端骤尖或锐尖，具小尖头，全缘或微波状；叶柄长1.5～3.5cm。聚伞花序腋生，常有花1～3朵，花序梗长1.4～4cm；花梗长0.8～2cm；萼片长4～5mm，果熟时常反折；花冠漏斗状，白色或淡黄色，长约2cm，具5条深色的瓣中带，花冠管基部深紫色；雄蕊及花柱内藏；子房无毛。蒴果直径6～8mm，4瓣裂。种子4粒。花期3～5月，果期6～8月。

分布　钦州市：无；北海市：罕见；防城港市：无。

类型　浪花飞溅区植物。

虎掌藤

Ipomoea pes-tigridis L.

特征　一年生缠绕藤本或有时平卧。茎具细棱，被开展的灰白色硬毛。叶片轮廓近圆形，长2～10cm，宽3～13cm，掌状（3～）5～7（～9）深裂，裂片基部收缩，两面被硬毛；叶柄长2～8cm。聚伞花序有数朵花，密集成头状，腋生，花序梗长4～11cm，毛被同茎；具明显的总苞，外层苞片长2～2.5cm；近于无花梗；萼片披针形，外萼片长1～1.4cm。蒴果卵球形，高约7mm。

分布　钦州市：无；北海市：罕见；防城港市：无。

类型　浪花飞溅区植物。

篱栏网

Merremia hederacea (Burm. F.) Hall. F.

旋花科
鱼黄草属

特征 缠绕或匍匐藤本，匍匐时下部茎上生须状根。茎细长，有细棱。叶心状卵形，长1.5～7.5cm，宽1～5cm，顶端钝，渐尖或长渐尖，具小短尖头，全缘或常具不规则的粗齿，有时3裂，两面近无毛；叶柄细长，长1～5cm。聚伞花序腋生，有3～5朵花，花序梗第一次分枝为二歧聚伞式；花梗长2～5mm；花冠黄色，钟状，长0.8cm，外面无毛。蒴果扁球形或宽圆锥形，4瓣裂。花果期6～11月。

分布 钦州市：常见；北海市：少见；防城港市：常见。生于灌丛或路旁草丛较潮湿处。

用途 药用。

类型 浪花飞溅区植物。

地旋花

Xenostegia tridentata (L.) D. F. Austin & Staples

特征 平卧或攀缘藤本。茎细长，具棱，近无毛。叶线形、线状披针形、长圆状披针形或狭圆形，至基部稍扩大，长2.5～6.5cm，宽0.4～1.1cm，基部戟形，有时抱茎，全缘仅于基部扩大部分疏生锐齿，两面近无毛；无叶柄或具长1～3mm的叶柄。聚伞花序腋生，有1～3朵花；花序梗长（1～）5～6cm，纤细；花梗长约8mm；花冠黄色或白色，漏斗状，长约1.6cm，无毛。蒴果球形或卵形，4瓣裂。花期9～10月，果期11～12月。

分布 钦州市：无；北海市：罕见；防城港市：无。

用途 药用。

类型 浪花飞溅区植物。

须叶藤

Flagellaria indica L.

特征　多年生攀缘植物。茎圆柱形，直径5～8mm，分枝，具紧密包裹的叶鞘。叶披针形，二列，长7～25cm，宽0.5～2cm，无毛；叶片扁平，基部圆形，顶端渐狭成一扁平、盘卷的卷须；叶鞘圆筒形，长2～7cm。圆锥花序顶生，长10～25cm；花较小，两性，密集，无梗；花被片白色，外轮3枚长2～2.5mm。核果球形，直径4～6mm，光亮，成熟时带黄红色，内含1粒种子。花期4～7月，果期9～11月。

分布　钦州市：无；北海市：无；防城港市：罕见。

用途　药用。

类型　浪花飞溅区植物。

合丝肖菝葜

Heterosmilax gaudichaudiana (Kunth) Maxim.

特征 攀缘灌木。无毛。叶纸质，有时革质，宽卵形，长，6～12cm，宽4～11cm；叶柄长13cm。总花梗长2～3.5cm，极少长达9cm以上；花梗长约9cm，较少1.5cm，在果期多数略伸长而变粗；雄蕊长3～4mm，几达花被筒口，花丝全部合生成一柱状体，花药长为花丝的1/4～1/3。浆果熟时紫黑色。花期6～8月，果期7～11月。

分布 钦州市：少见；北海市：罕见；防城港市：罕见。

类型 浪花飞溅区植物。

肖菝葜

Heterosmilax japonica Kunth

特征 攀缘藤本。无毛。小枝有棱。叶纸质，卵形、卵状披针形或近心形，长6～20cm，宽2.5～12cm；叶柄长1～3cm，在下部1/4～1/3处有卷须和狭鞘。伞形花序有20～50朵花，生于叶腋或褐色苞片内；总花梗扁，长1～3cm；花序托球形，直径2～4mm；花梗纤细，长2～7mm；雄蕊3枚，花丝约一半合生成柱，花药长为花丝的1/2强。浆果球形而稍扁，长5～10mm，宽6～10mm，熟时黑色。花期6～8月，果期7～11月。

分布 钦州市：少见；北海市：少见；防城港市：罕见。

类型 浪花飞溅区植物。

第二部分 │ 栽培植物

苏铁（苏铁科苏铁属）
Cycas revoluta Thunb.

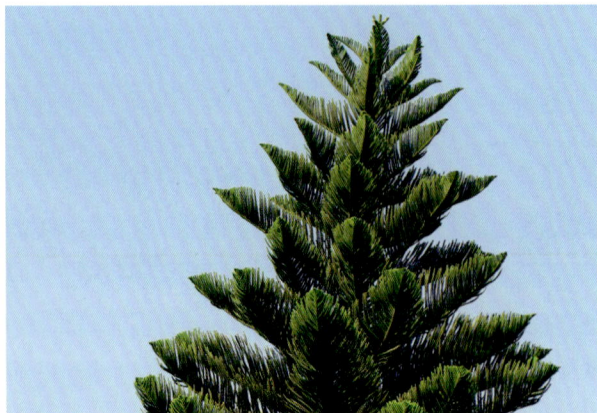

异叶南洋杉（南洋杉科南洋杉属）
Araucaria heterophylla (Salisb.) Franco

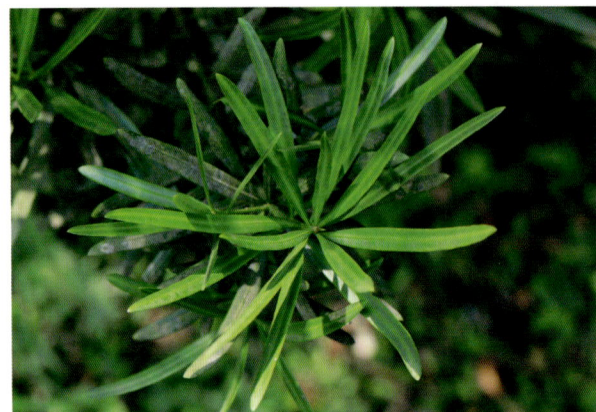

罗汉松（罗汉松科罗汉松属）
Podocarpus macrophyllus (Thunb.) Sweet

番荔枝（番荔枝科番荔枝属）
Annona squamosa L.

阴香（樟科樟属）
Cinnamomum burmanni (Nees et T. Nees) Blume

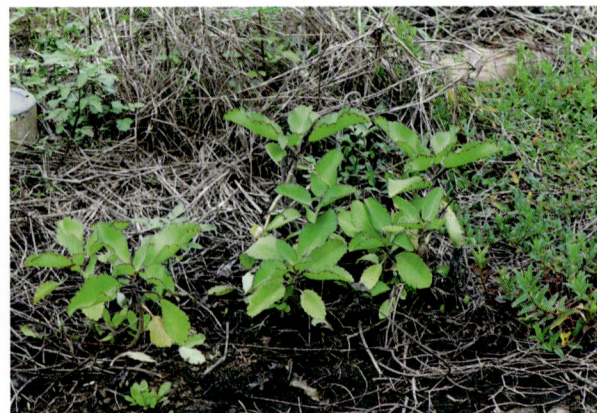

落地生根（景天科落地生根属）
Bryophyllum pinnatum (Lam.) Oken

大花马齿苋（马齿苋科马齿苋属）
Portulaca grandiflora Hook.

环翅马齿苋（马齿苋科马齿苋属）
Portulaca umbraticola Kunth

千日红（苋科千日红属）
Gomphrena globosa L.

阳桃（酢浆草科阳桃属）
Averrhoa carambola L.

紫薇（千屈菜科紫薇属）
Lagerstroemia indica L.

大花紫薇（千屈菜科紫薇属）
Lagerstroemia speciosa (L.) Pers.

石榴（千屈菜科石榴属）
Punica granatum L.

银桦（山龙眼科银桦属）
Grevillea robusta A. Cunn. ex R. Br.

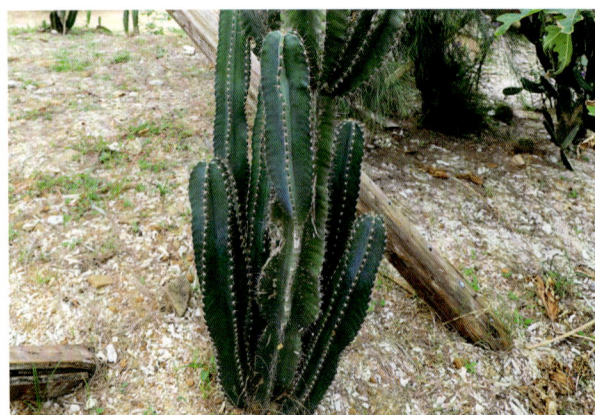

六角柱（仙人掌科仙人柱属）
Cereus peruvianus R. Kiesling

火龙果（仙人掌科量天尺属）
Hylocereus undatus 'Foo-Lon'

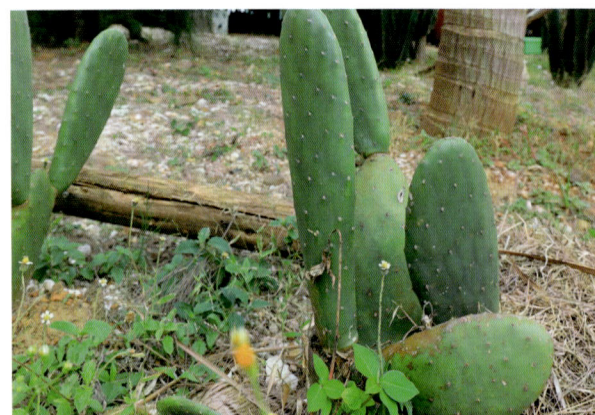

胭脂掌（仙人掌科仙人掌属）
Opuntia cochenillifera (L.) Mill.

美花红千层（桃金娘科红千层属）
Callistemon citrinus (Curtis) Skeels

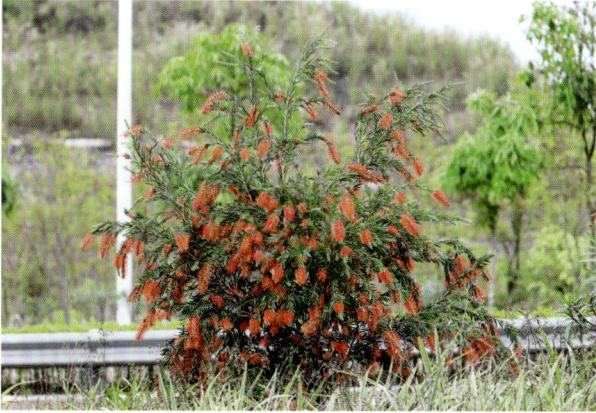

红千层（桃金娘科红千层属）
Callistemon rigidus R. Br.

窿缘桉（桃金娘科桉属）
Eucalyptus exserta F. V. Muell.

巨尾桉（桃金娘科桉属）
Eucalyptus grandis × *urophylla*

白千层（桃金娘科白千层属）
Melaleuca cajuputi subsp. *cumingiana* (Turc.) Barlow

蒲桃（桃金娘科蒲桃属）
Syzygium jambos (L.) Alston

洋蒲桃（桃金娘科蒲桃属）
Syzygium samarangense (Blume) Merr. et Perry

金蒲桃（桃金娘科金缨木属）
Xanthostemon chrysanthus (F. Muell.) Benth.

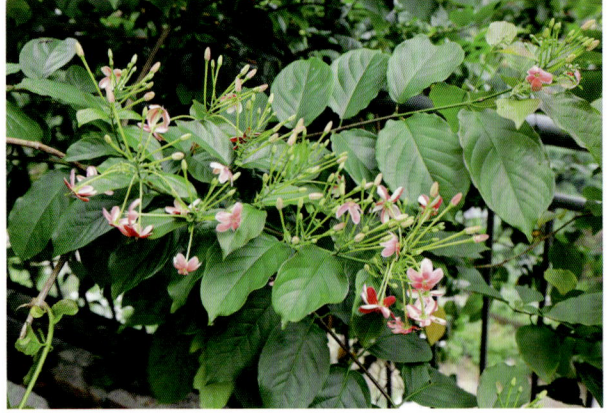

使君子（使君子科风车子属）
Combretum indicum (L.) Jongkind

榄仁树（使君子科诃子属）
Terminalia catappa L.

小叶榄仁（使君子科诃子属）
Terminalia neotaliala Capuron

文定果（文定果科文定果属）
Muntingia calabura L.

木棉（锦葵科木棉属）
Bombax ceiba L.

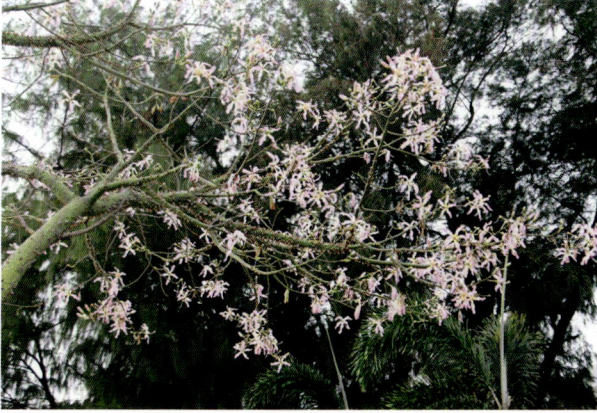

美丽异木棉（锦葵科吉贝属）
Ceiba speciosa (A.St.-Hil.) Ravenna

黄麻（锦葵科黄麻属）
Corchorus capsularis L.

朱槿（锦葵科木槿属）
Hibiscus rosa-sinensis L.

垂花悬铃花（锦葵科悬铃花属）
Malvaviscus penduliflorus Candolle

苹婆（锦葵科苹婆属）
Sterculia monosperma Ventenat

光瓜栗（锦葵科瓜栗属）
Pachira glabra Pasq.

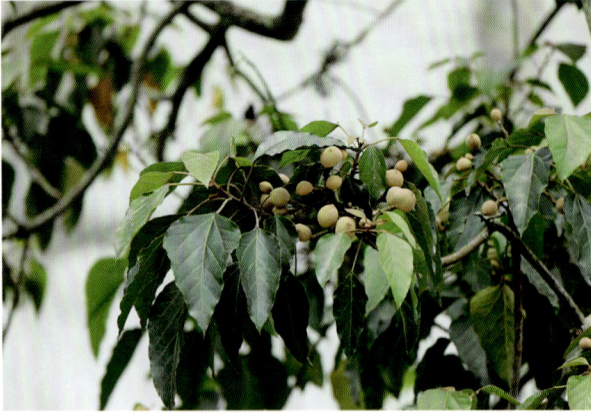

石栗（大戟科石栗属）
Aleurites moluccana (L.) Willd.

蝴蝶果（大戟科蝴蝶果属）
Cleidiocarpon cavaleriei (Levl.) Airy shaw

火殃勒（大戟科大戟属）
Euphorbia antiquorum L.

铁海棠（大戟科大戟属）
Euphorbia milii Ch. Des Moulins

金刚纂（大戟科大戟属）
Euphorbia neriifolia L.

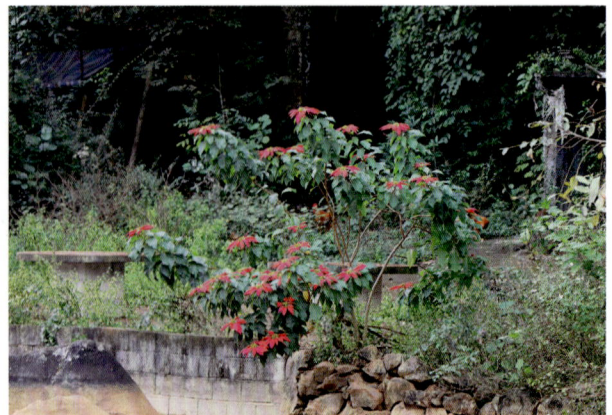

一品红（大戟科大戟属）
Euphorbia pulcherrima Willd. ex Klotzsch

绿玉树（大戟科大戟属）
Euphorbia tirucalli L.

红背桂（大戟科土沉香属）
Excoecaria cochinchinensis Lour.

麻疯树（大戟科麻疯树属）
Jatropha curcas L.

琴叶珊瑚（大戟科麻疯树属）
Jatropha integerrima Jacq.

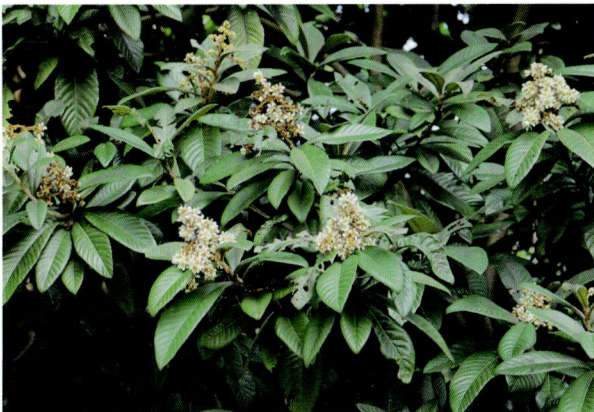

枇杷（蔷薇科枇杷属）
Eriobotrya japonica (Thunb.) Lindl.

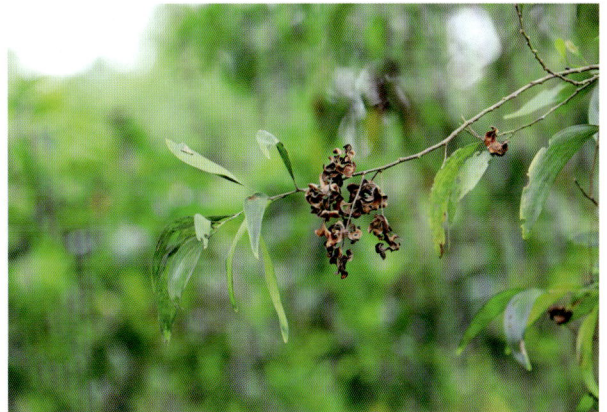

大叶相思（豆科金合欢属）
Acacia auriculiformis A. Cunn. ex Benth

厚荚相思（豆科金合欢属）
Acacia crassicarpa A.Cunn. ex Benth.

马占相思（豆科金合欢属）
Acacia mangium Willd.

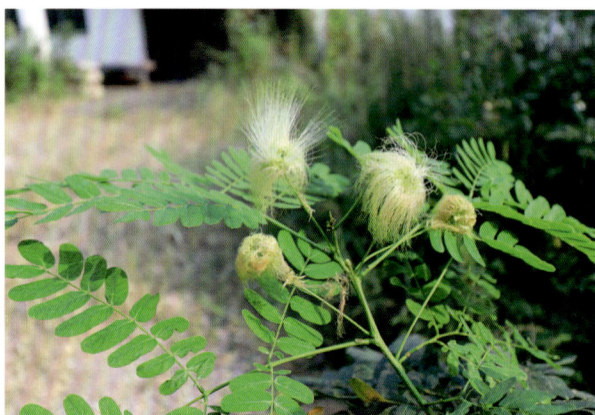

阔荚合欢（豆科合欢属）
Albizia lebbeck (L.) Benth.

羊蹄甲（豆科羊蹄甲属）
Bauhinia purpurea L.

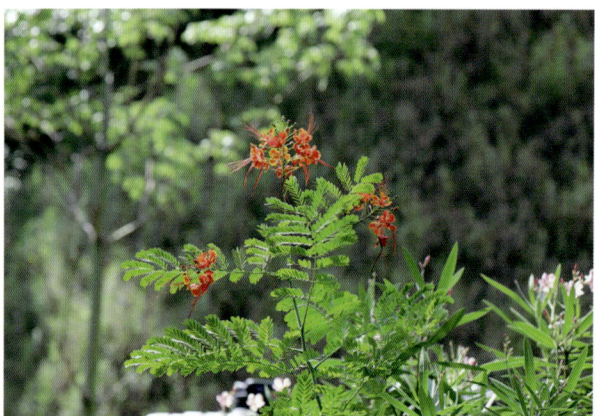

洋金凤（豆科云实属）
Caesalpinia pulcherrima (L.) Sw.

凤凰木（豆科凤凰木属）
Delonix regia (Boj.) Raf.

鸡冠刺桐（豆科刺桐属）
Erythrina crista-galli L.

刺桐（豆科刺桐属）
Erythrina variegata L.

双荚决明（豆科山扁豆属）
Senna bicapsularis (L.) Roxb.

黄槐决明（豆科山扁豆属）
Senna surattensis (N. L. Burman) H. S. Irwin & Barneby

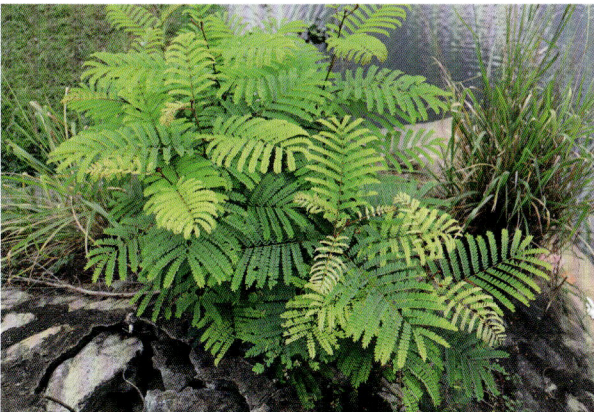

银珠（豆科盾柱木属）
Peltophorum dasyrrhachis var. *tonkinensis* (Pierre) K. Larsen & S. S. Larsen

紫檀（豆科紫檀属）
Pterocarpus indicus Willd.

红花檵木（金缕梅科檵木属）
Loropetalum chinense var. *rubrum* Yieh

千头木麻黄（木麻黄科木麻黄属）
Casuarina nana Sieber ex Spreng.

波罗蜜（桑科波罗蜜属）
Artocarpus heterophyllus Lam.

高山榕（桑科榕属）
Ficus altissima Blume

垂叶榕（桑科榕属）
Ficus benjamina L.

印度榕（桑科榕属）
Ficus elastica Roxb. ex Hornem.

大琴叶榕（桑科榕属）
Ficus lyrata Warb.

铁冬青（冬青科冬青属）
Ilex rotunda Thunb.

异叶地锦（葡萄科地锦属）
Parthenocissus dalzielii Gagnep.

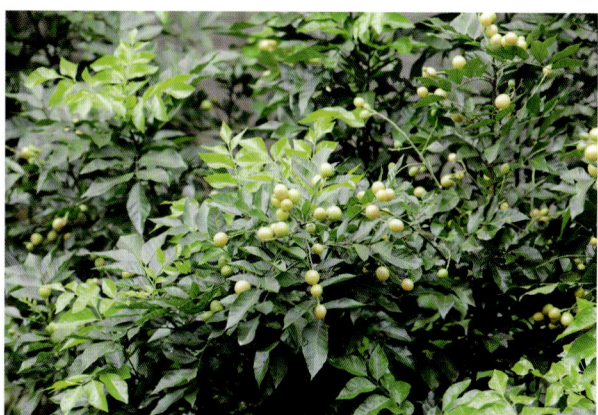

黄皮（芸香科黄皮属）
Clausena lansium (Lour.) Skeels

九里香（芸香科九里香属）
Murraya exotica L. Mant.

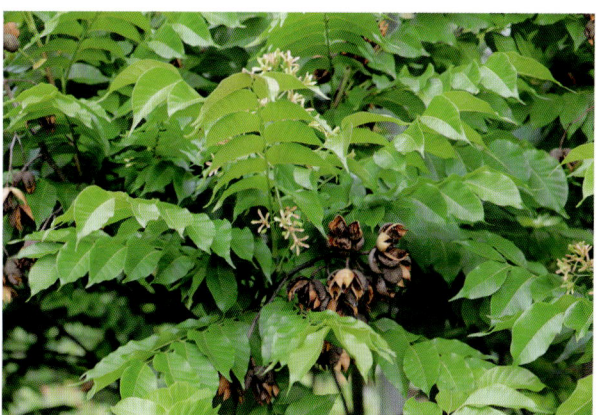

麻楝（楝科麻楝属）
Chukrasia tabularis A. Juss.

非洲楝（楝科非洲楝属）
Khaya senegalensis (Desr.) A. Juss.

龙眼（无患子科龙眼属）
Dimocarpus longan Lour.

复羽叶栾树（无患子科栾树属）
Koelreuteria bipinnata Franch.

荔枝（无患子科荔枝属）
Litchi chinensis Sonn.

岭南酸枣（漆树科岭南酸枣属）
Allospondias lakonensis (Pierre) Stapf

人面子（漆树科人面子属）
Dracontomelon duperreanum Pierre

杜果（漆树科杜果属）
Mangifera indica L.

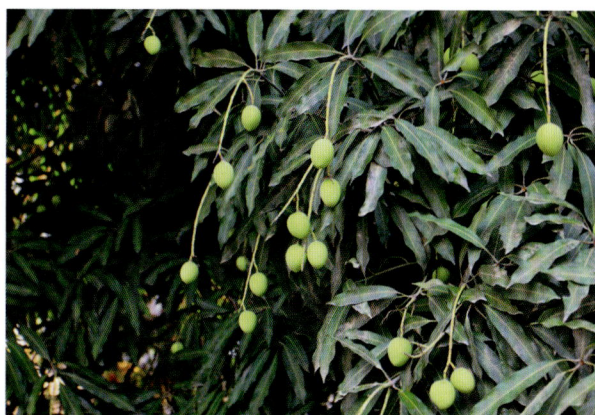

扁桃（漆树科杜果属）
Mangifera persiciforma C. Y. Wu & T. L. Ming

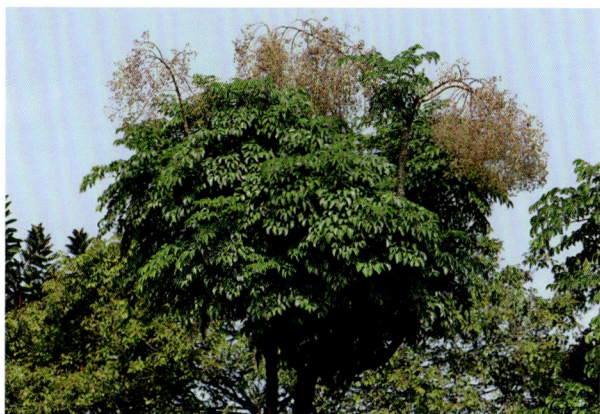

幌伞枫（五加科幌伞枫属）
Heteropanax fragrans (Roxb.) Seem.

南美天胡荽（五加科天胡荽属）
Hydrocotyle verticillata Thunb.

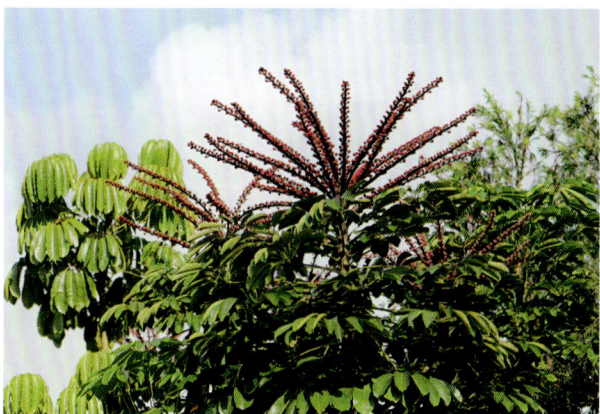

辐叶鹅掌柴（五加科南鹅掌柴属）
Schefflera actinophylla (Endl.) Harms

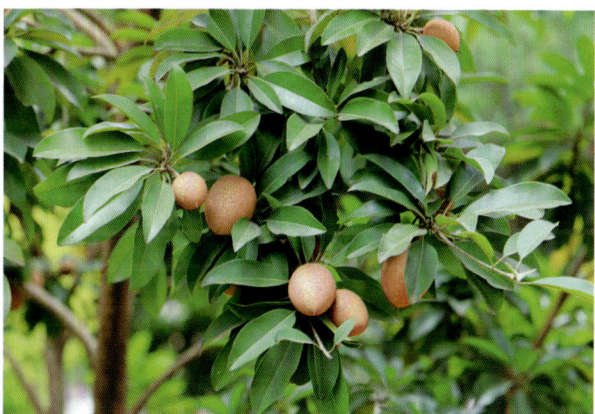

人心果（山榄科铁线子属）
Manilkara zapota (L.) van Royen

灰莉（龙胆科灰莉属）
Fagraea ceilanica Thunb.

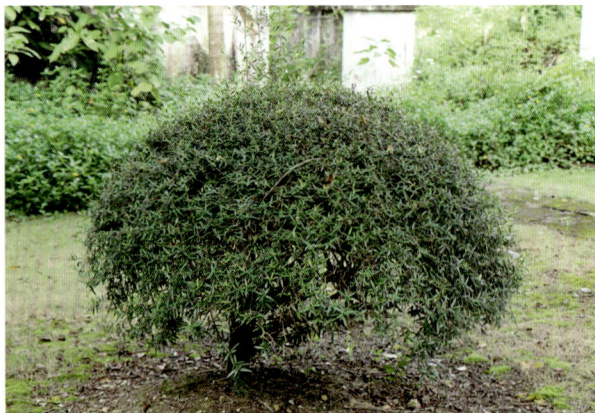

锈鳞木樨榄（木樨科木樨榄属）
Olea europaea subsp. *cuspidata* (Wall. ex G. Don) Cif.

软枝黄蝉（夹竹桃科黄蝉属）
Allamanda cathartica L.

糖胶树（夹竹桃科鸡骨常山属）
Alstonia scholaris (L.) R. Br.

牛角瓜（夹竹桃科牛角瓜属）
Calotropis gigantea (L.) W. T. Aiton

夹竹桃（夹竹桃科夹竹桃属）
Nerium oleander L.

鸡蛋花（夹竹桃科鸡蛋花属）
Plumeria rubra 'Acutifolia'

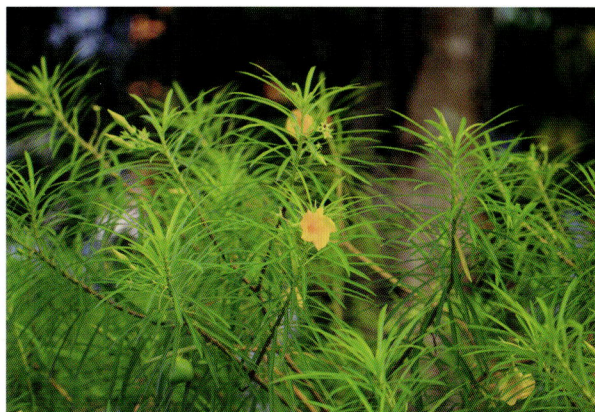

黄花夹竹桃（夹竹桃科黄花夹竹桃属）
Thevetia peruviana (Pers.) K. Schum.

长隔木（茜草科长隔木属）
Hamelia patens Jacq.

忍冬（忍冬科忍冬属）
Lonicera japonica Thunb.

扁桃斑鸠菊（菊科斑鸠菊属）
Vernonia amygdalina Delile

蓝花丹（白花丹科白花丹属）
Plumbago auriculata Lam.

白花丹（白花丹科白花丹属）
Plumbago zeylanica L.

蕹菜（旋花科番薯属）
Ipomoea aquatica Forsskal

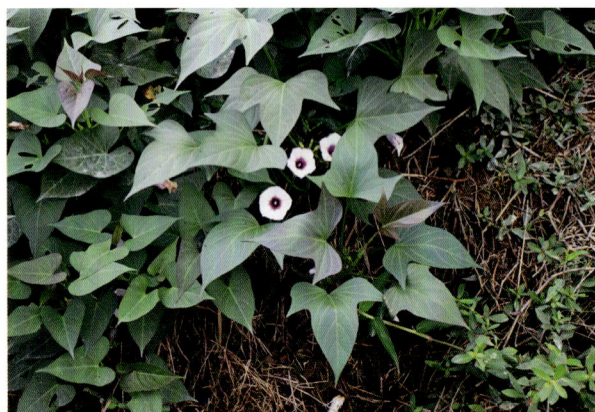

番薯（旋花科番薯属）
Ipomoea batatas (L.) Lam.

茑萝（旋花科番薯属）
Ipomoea quamoclit L.

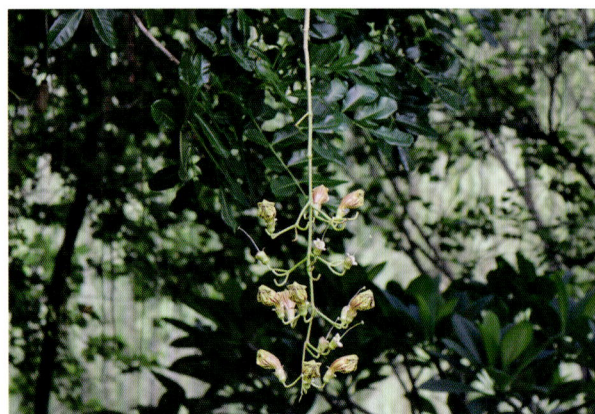

吊瓜树（紫葳科吊瓜树属）
Kigelia africana (Lam.) Benth.

炮仗花（紫葳科炮仗藤属）
Pyrostegia venusta (Ker-Gawl.) Miers

海南菜豆树（紫葳科菜豆树属）
Radermachera hainanensis Merr.

火焰树（紫葳科火焰树属）
Spathodea campanulata Beauv.

蓝花草（爵床科芦莉草属）
Ruellia simplex C.Wright

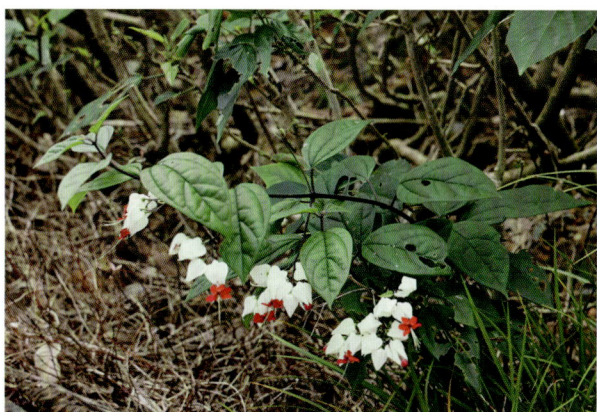

龙吐珠（唇形科大青属）
Clerodendrum thomsoniae Balf. f.

假连翘（马鞭草科假连翘属）
Duranta erecta L.

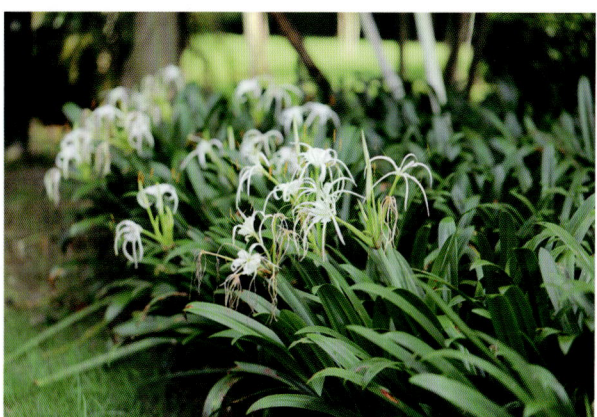

水鬼蕉（石蒜科水鬼蕉属）
Hymenocallis littoralis (Jacq.) Salisb.

韭莲（石蒜科葱莲属）
Zephyranthes carinata Herbert

水石榕（杜英科杜英属）
Elaeocarpus hainanensis Oliver

毛果杜英（杜英科杜英属）
Elaeocarpus rugosus Roxb.

紫背万年青（鸭跖草科紫万年青属）
Tradescantia spathacea Swartz

香蕉（芭蕉科芭蕉属）
Musa nana Lour.

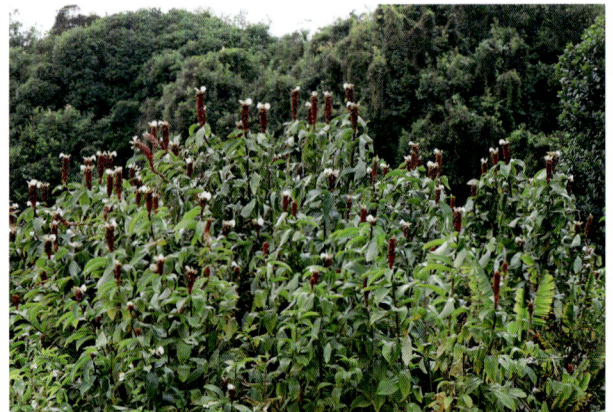

闭鞘姜（姜科闭鞘姜属）
Cheilocostus speciosus (J. Koenig) C. D. Specht

蕉芋（美人蕉科美人蕉属）
Canna edulis Ker

石刁柏（天门冬科天门冬属）
Asparagus officinalis L.

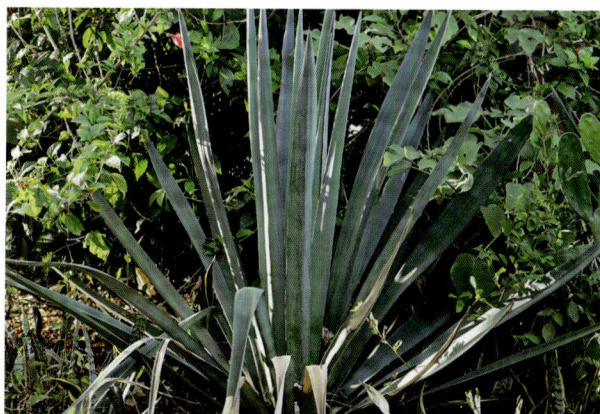

剑麻（天门冬科龙舌兰属）
Agave sisalana Perr. ex Engelm.

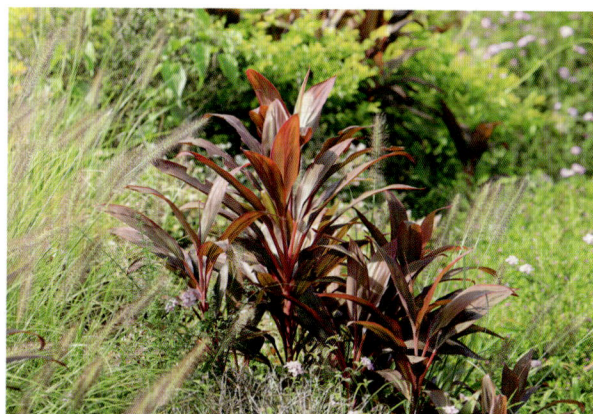

朱蕉（天门冬科朱蕉属）
Cordyline fruticosa (Linn) A. Chevalier

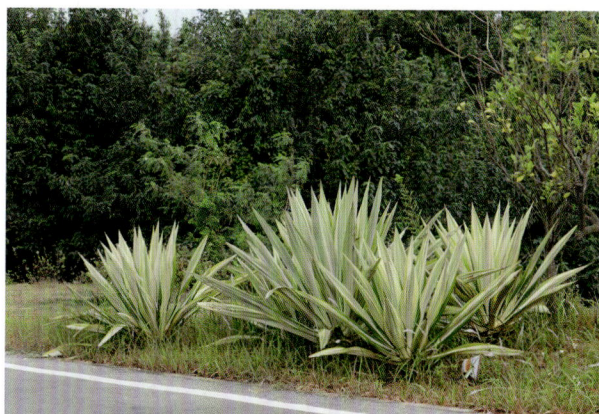

巨麻（天门冬科巨麻属）
Furcraea foetida (L.) Haw.

虎尾兰（天门冬科虎尾兰属）
Sansevieria trifasciata Prain

霸王棕（棕榈科霸王棕属）
Bismarckia nobilis Hildebr. & H.Wendl.

短穗鱼尾葵（棕榈科鱼属葵属）
Caryota mitis Lour.

鱼尾葵（棕榈科鱼属葵属）
Caryota maxima Blume ex Martius

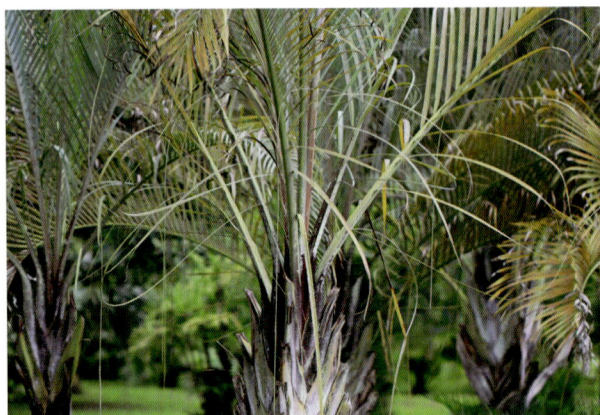

三角椰子（棕榈科金果椰属）
Dypsis decaryi (Jum.) Beentje & J. Dransf.

散尾葵（棕榈科金果椰属）
Dypsis lutescens (H. Wendl.) Beentje et J. Dransf.

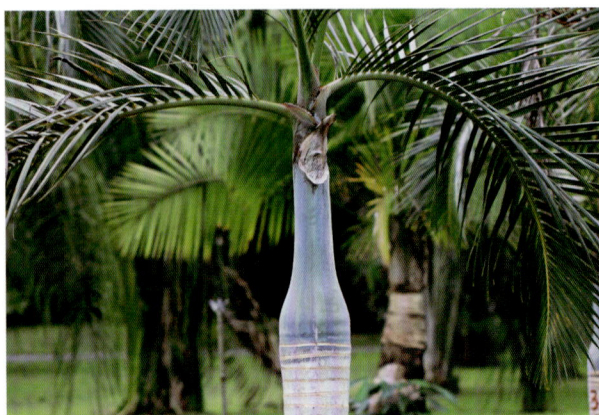

棍棒椰子（棕榈科酒瓶椰属）
Hyophorbe verschaffeltii H. Wendl.

蒲葵（棕榈科蒲葵属）
Livistona chinensis (Jacq.) R. Br.

加那利海枣（棕榈科刺葵属）
Phoenix canariensis Chabaud

江边刺葵（棕榈科刺葵属）
Phoenix roebelenii O'Brien

银海枣（棕榈科刺葵属）
Phoenix sylvestris Roxb.

棕竹（棕榈科棕竹属）
Rhapis excelsa (Thunb.) Henry ex Rehd.

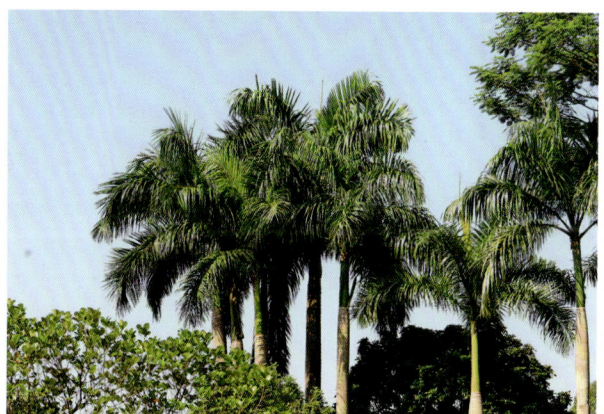

王棕（棕榈科王棕属）
Roystonea regia (Kunth.) O. F. Cook

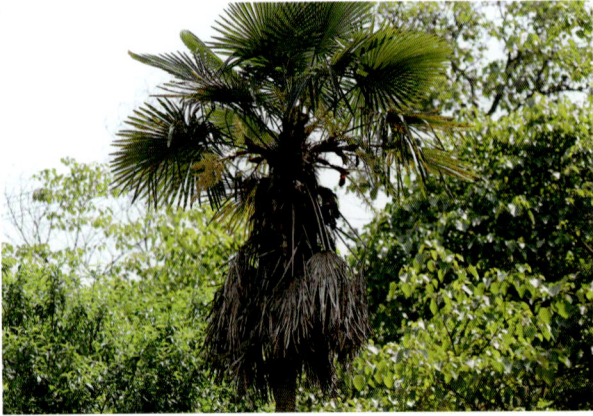

棕榈（棕榈科棕榈属）
Trachycarpus fortunei (Hook.) H. Wendl.

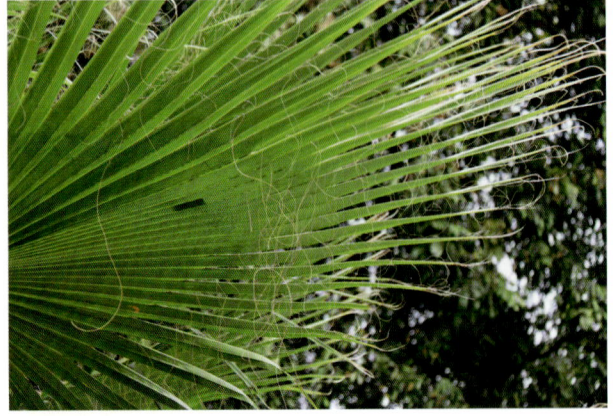

丝葵（棕榈科丝葵属）
Washingtonia filifera (Lind. ex Andre) H. Wendl.

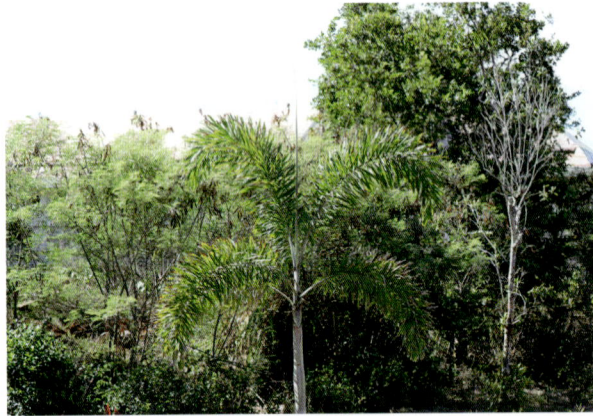

狐尾椰（棕榈科狐尾椰属）
Wodyetia bifurcata A. Irvine

扇叶露兜树（露兜树科露兜树属）
Pandanus utilis Borg.

粉单竹（禾本科簕竹属）
Bambusa chungii McClure

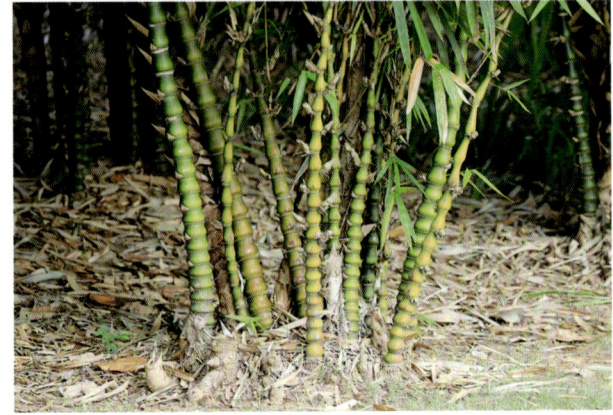

大佛肚竹（禾本科簕竹属）
Bambusa vulgaris 'Wamin'

参考文献

但新球, 廖宝文, 吴照柏, 等. 中国红树林湿地资源、保护现状和主要威胁[J]. 生态环境学报, 2016, 25 (7): 1237–1243.

邓秋香, 郭国, 潘良浩. 广西北海滨海国家湿地公园红树林植物群落调查与分析[J]. 广西林业科学, 2022, 51 (3): 388–393.

范航清, 黎广钊, 周浩郎, 等. 广西北部湾典型海洋生态系统: 现状与挑战[M]. 北京: 科学出版社, 2015.

范航清, 邱广龙, 石雅君. 中国亚热带海草生理生态学研究[M]. 北京: 科学出版社, 2011.

范航清, 吴斌, 潘良浩, 等. 广西山口国家级红树林生态自然保护区科考报告[M]. 南宁: 广西科学技术出版社, 2021.

范航清等. 红树林[M]. 南宁: 广西科学技术出版社, 2018.

国家林业局. 中国湿地资源: 广西卷[M]. 北京: 中国林业出版社, 2015.

何斌源, 潘良浩, 王欣, 等. 乡土盐沼植物及其生态恢复[M]. 北京: 中国林业出版社, 2014.

贺强, 安渊, 崔保山. 滨海盐沼及其植物群落的分布与多样性[J]. 生态环境学报, 2010, 19 (3): 657–664.

胡刚, 黎洁, 覃盈盈, 等. 广西北仑河口红树植物种群结构与动态特征[J]. 生态学报, 2018, 38(9): 3022–3034.

黄海萍, 陈克亮, 王爱军. 广西山口红树林保护区保护成效评估[J]. 海洋开发与管理, 2022, 39(7): 35–40.

黄祥娟, 陆禄, 翁培耀. 浅谈广西茅尾海红树林保护区建设及生态环境保护对策[J]. 农业与技术, 2022, 42(2): 99–101.

黄小平, 江志坚, 范航清, 等. 中国海草的"藻"名更改[J]. 海洋与湖沼, 2016, 47(1): 290–294.

黄小平, 江志坚, 张景平, 等. 全球海草的中文命名[J]. 海洋学报, 2018, 40(4): 127–133.

蒋与丽. 鹭科鸟类与滨海植物树种之间关系的研究[D]. 南宁: 广西大学, 2007.

孔宁谦, 黄大中. 广西海岸带气候资源的综合评价与开发利用[J]. 海洋开发, 1987, (3): 46–51.

李梦. 广西海草床沉积物碳储量研究[D]. 南宁: 广西师范学院, 2018.

李树华, 夏华永, 梁少红, 等. 广西近海的潮流和余流特征[J]. 海洋通报, 2001, 20(4): 11–19.

梁士楚. 广西滨海湿地[M]. 北京: 科学出版社, 2018.

梁士楚. 生态学研究: 广西湿地与湿地生物多样性[M]. 北京: 科学出版社, 2014.

林金兰, 刘昕明, 蓝文陆, 等. 广西壮族自治区合浦儒艮国家级自然保护区的海草生境保护成效研究[J]. 湿地科学, 2020, 18(4): 461–467.

林鹏. 海洋高等植物生态学[M]. 北京: 科学出版社, 2006.

刘文爱, 孙仁杰, 杨明柳, 等. 广西山口国家级红树林生态自然保护区生物多样性图鉴[M]. 南宁: 广西科学技术出版社, 2021.

马金双, 李惠茹. 中国外来入侵植物名录[M]. 北京: 高等教育出版社, 2018.

马宁宁. 匍匐滨藜的化学成分及其药理活性研究[D]. 海口: 海南师范大学, 2013.

潘良浩, 史小芳, 曾聪, 等. 广西滨海盐沼生态系统研究现状及展望[J]. 广西科学, 2017, 24 (5): 453–461.

潘良浩, 史小芳, 曾聪, 等. 广西红树林的植物类型[J]. 广西科学, 2018, 25 (4): 352–362.

王文卿, 陈琼. 南方滨海耐盐植物资源(一)[M]. 厦门: 厦门大学出版社, 2013.

王文卿, 王瑁. 中国红树林[M]. 北京: 科学出版社, 2007.

邱广龙, 范航清, 李蕾鲜, 等. 潮间带海草床的生态恢复[M]. 北京: 中国林业出版社, 2014.

杨世伦. 海岸环境和地貌过程导论[M]. 北京: 海洋出版社, 2003.

夏华永, 古万才. 广西沿海海洋站观测海水温度的统计分析[J]. 海洋通报, 2000, 19(4): 15–21.

Adam P. Salt marsh Ecology [M]. Cambridge: Cambridge University Press, 1990.

Alongi D M. The Energetics of Mangrove Forests [M]. New York: Springer, 2009.

附录：广西滨海植物名录

广西滨海植物共调查到维管植物1038种（含种下等级），隶属于159科637属，其中蕨类植物12科22属33种；裸子植物7科8属13种；被子植物140科607属992种。本名录的科名，蕨类植物按石松类和蕨类植物分类系统；裸子植物按郑万钧系统；被子植物按APG Ⅳ分类系统。

"类型"中的数字：1表示真红树植物，2表示半红树植物，3表示滨海盐沼植物，4表示海草植物，5表示浪花飞溅区植物。行政区域列中的数字：0表示该种在该区域无分布，1表示有分布。

序号	科名	种名	学名	来源	类型	生活型	外来种	入侵种	钦南区	银海区	海城区	铁山港区	合浦县	港口区	防城区	东兴市
1	瓶尔小草科	瓶尔小草	*Ophioglossum vulgatum*	野生	5	草本	否	否	0	0	0	0	0	1	1	0
2	里白科	芒萁	*Dicranopteris pedata*	野生	5	草本	否	否	1	1	1	1	1	1	1	1
3	海金沙科	海南海金沙	*Lygodium circinnatum*	野生	5	藤本	否	否	0	0	0	0	0	0	1	1
4	海金沙科	曲轴海金沙	*Lygodium flexuosum*	野生	5	藤本	否	否	1	1	1	1	1	1	1	1
5	海金沙科	海金沙	*Lygodium japonicum*	野生	5	藤本	否	否	1	1	1	1	1	1	1	1
6	海金沙科	小叶海金沙	*Lygodium microphyllum*	野生	5	藤本	否	否	1	1	1	1	1	1	1	1
7	蚌壳蕨科	金毛狗	*Cibotium barometz*	野生	5	草本	否	否	1	1	1	0	1	1	1	1
8	鳞始蕨科	异叶双唇蕨	*Lindsaea heterophylla*	野生	5	草本	否	否	1	1	1	1	1	1	1	1
9	鳞始蕨科	团叶鳞始蕨	*Lindsaea orbiculata*	野生	5	草本	否	否	1	1	1	1	1	1	1	1
10	鳞始蕨科	阔片乌蕨	*Odontosoria biflora*	野生	5	草本	否	否	0	0	0	0	0	0	1	0
11	凤尾蕨科	剑叶凤尾蕨	*Pteris ensiformis*	野生	5	草本	否	否	1	1	1	1	1	1	1	1
12	凤尾蕨科	半边旗	*Pteris semipinnata*	野生	5	草本	否	否	1	1	1	1	1	1	1	1
13	凤尾蕨科	蜈蚣凤尾蕨	*Pteris vittata*	野生	5	草本	否	否	1	1	1	1	1	1	1	1
14	凤尾蕨科	卤蕨	*Acrostichum aureum*	野生	1	草本	否	否	1	1	1	1	1	1	1	1
15	凤尾蕨科	薄叶碎米蕨	*Cheilanthes tenuifolia*	野生	5	草本	否	否	0	0	0	0	0	0	1	0
16	凤尾蕨科	粉叶蕨	*Pityrogramma calomelanos*	野生	5	草本	是	否	1	0	0	0	0	0	0	0
17	凤尾蕨科	铁线蕨	*Adiantum capillus-veneris*	野生	5	草本	否	否	1	1	1	1	1	0	0	0
18	凤尾蕨科	扇叶铁线蕨	*Adiantum flabellulatum*	野生	5	草本	否	否	1	1	1	1	1	1	1	1
19	凤尾蕨科	假鞭叶铁线蕨	*Adiantum malesianum*	野生	5	草本	否	否	0	1	1	0	1	1	1	1
20	凤尾蕨科	水蕨	*Ceratopteris thalictroides*	野生	5	草本	否	否	1	0	1	0	1	1	0	0
21	金星蕨科	毛蕨	*Cyclosorus interruptus*	野生	5	草本	否	否	1	1	1	0	1	1	1	1
22	金星蕨科	华南毛蕨	*Cyclosorus parasiticus*	野生	5	草本	否	否	1	1	1	1	1	1	1	1
23	乌毛蕨科	乌毛蕨	*Blechnopsis orientalis*	野生	5	草本	否	否	1	1	1	1	1	1	1	1
24	乌毛蕨科	光叶藤蕨	*Stenochlaena palustris*	野生	5	草本	否	否	0	0	0	0	0	0	1	0
25	鳞毛蕨科	全缘贯众	*Cyrtomium falcatum*	野生	5	草本	否	否	0	0	0	0	0	0	1	0
26	肾蕨科	长叶肾蕨	*Nephrolepis biserrata*	野生	5	草本	否	否	0	0	1	0	1	1	1	1
27	肾蕨科	毛叶肾蕨	*Nephrolepis brownii*	野生	5	草本	否	否	1	1	1	1	1	1	1	1
28	肾蕨科	肾蕨	*Nephrolepis cordifolia*	野生	5	草本	否	否	1	1	1	1	1	1	1	1
29	水龙骨科	抱石莲	*Lemmaphyllum drymoglossoides*	野生	5	草本	否	否	0	0	1	0	1	1	0	1
30	水龙骨科	瘤蕨	*Microsorum scolopendria*	野生	5	草本	否	否	0	0	0	0	0	0	0	1
31	水龙骨科	贴生石韦	*Pyrrosia adnascens*	野生	5	草本	否	否	1	0	1	1	1	1	1	1
32	水龙骨科	团叶槲蕨	*Drynaria bonii*	野生	5	草本	否	否	1	1	1	1	1	1	1	0
33	蘋科	蘋	*Marsilea quadrifolia*	野生	5	草本	否	否	1	1	1	1	1	1	1	1
34	苏铁科	苏铁	*Cycas revoluta*	栽培	5	灌木	否	否	1	1	1	1	1	1	1	1
35	南洋杉科	异叶南洋杉	*Araucaria heterophylla*	栽培	5	乔木	是	否	0	1	1	0	1	1	1	1
36	松科	南亚松	*Pinus latteri*	野生	5	乔木	否	否	0	0	0	0	1	1	0	0
37	松科	马尾松	*Pinus massoniana*	野生	5	乔木	否	否	1	1	1	1	1	1	1	1
38	杉科	柳杉	*Cryptomeria japonica* var. *sinensis*	栽培	5	乔木	否	否	1	1	1	1	1	1	1	1
39	柏科	圆柏	*Juniperus chinensis*	栽培	5	乔木	否	否	1	1	1	1	0	1	1	0
40	柏科	龙柏	*Juniperus chinensis* 'Kaizuca'	栽培	5	乔木	否	否	1	1	1	1	1	1	1	0
41	罗汉松科	竹柏	*Nageia nagi*	栽培	5	乔木	否	否	0	0	0	0	1	1	1	1
42	罗汉松科	罗汉松	*Podocarpus macrophyllus*	栽培	5	乔木	否	否	1	1	1	1	1	1	1	1
43	罗汉松科	短叶罗汉松	*Podocarpus macrophyllus* var. *maki*	栽培	5	乔木	否	否	1	1	1	1	1	1	1	1

序号	科名	种名	学名	来源	类型	生活型	外来种	入侵种	钦南区	银海区	海城区	铁山港区	合浦县	港口区	防城区	东兴市
44	买麻藤科	海南买麻藤	*Gnetum hainanense*	野生	5	藤本	否	否	0	0	0	0	0	0	0	1
45	买麻藤科	买麻藤	*Gnetum montanum*	野生	5	藤本	否	否	1	0	0	1	1	0	1	0
46	买麻藤科	小叶买麻藤	*Gnetum parvifolium*	野生	5	藤本	否	否	1	0	0	1	1	0	1	1
47	木兰科	夜香木兰	*Lirianthe coco*	栽培	5	灌木	否	否	0	0	0	1	1	0	0	1
48	木兰科	含笑花	*Michelia figo*	栽培	5	灌木	否	否	1	1	1	0	1	0	1	0
49	五味子科	八角	*Illicium verum*	栽培	5	乔木	否	否	0	0	0	0	0	0	1	0
50	番荔枝科	番荔枝	*Annona squamosa*	栽培	5	灌木	否	否	1	1	1	1	1	0	1	1
51	番荔枝科	假鹰爪	*Desmos chinensis*	野生	5	藤本	否	否	1	1	1	1	1	1	1	1
52	番荔枝科	黑风藤	*Fissistigma polyanthum*	野生	5	藤本	否	否	0	0	0	1	1	0	1	0
53	番荔枝科	细基丸	*Huberantha cerasoides*	野生	5	乔木	否	否	0	0	0	0	0	0	0	1
54	番荔枝科	暗罗	*Polyalthia suberosa*	野生	5	灌木	否	否	0	0	0	0	0	0	0	1
55	番荔枝科	光叶紫玉盘	*Uvaria boniana*	野生	5	灌木	否	否	0	0	0	0	0	0	0	1
56	番荔枝科	山椒子	*Uvaria grandiflora*	野生	5	灌木	否	否	1	0	0	1	1	0	1	1
57	番荔枝科	紫玉盘	*Uvaria macrophylla*	野生	5	灌木	否	否	1	0	0	1	1	0	1	1
58	樟科	毛黄肉楠	*Actinodaphne pilosa*	野生	5	乔木	否	否	1	1	1	1	1	1	1	1
59	樟科	无根藤	*Cassytha filiformis*	野生	5	藤本	否	否	1	1	1	1	1	1	1	1
60	樟科	阴香	*Cinnamomum burmannii*	栽培	5	乔木	否	否	1	1	1	1	1	1	1	1
61	樟科	樟	*Cinnamomum camphora*	栽培	5	乔木	否	否	1	1	1	1	1	1	1	1
62	樟科	肉桂	*Cinnamomum cassia*	栽培	5	乔木	否	否	1	0	0	1	1	1	1	1
63	樟科	黄果厚壳桂	*Cryptocarya concinna*	野生	5	乔木	否	否	0	0	0	0	0	0	1	0
64	樟科	乌药	*Lindera aggregata*	野生	5	灌木	否	否	1	1	1	1	1	1	1	1
65	樟科	小叶乌药	*Lindera aggregata* var. *playfairii*	野生	5	灌木	否	否	1	0	0	0	1	1	0	0
66	樟科	香叶树	*Lindera communis*	野生	5	乔木	否	否	1	1	1	1	1	1	1	1
67	樟科	山鸡椒	*Litsea cubeba*	野生	5	灌木	否	否	1	1	1	1	1	1	1	1
68	樟科	潺槁木姜子	*Litsea glutinosa*	野生	5	乔木	否	否	1	1	1	1	1	1	1	1
69	樟科	假柿木姜子	*Litsea monopetala*	野生	5	乔木	否	否	1	1	1	1	1	1	1	1
70	樟科	圆叶豺皮樟	*Litsea rotundifolia*	野生	5	灌木	否	否	1	1	1	1	1	1	1	1
71	樟科	豺皮樟	*Litsea rotundifolia* var. *oblongifolia*	野生	5	灌木	否	否	1	1	1	1	1	1	1	1
72	樟科	绒毛润楠	*Machilus velutina*	野生	5	灌木	否	否	1	0	0	1	1	0	1	1
73	樟科	下龙新木姜子	*Neolitsea alongensis*	野生	5	灌木	否	否	0	0	0	0	0	1	0	0
74	莲科	莲	*Nelumbo nucifera*	栽培	5	草本	否	否	1	1	1	1	1	1	1	0
75	睡莲科	黄睡莲	*Nymphaea mexicana*	栽培	5	草本	是	否	1	1	1	0	1	0	1	0
76	防己科	木防己	*Cocculus orbiculatus*	野生	5	藤本	否	否	1	1	1	1	1	1	1	1
77	防己科	夜花藤	*Hypserpa nitida*	野生	5	藤本	否	否	1	0	0	0	0	1	1	1
78	防己科	细圆藤	*Pericampylus glaucus*	野生	5	藤本	否	否	1	1	1	1	1	1	1	1
79	防己科	中华青牛胆	*Tinospora sinensis*	野生	5	藤本	否	否	1	1	1	1	1	1	1	1
80	胡椒科	假蒟	*Piper sarmentosum*	野生	5	草本	否	否	1	1	1	1	1	1	1	1
81	金粟兰科	草珊瑚	*Sarcandra glabra*	野生	5	灌木	否	否	1	1	1	1	0	1	0	1
82	白花菜科	黄花草	*Arivela viscosa*	野生	5	草本	否	否	1	1	1	1	1	1	1	1
83	山柑科	青皮刺	*Capparis sepiaria*	野生	5	灌木	否	否	0	0	0	1	1	0	1	1
84	山柑科	牛眼睛	*Capparis zeylanica*	野生	5	灌木	否	否	1	1	1	1	0	0	1	0
85	白花菜科	皱子鸟足菜	*Cleome rutidosperma*	野生	5	草本	是	是	0	1	1	1	1	1	1	1
86	山柑科	钝叶鱼木	*Crateva trifoliata*	野生	5	乔木	否	否	1	0	0	1	1	1	0	0
87	十字花科	北美独行菜	*Lepidium virginicum*	野生	5	草本	是	是	0	0	0	1	1	0	1	1
88	远志科	瓜子金	*Polygala japonica*	野生	5	草本	否	否	1	1	1	1	1	1	1	1
89	远志科	黄叶树	*Xanthophyllum hainanense*	野生	5	乔木	否	否	1	0	0	0	0	0	1	0
90	景天科	落地生根	*Bryophyllum pinnatum*	栽培+野生	5	草本	是	是	1	1	1	1	1	1	1	1
91	景天科	伽蓝菜	*Kalanchoe ceratophylla*	栽培	5	草本	否	否	1	1	1	0	0	1	1	1
92	茅膏菜科	锦地罗	*Drosera burmannii*	野生	5	草本	否	否	0	1	1	1	1	0	1	1
93	茅膏菜科	长叶茅膏菜	*Drosera indica*	野生	5	草本	否	否	0	0	0	1	0	0	1	0
94	石竹科	石竹	*Dianthus chinensis*	栽培	5	草本	否	否	0	1	1	1	1	1	1	1
95	石竹科	荷莲豆草	*Drymaria cordata*	野生	5	草本	否	否	1	1	1	1	1	1	1	1
96	石竹科	白鼓钉	*Polycarpaea corymbosa*	野生	5	草本	否	否	1	1	1	1	1	1	1	1
97	石竹科	繁缕	*Stellaria media*	野生	5	草本	否	否	1	1	1	1	1	1	1	1
98	粟米草科	毯粟草	*Mollugo verticillata*	野生	5	草本	否	否	0	0	0	0	0	0	1	1

(续)

序号	科名	种名	学名	来源	类型	生活型	外来种	入侵种	钦南区	银海区	海城区	铁山港区	合浦县	港口区	防城区	东兴市
99	番杏科	假海马齿	*Trianthema portulacastrum*	野生	5	草本	否	否	1	0	0	0	0	0	0	0
100	粟米草科	粟米草	*Trigastrotheca stricta*	野生	5	草本	否	否	1	1	1	1	1	1	1	1
101	番杏科	海马齿	*Sesuvium portulacastrum*	野生	3	草本	否	否	1	1	1	1	1	1	1	1
102	马齿苋科	大花马齿苋	*Portulaca grandiflora*	栽培	5	草本	是	否	1	1	1	1	0	1	1	1
103	马齿苋科	马齿苋	*Portulaca oleracea*	野生	3	草本	否	否	1	1	1	1	1	1	1	1
104	马齿苋科	毛马齿苋	*Portulaca pilosa*	野生	3	草本	是	是	1	1	1	1	1	1	1	1
105	马齿苋科	四瓣马齿苋	*Portulaca quadrifida*	野生	5	草本	否	否	0	0	1	0	1	0	0	0
106	马齿苋科	环翅马齿苋	*Portulaca umbraticola*	栽培	5	草本	否	否	1	1	1	1	1	1	1	1
107	蓼科	海葡萄	*Coccoloba uvifera*	栽培	5	灌木	是	否	0	1	0	0	0	0	0	0
108	蓼科	火炭母	*Persicaria chinensis*	野生	5	草本	否	否	1	1	1	1	1	1	1	1
109	蓼科	水蓼	*Persicaria hydropiper*	野生	5	草本	否	否	1	1	1	1	1	1	1	1
110	蓼科	羊蹄	*Rumex japonicus*	野生	5	草本	否	否	1	1	1	1	1	1	1	1
111	商陆科	垂序商陆	*Phytolacca americana*	野生	5	草本	是	是	1	1	1	1	1	1	1	1
112	苋科	匍匐滨藜	*Atriplex repens*	野生	3	草本	否	否	0	1	0	1	0	1	0	0
113	苋科	地肤	*Bassiascoparia*	栽培	5	灌木	否	否	1	1	1	1	1	1	1	1
114	苋科	狭叶尖头叶藜	*Chenopodium acuminatum subsp. virgatum*	野生	5	草本	否	否	1	1	1	1	1	1	1	1
115	苋科	小藜	*Chenopodium ficifolium*	野生	5	草本	否	否	1	1	1	1	1	1	1	1
116	苋科	南方碱蓬	*Suaeda australis*	野生	3	草本	否	否	1	1	1	1	1	1	1	1
117	苋科	印度肉苞海蓬	*Tecticornia indica*	野生	3	草本	否	否	1	0	0	0	0	0	0	0
118	苋科	土牛膝	*Achyranthes aspera*	野生	5	草本	否	否	1	1	1	1	1	1	1	1
119	苋科	牛膝	*Achyranthes bidentata*	野生	5	草本	否	否	1	1	1	1	1	1	1	1
120	苋科	牛膝属 sp	*Achyranthes sp.*	野生	5	草本	否	否	0	1	0	1	0	0	0	0
121	苋科	砂苋	*Allmania nodiflora*	野生	5	草本	否	否	1	0	0	0	0	0	0	0
122	苋科	莲子草	*Alternanthera sessilis*	野生	5	草本	否	否	1	1	1	1	1	1	1	1
123	苋科	合被苋	*Amaranthus polygonoides*	野生	5	草本	是	是	0	1	1	1	1	0	0	0
124	苋科	刺苋	*Amaranthus spinosus*	野生	5	草本	是	是	1	1	1	1	1	1	1	1
125	苋科	皱果苋	*Amaranthus viridis*	野生	5	草本	是	是	1	1	1	1	1	1	1	1
126	苋科	青葙	*Celosia argentea*	野生	5	草本	否	否	1	1	1	1	1	1	1	1
127	苋科	银花苋	*Gomphrena celosioides*	野生	5	草本	是	是	1	1	1	1	1	1	1	1
128	苋科	千日红	*Gomphrena globosa*	栽培	5	草本	是	否	1	1	1	1	1	1	1	1
129	落葵科	落葵薯	*Anredera cordifolia*	野生	5	藤本	是	是	1	1	1	1	1	1	1	1
130	蒺藜科	蒺藜	*Tribulus terrestris*	野生	5	草本	否	否	0	0	1	0	0	0	0	0
131	牻牛儿苗科	天竺葵	*Pelargonium hortoru*	栽培	5	草本	是	否	1	1	1	0	1	0	1	0
132	酢浆草科	阳桃	*Averrhoa carambola*	栽培	5	乔木	否	否	1	1	1	1	1	1	1	1
133	酢浆草科	酢浆草	*Oxalis corniculata*	野生	5	草本	否	否	1	1	1	1	1	1	1	1
134	凤仙花科	凤仙花	*Impatiens balsamina*	栽培	5	草本	否	否	1	1	1	1	1	1	1	1
135	千屈菜科	紫薇	*Lagerstroemia indica*	栽培	5	灌木	否	否	1	1	1	1	1	1	1	1
136	千屈菜科	大花紫薇	*Lagerstroemia speciosa*	栽培	5	乔木	否	否	1	1	1	1	1	1	1	1
137	千屈菜科	绒毛紫薇	*Lagerstroemia tomentosa*	栽培	5	乔木	否	否	0	0	0	0	0	0	0	0
138	千屈菜科	圆叶节节菜	*Rotala rotundifolia*	野生	5	草本	否	否	1	1	1	1	1	1	1	0
139	千屈菜科	水苋菜	*Ammannia baccifera*	栽培	5	草本	否	否	0	0	1	0	0	0	0	0
140	千屈菜科	无瓣海桑	*Sonneratia apetala*	野生+栽培	1	乔木	是	否	1	1	1	1	1	1	1	1
141	千屈菜科	石榴	*Punica granatum*	栽培	5	灌木	是	否	1	1	1	1	1	1	1	1
142	柳叶菜科	水龙	*Ludwigia adscendens*	野生	5	草本	否	否	1	1	1	1	1	1	1	1
143	柳叶菜科	毛草龙	*Ludwigia octovalvis*	野生	5	草本	否	否	1	1	1	1	1	1	1	1
144	柳叶菜科	丁香蓼	*Ludwigia prostrata*	野生	5	草本	否	否	1	1	1	1	1	1	1	1
145	柳叶菜科	粉花月见草	*Oenothera rosea*	野生	5	草本	是	否	1	1	1	1	1	1	1	1
146	瑞香科	土沉香	*Aquilaria sinensis*	栽培	5	乔木	否	否	1	1	1	1	1	1	1	1
147	瑞香科	了哥王	*Wikstroemia indica*	野生	5	灌木	否	否	1	1	1	1	1	1	1	1
148	紫茉莉科	黄细心	*Boerhavia diffusa*	野生	5	草本	否	否	1	1	1	1	1	1	1	1
149	紫茉莉科	直立黄细心	*Boerhavia erecta*	野生	5	草本	否	否	0	0	0	1	0	1	0	0
150	紫茉莉科	叶子花	*Bougainvillea spectabilis*	栽培	5	灌木	是	否	1	1	1	1	1	1	1	1
151	紫茉莉科	紫茉莉	*Mirabilis jalapa*	野生+栽培	5	草本	是	是	1	1	1	1	1	1	1	1

序号	科名	种名	学名	来源	类型	生活型	外来种	入侵种	钦南区	银海区	海城区	铁山港区	合浦县	港口区	防城区	东兴市
152	紫茉莉科	腺果藤	*Pisonia aculeata*	野生	5	灌木	否	否	0	0	1	0	0	0	0	0
153	山龙眼科	银桦	*Grevillea robusta*	栽培	5	乔木	是	否	1	1	1	0	0	1	1	0
154	山龙眼科	小果山龙眼	*Helicia cochinchinensis*	野生	5	乔木	否	否	1	0	0	0	1	0	1	0
155	五桠果科	锡叶藤	*Tetracera sarmentosa*	野生	5	藤本	否	否	1	1	1	1	1	1	1	1
156	海桐科	聚花海桐	*Pittosporum balansae*	野生	5	灌木	否	否	1	0	0	1	0	0	0	1
157	海桐科	海桐	*Pittosporum tobira*	栽培	5	灌木	否	否	1	1	1	1	1	1	1	1
158	杨柳科	膜叶脚骨脆	*Casearia membranacea*	野生	5	灌木	否	否	0	0	0	0	0	0	1	0
159	杨柳科	爪哇脚骨脆	*Casearia velutina*	野生	5	灌木	否	否	1	0	0	0	0	0	0	0
160	杨柳科	刺篱木	*Flacourtia indica*	野生	5	灌木	否	否	1	1	1	1	1	0	0	0
161	杨柳科	箣柊	*Scolopia chinensis*	野生	5	灌木	否	否	1	1	1	1	1	1	1	1
162	杨柳科	柞木	*Xylosma congesta*	野生	5	乔木	否	否	1	1	1	1	1	1	1	1
163	杨柳科	长叶柞木	*Xylosma longifolia*	野生	5	乔木	否	否	0	0	0	0	0	1	0	1
164	西番莲科	鸡蛋果	*Passiflora edulis*	栽培	5	藤本	是	否	1	1	1	1	1	1	1	1
165	西番莲科	龙珠果	*Passiflora foetida*	野生	5	藤本	是	是	1	1	1	1	1	1	1	1
166	葫芦科	红瓜	*Coccinia grandis*	野生	5	藤本	否	否	1	1	1	1	1	0	0	0
167	葫芦科	香瓜	*Cucumis melo* var. *makuwa*	栽培	5	藤本	否	否	1	1	1	0	1	0	1	0
168	葫芦科	木鳖子	*Momordica cochinchinensis*	野生	5	藤本	否	否	1	1	1	1	1	1	1	1
169	葫芦科	茅瓜	*Solena heterophylla*	野生	5	藤本	否	否	1	1	1	1	1	0	0	0
170	葫芦科	马㼎儿	*Zehneria japonica*	野生	5	藤本	否	否	1	1	1	1	1	1	1	1
171	番木瓜科	番木瓜	*Carica papaya*	栽培	5	乔木	是	否	1	1	1	1	1	1	1	1
172	仙人掌科	六角柱	*Cereus peruvianus*	栽培	5	灌木	是	否	1	1	1	0	0	1	0	0
173	仙人掌科	量天尺	*Hylocereus undatus*	野生	5	灌木	是	否	1	1	1	1	1	1	1	1
174	仙人掌科	火龙果	*Hylocereus undatus* 'Foo–Lon'	栽培	5	灌木	是	否	1	1	1	1	1	1	1	1
175	仙人掌科	胭脂掌	*Opuntia cochenillifera*	栽培	5	灌木	是	否	1	1	1	1	1	1	1	1
176	仙人掌科	仙人掌	*Opuntia dillenii*	野生	5	灌木	是	是	1	1	1	1	1	1	1	1
177	仙人掌科	单刺仙人掌	*Opuntia monacantha*	野生	5	灌木	是	是	1	1	1	1	1	1	1	1
178	山茶科	越南油茶	*Camellia drupifera*	栽培	5	灌木	否	否	0	0	0	0	0	0	1	1
179	山茶科	山茶	*Camellia japonica*	栽培	5	灌木	否	否	1	1	1	1	1	1	1	1
180	山茶科	油茶	*Camellia oleifera*	栽培	5	灌木	否	否	1	1	1	0	0	0	1	1
181	山茶科	金花茶	*Camellia petelotii*	栽培	5	灌木	否	否	1	1	1	0	0	0	1	1
182	山茶科	米碎花	*Eurya chinensis*	野生	5	灌木	否	否	1	1	1	1	1	1	1	0
183	山茶科	岗柃	*Eurya groffii*	野生	5	灌木	否	否	1	1	1	1	1	1	1	1
184	山茶科	西南木荷	*Schima wallichii*	野生	5	乔木	否	否	1	1	1	1	1	1	1	1
185	山茶科	小叶厚皮香	*Ternstroemia microphylla*	野生	5	灌木	否	否	1	0	0	0	0	0	1	1
186	金莲木科	金莲木	*Ochna integerrima*	野生	5	灌木	否	否	0	0	0	0	0	0	1	1
187	桃金娘科	岗松	*Baeckea frutescens*	野生	5	灌木	否	否	1	1	1	1	1	1	1	1
188	桃金娘科	美花红千层	*Callistemon citrinus*	栽培	5	灌木	是	否	1	1	1	1	1	1	1	0
189	桃金娘科	红千层	*Callistemon rigidus*	栽培	5	灌木	是	否	1	1	1	1	1	1	1	1
190	桃金娘科	窿缘桉	*Eucalyptus exserta*	栽培	5	乔木	是	否	1	1	1	1	1	1	1	1
191	桃金娘科	巨尾桉	*Eucalyptus grandis* × *urophylla*	栽培	5	乔木	是	否	1	1	1	1	1	1	1	1
192	桃金娘科	尾叶桉	*Eucalyptus urophylla*	栽培	5	乔木	是	否	1	1	1	1	1	1	1	1
193	桃金娘科	白千层	*Melaleuca cajuputi* subsp. *cumingiana*	栽培	5	乔木	是	否	0	1	1	1	1	1	1	1
194	桃金娘科	桃金娘	*Rhodomyrtus tomentosa*	野生	5	灌木	否	否	1	1	1	1	1	1	1	1
195	桃金娘科	黑嘴蒲桃	*Syzygium bullockii*	野生	5	灌木	否	否	1	1	1	1	1	1	1	1
196	桃金娘科	子凌蒲桃	*Syzygium championii*	野生	5	灌木	否	否	0	0	0	0	1	0	1	1
197	桃金娘科	乌墨	*Syzygium cumini*	栽培+野生	5	乔木	否	否	1	1	1	1	1	1	1	1
198	桃金娘科	红鳞蒲桃	*Syzygium hancei*	野生	5	乔木	否	否	1	1	1	1	1	1	1	1
199	桃金娘科	蒲桃	*Syzygium jambos*	栽培	5	乔木	否	否	1	1	1	0	0	1	1	1
200	桃金娘科	水翁蒲桃	*Syzygium nervosum*	野生	5	乔木	否	否	0	0	0	0	0	1	1	1
201	桃金娘科	香蒲桃	*Syzygium odoratum*	野生	5	乔木	否	否	1	0	0	0	0	0	1	1
202	桃金娘科	红枝蒲桃	*Syzygium rehderianum*	野生	5	乔木	否	否	1	0	0	0	0	0	1	1
203	桃金娘科	洋蒲桃	*Syzygium samarangense*	栽培	5	乔木	是	否	1	1	1	1	1	1	1	1
204	桃金娘科	金蒲桃	*Xanthostemon chrysanthus*	栽培	5	乔木	是	否	1	1	1	1	1	1	1	1

序号	科名	种名	学名	来源	类型	生活型	外来种	入侵种	钦南区	银海区	海城区	铁山港区	合浦县	港口区	防城区	东兴市
205	野牡丹科	多花野牡丹	*Melastoma affine*	野生	5	灌木	否	否	1	1	1	1	1	1	1	1
206	野牡丹科	野牡丹	*Melastoma candidum*	野生	5	灌木	否	否	1	1	1	1	1	1	1	1
207	野牡丹科	地稔	*Melastoma dodecandrum*	野生	5	草本	否	否	1	1	1	1	1	0	1	1
208	野牡丹科	毛稔	*Melastoma sanguineum*	野生	5	灌木	否	否	1	1	1	1	1	1	1	1
209	野牡丹科	黑叶谷木	*Memecylon nigrescens*	野生	5	灌木	否	否	0	0	0	0	0	0	1	1
210	野牡丹科	细叶谷木	*Memecylon scutellatum*	野生	5	灌木	否	否	1	0	0	1	1	1	1	1
211	野牡丹科	金锦香	*Osbeckia chinensis*	野生	5	草本	否	否	1	0	0	1	1	1	1	1
212	使君子科	使君子	*Combretum indicum*	栽培	5	藤本	否	否	1	1	1	0	0	1	1	1
213	使君子科	对叶榄李	*Laguncularia racemosa*	野生+栽培	1	乔木	是	否	1	1	1	1	1	1	1	0
214	使君子科	榄李	*Lumnitzera racemosa*	野生	1	灌木	否	否	0	0	0	0	1	0	1	0
215	使君子科	榄仁树	*Terminalia catappa*	栽培	5	乔木	是	否	0	1	1	1	1	1	1	1
216	使君子科	小叶榄仁	*Terminalia neotaliala*	栽培	5	乔木	是	否	1	1	1	0	1	1	1	1
217	红树科	木榄	*Bruguiera gymnorrhiza*	野生	1	灌木	否	否	1	1	1	1	1	1	1	1
218	红树科	竹节树	*Carallia brachiata*	野生	5	乔木	否	否	1	1	1	1	0	1	1	1
219	红树科	旁杞木	*Carallia pectinifolia*	野生	5	乔木	否	否	1	0	1	1	1	1	1	1
220	红树科	秋茄树	*Kandelia obovata*	野生	1	灌木	否	否	1	1	1	1	1	1	1	1
221	红树科	红海榄	*Rhizophora stylosa*	野生	1	灌木	否	否	1	1	1	1	1	0	0	1
222	金丝桃科	黄牛木	*Cratoxylum cochinchinense*	野生	5	乔木	否	否	1	1	1	1	1	1	1	1
223	金丝桃科	地耳草	*Hypericum japonicum*	野生	5	草本	否	否	1	1	1	1	1	1	1	1
224	红厚壳科	锈毛红厚壳	*Calophyllum antillanum*	野生	5	乔木	否	否	0	0	0	0	0	0	0	1
225	红厚壳科	薄叶红厚壳	*Calophyllum membranaceum*	野生	5	灌木	否	否	0	0	0	0	0	0	1	1
226	藤黄科	木竹子	*Garcinia multiflora*	野生	5	乔木	否	否	1	0	0	1	1	1	1	1
227	藤黄科	岭南山竹子	*Garcinia oblongifolia*	野生	5	乔木	否	否	1	1	1	1	1	1	1	1
228	藤黄科	菲岛福木	*Garcinia subelliptica*	栽培	5	乔木	是	否	1	1	1	0	0	0	1	0
229	锦葵科	甜麻	*Corchorus aestuans*	野生	5	草本	否	否	1	1	1	1	1	1	1	1
230	锦葵科	黄麻	*Corchorus capsularis*	栽培+野生	5	草本	否	否	1	1	1	1	1	1	1	1
231	锦葵科	破布叶	*Microcos paniculata*	野生	5	乔木	否	否	1	1	1	1	1	1	1	1
232	文定果科	文定果	*Muntingia calabura*	栽培	5	灌木	是	否	0	0	0	0	0	0	0	1
233	锦葵科	粗齿刺蒴麻	*Triumfetta grandidens*	野生	5	草本	否	否	0	1	0	0	1	0	0	1
234	锦葵科	刺蒴麻	*Triumfetta rhomboidea*	野生	5	草本	否	否	1	1	1	1	1	1	1	1
235	杜英科	中华杜英	*Elaeocarpus chinensis*	野生	1	乔木	否	否	0	0	0	0	1	0	1	1
236	杜英科	水石榕	*Elaeocarpus hainanensis*	栽培	5	乔木	否	否	1	1	1	1	1	1	1	1
237	杜英科	灰毛杜英	*Elaeocarpus limitaneus*	野生	5	乔木	否	否	1	1	1	1	1	1	1	1
238	杜英科	毛果杜英	*Elaeocarpus rugosus*	栽培	5	乔木	否	否	1	1	1	1	1	1	1	1
239	锦葵科	山芝麻	*Helicteres angustifolia*	野生	5	草本	否	否	1	1	1	1	1	1	1	1
240	锦葵科	雁婆麻	*Helicteres hirsuta*	野生	5	灌木	否	否	1	0	0	0	1	0	0	1
241	锦葵科	剑叶山芝麻	*Helicteres lanceolata*	野生	5	草本	否	否	1	1	1	1	1	1	1	1
242	锦葵科	银叶树	*Heritiera littoralis*	野生+栽培	2	乔木	否	否	0	1	0	0	1	1	0	0
243	锦葵科	翻白叶树	*Pterospermum heterophyllum*	野生	5	乔木	否	否	1	1	1	1	1	1	1	1
244	锦葵科	海南苹婆	*Sterculia hainanensis*	野生	5	灌木	否	否	1	0	0	0	0	1	0	0
245	锦葵科	假苹婆	*Sterculia lanceolata*	野生	5	乔木	否	否	1	1	1	1	1	1	1	1
246	锦葵科	苹婆	*Sterculia monosperma*	栽培	5	乔木	否	否	1	1	1	1	0	1	1	1
247	锦葵科	蛇婆子	*Waltheria indica*	野生	5	草本	是	是	1	1	1	1	1	1	1	1
248	锦葵科	木棉	*Bombax ceiba*	栽培+野生	5	乔木	否	否	1	1	1	1	1	1	1	1
249	锦葵科	吉贝	*Ceiba pentandra*	栽培	5	乔木	是	否	1	1	1	0	1	1	1	1
250	锦葵科	美丽异木棉	*Ceiba speciosa*	栽培	5	乔木	是	否	1	1	1	1	1	1	1	1
251	锦葵科	光瓜栗	*Pachira glabra*	栽培	5	乔木	是	否	1	1	1	0	0	1	1	1
252	锦葵科	咖啡黄葵	*Abelmoschus esculentus*	栽培	5	草本	是	否	1	1	1	1	1	1	1	1
253	锦葵科	磨盘草	*Abutilon indicum*	野生	5	草本	否	否	1	1	1	1	1	1	1	1
254	锦葵科	苘麻	*Abutilon theophrasti*	野生	5	草本	是	是	1	1	1	1	1	0	1	1
255	锦葵科	蜀葵	*Alcea rosea*	栽培	5	草本	否	否	1	1	1	1	1	1	0	0
256	锦葵科	刺果藤	*Byttneria grandifolia*	野生	5	藤本	否	否	0	1	1	1	1	1	1	1

广西滨海植物

序号	科名	种名	学名	来源	类型	生活型	外来种	入侵种	钦南区	银海区	海城区	铁山港区	合浦县	港口区	防城区	东兴市
257	锦葵科	海岛棉	*Gossypium barbadense*	栽培	5	草本	否	否	0	0	1	0	0	0	1	0
258	锦葵科	朱槿	*Hibiscus rosa-sinensis*	栽培	5	灌木	否	否	1	1	1	1	1	1	1	1
259	锦葵科	黄槿	*Hibiscus tiliaceus*	野生	2	乔木	否	否	1	1	1	1	1	1	1	1
260	锦葵科	赛葵	*Malvastrum coromandelianum*	野生	5	草本	是	是	1	1	1	1	1	1	1	1
261	锦葵科	垂花悬铃花	*Malvaviscus penduliflorus*	栽培	5	灌木	是	否	1	1	1	1	1	1	1	1
262	锦葵科	黄花棯	*Sida acuta*	野生	5	草本	是	是	1	1	1	1	1	1	1	1
263	锦葵科	桤叶黄花棯	*Sida alnifolia*	野生	5	草本	否	否	0	1	1	1	1	0	0	0
264	锦葵科	圆叶黄花棯	*Sida alnifolia* var. *orbiculata*	野生	5	草本	否	否	1	0	1	1	1	0	0	0
265	锦葵科	长梗黄花棯	*Sida cordata*	野生	5	草本	否	否	1	1	1	1	1	0	0	0
266	锦葵科	心叶黄花棯	*Sida cordifolia*	野生	5	草本	否	否	1	1	1	1	1	1	1	1
267	锦葵科	白背黄花棯	*Sida rhombifolia*	野生	5	草本	否	否	1	1	1	1	1	1	1	1
268	锦葵科	拔毒散	*Sida szechuensis*	野生	5	草本	否	否	1	1	1	1	1	1	1	1
269	锦葵科	桐棉	*Thespesia populnea*	野生	2	乔木	否	否	1	1	1	1	1	0	1	0
270	锦葵科	地桃花	*Urena lobata*	野生	5	草本	否	否	1	1	1	1	1	1	1	1
271	锦葵科	梵天花	*Urena procumbens*	野生	5	草本	否	否	1	1	1	1	1	1	1	1
272	金虎尾科	三星果	*Tristellateia australasiae*	栽培	5	藤本	否	否	0	0	1	0	0	0	0	0
273	古柯科	粘木	*Ixonanthes reticulata*	野生	5	乔木	否	否	1	0	0	0	1	0	1	0
274	大戟科	羽脉山麻杆	*Alchornea rugosa*	野生	5	灌木	否	否	1	1	1	1	1	0	1	1
275	大戟科	红背山麻杆	*Alchornea trewioides*	野生	5	灌木	否	否	1	1	1	1	1	0	1	1
276	大戟科	石栗	*Aleurites moluccanus*	栽培	5	乔木	否	否	1	1	1	1	1	1	1	1
277	叶下珠科	五月茶	*Antidesma bunius*	野生	5	乔木	否	否	1	1	1	1	1	1	1	1
278	叶下珠科	黄毛五月茶	*Antidesma fordii*	野生	5	灌木	否	否	1	1	1	1	1	1	1	1
279	叶下珠科	方叶五月茶	*Antidesma ghaesembilla*	野生	5	灌木	否	否	1	1	1	1	1	1	1	1
280	叶下珠科	日本五月茶	*Antidesma japonicum*	野生	5	灌木	否	否	0	0	0	1	1	1	1	1
281	叶下珠科	银柴	*Aporosa dioica*	野生	5	乔木	否	否	1	1	1	1	1	1	1	1
282	叶下珠科	毛银柴	*Aporosa villosa*	野生	5	乔木	否	否	1	0	0	0	1	0	0	1
283	叶下珠科	秋枫	*Bischofia javanica*	野生+栽培	5	乔木	否	否	1	1	1	1	1	1	1	1
284	大戟科	留萼木	*Blachia pentzii*	野生	5	灌木	否	否	0	0	1	0	0	0	0	0
285	大戟科	留萼木属	*Blachia* sp.	野生	5	灌木	否	否	1	1	1	1	1	1	1	1
286	叶下珠科	黑面神	*Breynia fruticosa*	野生	5	灌木	否	否	1	1	1	1	1	1	1	1
287	叶下珠科	土蜜树	*Bridelia tomentosa*	野生	5	乔木	否	否	1	1	1	1	1	1	1	1
288	大戟科	白桐树	*Claoxylon indicum*	野生	5	乔木	否	否	1	0	1	1	1	0	0	1
289	大戟科	蝴蝶果	*Cleidiocarpon cavaleriei*	栽培	5	乔木	否	否	0	1	1	0	0	0	0	0
290	叶下珠科	假肥牛树	*Cleistanthus petelotii*	野生	5	灌木	否	否	0	0	0	0	0	0	0	0
291	叶下珠科	闭花木	*Cleistanthus sumatranus*	野生	5	灌木	否	否	0	0	0	0	1	0	0	0
292	大戟科	变叶木	*Codiaeum variegatum*	栽培	5	灌木	是	否	1	1	1	1	0	1	1	1
293	大戟科	洒金变叶木	*Codiaeum variegatum* 'Aucu-bifolium'	栽培	5	灌木	是	否	1	1	1	1	1	1	1	1
294	叶下珠科	鸡骨香	*Croton crassifolius*	野生	5	灌木	否	否	0	0	0	0	1	0	0	0
295	大戟科	黄桐	*Endospermum chinense*	野生	5	乔木	否	否	1	0	0	1	1	0	1	1
296	大戟科	火殃勒	*Euphorbia antiquorum*	栽培+野生	5	灌木	是	否	1	1	1	1	1	1	1	1
297	大戟科	细齿大戟	*Euphorbia bifida*	野生	5	草本	否	否	1	1	1	1	1	1	1	1
298	大戟科	猩猩草	*Euphorbia cyathophora*	野生	5	草本	是	是	1	1	1	1	1	1	1	1
299	大戟科	白苞猩猩草	*Euphorbia heterophylla*	野生	5	草本	是	否	1	1	1	1	1	1	1	1
300	大戟科	通奶草	*Euphorbia hypericifolia*	野生	5	草本	是	是	1	1	1	1	1	1	1	1
301	大戟科	紫斑大戟	*Euphorbia hyssopifolia*	野生	5	草本	是	否	1	1	1	1	1	1	1	1
302	大戟科	斑地锦	*Euphorbia maculata*	野生	5	草本	是	是	1	1	1	1	1	1	1	1
303	大戟科	小叶大戟	*Euphorbia makinoi*	野生	5	草本	否	否	1	1	1	1	1	1	1	0
304	大戟科	铁海棠	*Euphorbia milii*	栽培	5	灌木	是	否	1	1	1	1	1	1	1	1
305	大戟科	大麒麟花	*Euphorbia milii* 'Keysii'	栽培	5	草本	是	否	1	1	1	1	0	1	1	1
306	大戟科	金刚纂	*Euphorbia neriifolia*	栽培+野生	5	灌木	是	否	1	1	1	1	1	1	1	1
307	大戟科	一品红	*Euphorbia pulcherrima*	栽培	5	灌木	是	否	1	1	1	1	1	1	1	1
308	大戟科	千根草	*Euphorbia thymifolia*	野生	5	草本	否	否	1	1	1	1	1	1	1	1

序号	科名	种名	学名	来源	类型	生活型	外来种	入侵种	钦南区	银海区	海城区	铁山港区	合浦县	港口区	防城区	东兴市
309	大戟科	绿玉树	*Euphorbia tirucalli*	栽培	5	灌木	是	否	0	1	1	0	0	1	1	0
310	大戟科	海漆	*Excoecaria agallocha*	野生	1	乔木	否	否	1	1	1	1	1	1	1	1
311	大戟科	红背桂	*Excoecaria cochinchinensis*	栽培	5	灌木	否	否	1	1	1	1	1	1	1	1
312	叶下珠科	白饭树	*Flueggea virosa*	野生	5	灌木	否	否	1	1	1	1	1	1	1	1
313	叶下珠科	毛果算盘子	*Glochidion eriocarpum*	野生	5	灌木	否	否	1	1	1	1	1	1	1	1
314	叶下珠科	厚叶算盘子	*Glochidion hirsutum*	野生	5	灌木	否	否	1	0	0	1	1	0	1	1
315	叶下珠科	算盘子	*Glochidion puberum*	野生	5	灌木	否	否	1	1	1	1	1	1	1	1
316	大戟科	粗毛野桐	*Hancea hookeriana*	野生	5	灌木	否	否	1	0	0	0	0	0	0	1
317	大戟科	麻疯树	*Jatropha curcas*	栽培+野生	5	灌木	是	否	1	1	1	1	1	1	1	1
318	大戟科	琴叶珊瑚	*Jatropha integerrima*	栽培	5	灌木	是	否	1	1	1	1	1	1	1	1
319	大戟科	血桐	*Macaranga tanarius*	野生	5	乔木	否	否	1	1	0	1	1	0	0	0
320	大戟科	毛桐	*Mallotus barbatus*	野生	5	乔木	否	否	1	1	1	1	1	1	1	1
321	大戟科	白楸	*Mallotus paniculatus*	野生	5	乔木	否	否	1	1	1	1	1	1	1	1
322	大戟科	粗糠柴	*Mallotus philippinensis*	野生	5	乔木	否	否	1	1	1	1	1	1	1	1
323	大戟科	石岩枫	*Mallotus repandus*	野生	5	灌木	否	否	1	0	1	1	1	1	1	1
324	大戟科	木薯	*Manihot esculenta*	栽培	5	灌木	否	否	1	1	1	1	1	1	1	1
325	大戟科	地杨桃	*Microstachys chamaelea*	野生	5	草本	否	否	1	1	1	1	1	1	1	1
326	大戟科	红雀珊瑚	*Pedilanthus tithymaloides*	栽培	5	灌木	是	否	1	1	1	1	1	1	1	1
327	叶下珠科	苦味叶下珠	*Phyllanthus amarus*	野生	5	草本	是	是	1	1	1	1	1	1	1	1
328	叶下珠科	越南叶下珠	*Phyllanthus cochinchinensis*	野生	5	灌木	否	否	1	1	1	1	1	1	0	0
329	叶下珠科	余甘子	*Phyllanthus emblica*	野生	5	乔木	否	否	1	1	1	1	1	1	1	1
330	叶下珠科	珠子草	*Phyllanthus niruri*	野生	5	草本	是	是	1	1	1	1	1	1	1	1
331	叶下珠科	小果叶下珠	*Phyllanthus reticulatus*	野生	5	灌木	否	否	1	1	1	1	1	1	1	1
332	叶下珠科	叶下珠	*Phyllanthus urinaria*	野生	5	草本	否	否	1	1	1	1	1	1	1	1
333	叶下珠科	黄珠子草	*Phyllanthus virgatus*	野生	5	草本	否	否	1	1	1	1	1	1	1	1
334	大戟科	蓖麻	*Ricinus communis*	野生	5	灌木	是	是	1	1	1	1	1	1	1	1
335	大戟科	艾堇	*Sauropus bacciformis*	野生	3	草本	否	否	1	1	1	1	1	1	1	1
336	大戟科	白树	*Suregada glomerulata*	野生	5	灌木	否	否	0	1	0	0	0	1	1	0
337	大戟科	山乌桕	*Triadica cochinchinensis*	野生	5	乔木	否	否	1	1	1	1	1	1	1	1
338	大戟科	乌桕	*Triadica sebifera*	野生	5	乔木	否	否	1	1	1	1	1	1	1	1
339	大戟科	木油桐	*Vernicia montana*	栽培+野生	5	乔木	否	否	1	1	1	1	1	1	1	1
340	虎皮楠科	牛耳枫	*Daphniphyllum calycinum*	野生	5	灌木	否	否	1	1	1	1	1	1	1	1
341	蔷薇科	枇杷	*Eriobotrya japonica*	栽培	5	乔木	否	否	1	1	1	1	1	1	1	1
342	蔷薇科	桃	*Prunus persica*	栽培	5	灌木	否	否	1	1	1	1	1	1	1	1
343	蔷薇科	石斑木	*Rhaphiolepis indica*	野生	5	灌木	否	否	1	1	1	1	1	1	1	1
344	蔷薇科	光叶蔷薇	*Rosa luciae*	野生	5	灌木	否	否	0	0	0	0	0	0	0	1
345	蔷薇科	蛇泡筋	*Rubus cochinchinensis*	野生	5	草本	否	否	1	1	1	1	1	1	1	1
346	蔷薇科	茅莓	*Rubus parvifolius*	野生	5	草本	否	否	1	1	1	1	1	1	1	1
347	豆科	大叶相思	*Acacia auriculiformis*	栽培	5	乔木	是	否	1	1	1	1	1	1	1	1
348	豆科	台湾相思	*Acacia confusa*	野生+栽培	5	乔木	否	否	1	1	1	1	1	1	1	1
349	豆科	厚荚相思	*Acacia crassicarpa*	栽培	5	乔木	是	否	1	1	1	1	1	1	0	1
350	豆科	马占相思	*Acacia mangium*	栽培+野生	5	乔木	否	否	1	1	1	1	1	1	1	1
351	豆科	海红豆	*Adenanthera microsperma*	野生	5	乔木	否	否	1	1	1	1	1	1	1	1
352	豆科	楹树	*Albizia chinensis*	野生	5	乔木	否	否	1	1	1	1	1	1	1	0
353	豆科	天香藤	*Albizia corniculata*	野生	5	藤本	否	否	1	1	1	1	1	1	1	1
354	豆科	阔荚合欢	*Albizia lebbeck*	栽培+野生	5	乔木	是	否	1	0	0	0	0	0	0	0
355	豆科	合欢草	*Desmanthus virgatus*	野生	5	草本	是	否	0	0	0	1	0	0	0	0
356	豆科	银合欢	*Leucaena leucocephala*	野生	5	乔木	是	是	1	1	1	1	1	1	1	1
357	豆科	光荚含羞草	*Mimosa bimucronata*	野生	5	乔木	是	是	1	1	1	1	1	1	1	1
358	豆科	含羞草	*Mimosa pudica*	野生	5	灌木	是	是	1	1	1	1	1	1	1	1
359	豆科	合萌	*Aeschynomene indica*	野生	5	草本	否	否	1	1	1	1	1	1	1	1

序号	科名	种名	学名	来源	类型	生活型	外来种	入侵种	钦南区	银海区	海城区	铁山港区	合浦县	港口区	防城区	东兴市
360	豆科	羊蹄甲	*Bauhinia purpurea*	栽培	5	乔木	否	否	1	1	1	1	1	1	1	1
361	豆科	刺果苏木	*Caesalpinia bonduc*	野生	5	藤本	否	否	1	1	1	1	1	1	1	1
362	豆科	华南云实	*Caesalpinia crista*	野生	5	藤本	否	否	1	1	1	1	1	1	1	1
363	豆科	大叶云实	*Caesalpinia magnifoliolata*	野生	5	藤本	否	否	1	0	0	0	0	1	1	1
364	豆科	洋金凤	*Caesalpinia pulcherrima*	栽培	5	灌木	是	否	1	1	1	1	1	1	1	1
365	豆科	苏木	*Caesalpinia sappan*	野生	5	乔木	否	否	1	1	1	1	1	1	1	0
366	豆科	绒果决明	*Cassia bakeriana*	栽培	5	乔木	是	否	0	0	1	0	0	0	0	0
367	豆科	凤凰木	*Delonix regia*	栽培	5	乔木	是	否	1	1	1	1	1	1	1	1
368	豆科	格木	*Erythrophleum fordii*	野生	5	乔木	否	否	0	0	0	1	1	0	1	1
369	豆科	翅荚决明	*Senna alata*	栽培	5	灌木	是	否	1	1	1	1	1	1	1	1
370	豆科	双荚决明	*Senna bicapsularis*	栽培	5	灌木	是	否	1	1	1	1	1	1	1	1
371	豆科	望江南	*Senna occidentalis*	野生	5	草本	是	否	1	1	1	1	1	1	1	1
372	豆科	铁刀木	*Senna siamea*	栽培	5	乔木	是	否	1	1	1	1	1	1	1	1
373	豆科	黄槐决明	*Senna surattensis*	栽培	5	灌木	是	否	1	1	1	1	1	1	1	1
374	豆科	决明	*Senna tora*	野生	5	草本	否	否	1	1	1	1	1	1	1	1
375	豆科	酸豆	*Tamarindus indica*	栽培	5	乔木	否	否	1	1	1	0	0	1	1	0
376	豆科	相思子	*Abrus precatorius*	野生	5	藤本	否	否	1	1	1	1	1	1	1	1
377	豆科	链荚豆	*Alysicarpus vaginalis*	野生	5	草本	否	否	1	1	1	1	1	1	1	1
378	豆科	蔓草虫豆	*Cajanus scarabaeoides*	野生	5	藤本	否	否	1	1	1	1	1	1	1	1
379	豆科	亮叶崖豆藤	*Callerya nitida*	野生	5	藤本	否	否	1	0	0	0	0	0	1	0
380	豆科	美丽崖豆藤	*Callerya speciosa*	栽培	5	藤本	否	否	1	1	1	1	1	1	1	1
381	豆科	小刀豆	*Canavalia cathartica*	野生	5	藤本	否	否	1	1	1	1	1	1	1	1
382	豆科	狭刀豆	*Canavalia lineata*	野生	5	藤本	否	否	1	1	0	1	1	0	0	0
383	豆科	海刀豆	*Canavalia rosea*	野生	5	藤本	否	否	1	1	1	1	1	1	1	1
384	豆科	铺地蝙蝠草	*Christia obcordata*	野生	5	草本	否	否	1	1	1	1	1	1	1	1
385	豆科	蝙蝠草	*Christia vespertilionis*	野生	5	草本	否	否	0	0	0	0	0	1	1	1
386	豆科	线叶猪屎豆	*Crotalaria linifolia*	野生	5	草本	否	否	1	1	1	1	0	1	0	1
387	豆科	座地猪屎豆	*Crotalaria nana* var. *patula*	野生	5	草本	否	否	0	1	1	1	1	0	1	0
388	豆科	猪屎豆	*Crotalaria pallida*	野生	5	草本	是	否	1	1	1	1	1	1	1	1
389	豆科	吊裙草	*Crotalaria retusa*	野生	5	草本	否	否	1	0	0	1	1	1	1	1
390	豆科	农吉利	*Crotalaria sessiliflora*	野生	5	草本	否	否	1	0	1	1	1	0	1	1
391	豆科	光萼猪屎豆	*Crotalaria trichotoma*	野生	5	草本	是	否	1	1	1	1	1	1	1	1
392	豆科	球果猪屎豆	*Crotalaria uncinella*	野生	5	草本	否	否	1	0	0	1	1	0	1	0
393	豆科	弯枝黄檀	*Dalbergia candenatensis*	野生	5	藤本	否	否	1	0	1	1	1	1	1	1
394	豆科	多裂黄檀	*Dalbergia rimosa*	野生	5	藤本	否	否	1	0	1	1	1	0	1	1
395	豆科	鱼藤	*Derris trifoliata*	野生	3	藤本	否	否	1	1	1	1	1	1	1	1
396	豆科	大叶山蚂蝗	*Desmodium gangeticum*	野生	5	草本	否	否	1	1	1	1	1	1	1	1
397	豆科	假地豆	*Desmodium heterocarpon*	野生	5	草本	否	否	1	1	1	1	1	1	1	1
398	豆科	异叶山蚂蝗	*Desmodium heterophyllum*	野生	5	草本	否	否	1	0	0	0	0	1	1	1
399	豆科	三点金	*Desmodium triflorum*	野生	5	草本	否	否	1	1	1	1	1	1	1	1
400	豆科	圆叶野扁豆	*Dunbaria punctata*	野生	5	藤本	否	否	0	0	0	0	1	0	0	0
401	豆科	鸡头薯	*Eriosema chinense*	野生	5	草本	否	否	0	0	0	0	1	0	1	0
402	豆科	鸡冠刺桐	*Erythrina crista-galli*	栽培	5	乔木	是	否	1	1	1	1	1	1	1	1
403	豆科	刺桐	*Erythrina variegata*	栽培	5	乔木	是	否	1	1	1	0	1	1	1	1
404	豆科	千斤拔	*Flemingia prostrata*	野生	5	草本	否	否	1	1	1	1	1	1	1	1
405	豆科	干花豆	*Fordia cauliflora*	野生	5	灌木	否	否	0	0	0	0	1	0	0	0
406	豆科	乳豆	*Galactia tenuiflora*	野生	5	藤本	否	否	1	1	1	1	1	1	0	0
407	豆科	赤山蚂蝗	*Grona rubra*	野生	5	草本	否	否	1	1	1	1	1	1	1	1
408	豆科	广东金钱草	*Grona styracifolia*	野生	5	草本	否	否	1	1	1	1	1	1	1	1
409	豆科	多花木蓝	*Indigofera amblyantha*	野生	5	灌木	否	否	1	1	1	1	1	1	1	1
410	豆科	疏花木蓝	*Indigofera colutea*	野生	5	草本	否	否	0	0	0	0	0	0	0	0
411	豆科	硬毛木蓝	*Indigofera hirsuta*	野生	5	草本	否	否	1	1	1	1	1	0	1	1
412	豆科	鸡眼草	*Kummerowia striata*	野生	5	草本	否	否	1	1	1	1	1	1	1	0
413	豆科	扁豆	*Lablab purpureus*	栽培	5	藤本	否	否	1	1	1	0	1	1	1	1
414	豆科	截叶铁扫帚	*Lespedeza cuneata*	野生	5	草本	否	否	1	1	1	1	1	1	1	1

（续）

序号	科名	种名	学名	来源	类型	生活型	外来种	入侵种	钦南区	银海区	海城区	铁山港区	合浦县	港口区	防城区	东兴市
415	豆科	美丽胡枝子	*Lespedeza formosa*	野生	5	灌木	否	否	0	0	0	0	0	0	1	0
416	豆科	草木樨	*Melilotus officinalis*	野生	5	草本	是	是	1	1	1	1	1	1	1	0
417	豆科	凹叶红豆	*Ormosia emarginata*	野生	5	乔木	否	否	1	0	0	0	0	0	0	1
418	豆科	豆薯	*Pachyrhizus erosus*	栽培	5	藤本	否	否	1	1	1	1	0	1	1	1
419	豆科	银珠	*Peltophorum dasyrrhachis* var. *tonkinensis*	栽培	5	乔木	否	否	1	1	1	1	0	1	1	1
420	豆科	毛排钱树	*Phyllodium elegans*	野生	5	灌木	否	否	1	1	1	1	1	1	1	1
421	豆科	排钱树	*Phyllodium pulchellum*	野生	5	灌木	否	否	1	1	1	1	1	1	1	1
422	豆科	水黄皮	*Pongamia pinnata*	野生	2	乔木	否	否	1	1	1	1	1	1	1	1
423	豆科	紫檀	*Pterocarpus indicus*	栽培	5	乔木	否	否	0	0	0	1	1	1	0	1
424	豆科	食用葛	*Pueraria edulis*	野生	5	藤本	否	否	0	0	1	0	0	0	0	0
425	豆科	葛	*Pueraria montana*	野生	5	藤本	否	否	1	1	1	1	1	1	1	1
426	豆科	野葛	*Pueraria montana* var. *lobata*	野生	5	藤本	否	否	1	1	1	1	1	1	1	1
427	豆科	粉葛	*Pueraria montana* var. *thomsonii*	野生	5	藤本	否	否	1	1	1	1	1	1	1	1
428	豆科	三裂叶野葛	*Pueraria phaseoloides*	野生	5	藤本	否	否	1	1	1	1	1	1	1	1
429	豆科	小鹿藿	*Rhynchosia minima*	野生	5	藤本	否	否	0	0	1	0	0	0	0	0
430	豆科	鹿藿	*Rhynchosia volubilis*	野生	5	藤本	否	否	1	1	1	1	1	1	1	1
431	豆科	田菁	*Sesbania cannabina*	野生	5	灌木	是	是	1	1	1	1	1	1	1	1
432	豆科	圭亚那笔花豆	*Stylosanthes guianensis*	野生	5	草本	是	否	0	0	0	1	0	0	0	0
433	豆科	葫芦茶	*Tadehagi triquetrum*	野生	5	草本	否	否	1	1	1	1	1	1	1	1
434	豆科	灰毛豆属	*Tephrosia* sp.	野生	5	草本	否	否	0	0	1	0	0	0	0	0
435	豆科	美花狸尾豆	*Uraria picta*	野生	5	灌木	否	否	1	1	1	1	1	1	1	1
436	豆科	滨豇豆	*Vigna marina*	野生	5	藤本	否	否	1	1	1	1	1	1	1	1
437	豆科	网络崖豆藤	*Wisteriopsis reticulata*	野生	5	藤本	否	否	1	1	1	1	1	1	1	1
438	豆科	任豆	*Zenia insignis*	栽培	5	乔木	否	否	0	0	0	0	1	0	0	0
439	豆科	丁葵草	*Zornia gibbosa*	野生	5	草本	否	否	1	1	1	1	1	1	1	1
440	金缕梅科	枫香树	*Liquidambar formosana*	栽培	5	乔木	否	否	1	0	0	1	1	1	1	0
441	金缕梅科	红花檵木	*Loropetalum chinense* var. *rubrum*	栽培	5	灌木	否	否	1	1	1	1	0	1	1	1
442	杨梅科	杨梅	*Morella rubra*	栽培	5	乔木	否	否	1	1	1	1	1	1	1	1
443	壳斗科	米槠	*Castanopsis carlesii*	野生	5	乔木	否	否	1	1	1	1	1	1	1	1
444	壳斗科	锥	*Castanopsis chinensis*	野生	5	乔木	否	否	1	0	0	1	1	1	1	1
445	壳斗科	红锥	*Castanopsis hystrix*	野生	5	乔木	否	否	1	1	1	1	1	1	1	1
446	木麻黄科	木麻黄	*Casuarina equisetifolia*	野生	5	乔木	是	否	1	1	1	1	1	1	1	1
447	木麻黄科	千头木麻黄	*Casuarina nana*	栽培	5	灌木	是	否	1	1	1	0	0	1	1	1
448	榆科	紫弹树	*Celtis biondii*	野生	5	乔木	否	否	1	1	1	1	1	1	1	1
449	榆科	菲律宾朴树	*Celtis philippensis*	栽培	5	乔木	否	否	0	0	1	1	1	1	1	1
450	榆科	朴树	*Celtis sinensis*	野生	5	乔木	否	否	1	1	1	1	1	1	1	1
451	榆科	假玉桂	*Celtis timorensis*	野生	5	乔木	否	否	1	1	1	1	1	1	1	1
452	榆科	白颜树	*Gironniera subaequalis*	野生	5	乔木	否	否	0	0	1	1	1	1	1	1
453	榆科	狭叶山麻	*Trema angustifolia*	野生	5	灌木	否	否	1	0	0	1	1	1	1	0
454	榆科	山油麻	*Trema cannabina* var. *dielsiana*	野生	5	灌木	否	否	1	1	1	1	1	1	1	1
455	榆科	异色山黄麻	*Trema orientalis*	野生	5	乔木	否	否	1	0	0	1	1	1	1	1
456	榆科	山黄麻	*Trema tomentosa*	野生	5	乔木	否	否	1	1	1	1	1	1	1	1
457	桑科	见血封喉	*Antiaris toxicaria*	野生	5	乔木	否	否	1	1	1	1	1	1	1	1
458	桑科	波罗蜜	*Artocarpus heterophyllus*	栽培	5	乔木	是	否	1	1	1	1	1	1	1	1
459	桑科	白桂木	*Artocarpus hypargyreus*	野生	5	乔木	否	否	0	0	1	1	1	0	0	0
460	桑科	桂木	*Artocarpus parvus*	野生	5	乔木	否	否	1	1	1	1	1	1	1	1
461	桑科	构树	*Broussonetia papyrifera*	野生	5	乔木	否	否	1	1	1	1	1	1	1	1
462	桑科	石榕树	*Ficus abelii*	野生	5	灌木	否	否	1	0	0	1	1	1	1	1
463	桑科	高山榕	*Ficus altissima*	栽培+野生	5	乔木	否	否	1	1	1	1	1	1	1	1
464	桑科	斑叶高山榕	*Ficus altissima* 'Variegata'	栽培	5	乔木	否	否	1	1	1	1	1	1	1	1
465	桑科	大果榕	*Ficus auriculata*	野生	5	乔木	否	否	0	1	1	1	1	1	1	0

序号	科名	种名	学名	来源	类型	生活型	外来种	入侵种	钦南区	银海区	海城区	铁山港区	合浦县	港口区	防城区	东兴市
466	桑科	垂叶榕	*Ficus benjamina*	栽培	5	乔木	否	否	1	1	1	1	1	1	1	1
467	桑科	无花果	*Ficus carica*	栽培	5	灌木	是	否	1	1	1	1	1	1	1	1
468	桑科	印度榕	*Ficus elastica*	栽培	5	乔木	是	否	1	1	1	1	1	1	1	1
469	桑科	黄毛榕	*Ficus esquiroliana*	野生	5	乔木	否	否	1	1	1	1	1	1	1	1
470	桑科	水同木	*Ficus fistulosa*	野生	5	乔木	否	否	0	1	1	1	1	1	1	1
471	桑科	大叶水榕	*Ficus glaberrima*	野生	5	乔木	否	否	1	0	0	0	0	1	1	1
472	桑科	粗叶榕	*Ficus hirta*	野生	5	灌木	否	否	1	1	1	1	1	1	1	1
473	桑科	对叶榕	*Ficus hispida*	野生	5	灌木	否	否	1	1	1	1	1	1	1	1
474	桑科	大琴叶榕	*Ficus lyrata*	栽培	5	乔木	是	否	1	1	1	1	1	1	1	1
475	桑科	榕树	*Ficus microcarpa*	野生＋栽培	5	乔木	否	否	1	1	1	1	1	1	1	1
476	桑科	金钱榕	*Ficus microcarpa* 'Crassifolia'	栽培	5	灌木	否	否	1	1	1	1	0	0	1	1
477	桑科	黄金榕	*Ficus microcarpa* 'Golden Leaves'	栽培	5	灌木	否	否	1	1	1	1	0	1	1	1
478	桑科	九丁榕	*Ficus nervosa*	野生	5	乔木	否	否	0	0	0	0	1	0	0	0
479	桑科	苹果榕	*Ficus oligodon*	野生	5	乔木	否	否	0	1	1	1	1	1	1	1
480	桑科	琴叶榕	*Ficus pandurata*	野生	5	灌木	否	否	0	1	1	1	1	1	1	1
481	桑科	薜荔	*Ficus pumila*	野生	5	藤本	否	否	1	1	1	1	1	1	1	1
482	桑科	舶梨榕	*Ficus pyriformis*	野生	5	灌木	否	否	0	0	0	0	0	1	1	1
483	桑科	菩提树	*Ficus religiosa*	栽培	5	乔木	是	否	1	1	1	1	1	1	1	1
484	桑科	竹叶榕	*Ficus stenophylla*	野生	5	灌木	否	否	1	1	1	1	1	1	1	1
485	桑科	笔管榕	*Ficus subpisocarpa*	野生	5	乔木	否	否	1	1	1	1	1	1	1	1
486	桑科	斜叶榕	*Ficus tinctoria* subsp. *gibbosa*	野生	5	乔木	否	否	1	1	1	1	1	1	1	1
487	桑科	黄葛树	*Ficus virens*	野生	5	乔木	否	否	1	1	1	1	1	1	1	1
488	桑科	构棘	*Maclura cochinchinensis*	野生	5	灌木	否	否	1	1	1	1	1	1	1	1
489	桑科	牛筋藤	*Malaisia scandens*	野生	5	藤本	否	否	1	1	1	1	1	1	1	1
490	桑科	桑	*Morus alba*	栽培	5	乔木	否	否	1	1	1	1	1	1	1	1
491	桑科	鸡桑	*Morus australis*	栽培	5	灌木	否	否	1	1	1	1	1	1	1	0
492	桑科	鹊肾树	*Streblus asper*	野生	5	乔木	否	否	1	1	1	1	1	1	1	1
493	桑科	刺桑	*Taxotrophis ilicifolia*	野生	5	灌木	否	否	0	0	0	0	0	1	1	1
494	荨麻科	苎麻	*Boehmeria nivea*	野生	5	灌木	否	否	1	1	1	1	1	1	1	1
495	荨麻科	雾水葛	*Pouzolzia zeylanica*	野生	5	草本	否	否	1	1	1	1	1	1	1	1
496	冬青科	棱枝冬青	*Ilex angulata*	野生	5	灌木	否	否	0	1	1	1	1	1	1	1
497	冬青科	秤星树	*Ilex asprella*	野生	5	灌木	否	否	1	1	1	1	1	1	1	1
498	冬青科	铁冬青	*Ilex rotunda*	栽培	5	乔木	否	否	1	1	1	1	1	1	1	1
499	安神木科	膝柄木	*Bhesa robusta*	野生	5	乔木	否	否	0	0	0	0	1	0	0	0
500	安神木科	谢氏膝柄木	*Bhesa xiei*	野生	5	乔木	否	否	0	0	0	0	1	0	0	0
501	卫矛科	冬青卫矛	*Euonymus japonicus*	栽培	5	灌木	否	否	1	1	1	1	1	1	1	1
502	卫矛科	变叶裸实	*Gymnosporia diversifolia*	野生	5	灌木	否	否	1	1	1	1	1	1	1	0
503	茶茱萸科	小果微花藤	*Iodes vitiginea*	野生	5	藤本	否	否	0	0	0	0	0	1	1	0
504	山柚子科	山柑藤	*Cansjera rheedei*	野生	5	藤本	否	否	1	1	1	1	1	1	1	1
505	桑寄生科	广寄生	*Taxillus chinensis*	野生	5	灌木	否	否	1	1	1	1	1	1	1	1
506	檀香科	寄生藤	*Dendrotrophe varians*	野生	5	藤本	否	否	1	1	1	1	1	1	0	1
507	鼠李科	多花勾儿茶	*Berchemia floribunda*	野生	5	藤本	否	否	1	1	1	1	1	0	1	1
508	鼠李科	铁包金	*Berchemia lineata*	野生	5	藤本	否	否	1	1	1	1	1	1	1	1
509	鼠李科	蛇藤	*Colubrina asiatica*	野生	5	藤本	否	否	1	1	1	1	1	1	1	0
510	鼠李科	长叶冻绿	*Frangula crenata*	野生	5	灌木	否	否	1	1	1	1	1	1	1	1
511	鼠李科	马甲子	*Paliurus ramosissimus*	野生	5	灌木	否	否	1	1	1	1	1	1	1	1
512	鼠李科	冻绿	*Rhamnus utilis*	野生	5	灌木	否	否	1	0	0	0	1	0	0	0
513	鼠李科	雀梅藤	*Sageretia thea*	野生	5	藤本	否	否	1	1	1	1	1	1	1	1
514	鼠李科	枣	*Ziziphus jujuba*	栽培	5	灌木	否	否	1	1	1	1	1	1	1	1
515	胡颓子科	蔓胡颓子	*Elaeagnus glabra*	野生	5	藤本	否	否	0	1	1	1	1	1	1	0
516	葡萄科	乌蔹莓	*Causonis japonica*	野生	5	藤本	否	否	1	1	1	1	1	1	1	1
517	葡萄科	苦郎藤	*Cissus assamica*	野生	5	藤本	否	否	1	1	1	1	1	1	1	1
518	葡萄科	异叶地锦	*Parthenocissus dalzielii*	栽培＋野生	5	藤本	否	否	1	1	1	1	1	1	1	1

序号	科名	种名	学名	来源	类型	生活型	外来种	入侵种	钦南区	银海区	海城区	铁山港区	合浦县	港口区	防城区	东兴市
519	葡萄科	厚叶崖爬藤	*Tetrastigma pachyphyllum*	野生	5	藤本	否	否	0	0	1	0	1	0	0	0
520	葡萄科	扁担藤	*Tetrastigma planicaule*	野生	5	藤本	否	否	0	1	1	1	1	1	1	1
521	葡萄科	越南崖爬藤	*Tetrastigma tonkinense*	野生	5	藤本	否	否	0	0	1	1	1	0	0	0
522	葡萄科	小果葡萄	*Vitis balansana*	野生	5	藤本	否	否	1	1	1	1	1	1	1	1
523	芸香科	山油柑	*Acronychia pedunculata*	野生	5	灌木	否	否	1	1	1	1	1	1	1	1
524	芸香科	酒饼簕	*Atalantia buxifolia*	野生	5	灌木	否	否	1	1	1	1	1	1	1	1
525	芸香科	金柑	*Citrus japonica*	栽培	5	灌木	否	否	1	1	1	1	0	1	1	0
526	芸香科	柚	*Citrus maxima*	栽培	5	乔木	否	否	1	1	1	1	1	1	1	1
527	芸香科	细叶黄皮	*Clausena anisum-olens*	栽培	5	乔木	否	否	0	1	1	1	1	1	1	1
528	芸香科	假黄皮	*Clausena excavata*	野生	5	灌木	否	否	0	0	0	1	1	0	1	1
529	芸香科	黄皮	*Clausena lansium*	栽培	5	乔木	否	否	1	1	1	1	1	1	1	1
530	芸香科	小花山小橘	*Glycosmis parviflora*	野生	5	灌木	否	否	1	1	1	1	1	1	1	1
531	芸香科	三桠苦	*Melicope pteleifolia*	野生	5	灌木	否	否	1	1	1	1	1	1	1	1
532	芸香科	大管	*Micromelum falcatum*	野生	5	灌木	否	否	1	1	1	1	1	1	1	1
533	芸香科	翼叶九里香	*Murraya alata*	野生	5	灌木	否	否	0	0	0	0	1	0	0	0
534	芸香科	九里香	*Murraya exotica*	栽培	5	灌木	否	否	1	1	1	1	1	1	1	1
535	芸香科	楝叶吴萸	*Tetradium glabrifolium*	野生	5	乔木	否	否	1	1	1	1	1	1	1	1
536	芸香科	飞龙掌血	*Toddalia asiatica*	野生	5	藤本	否	否	1	1	1	1	1	1	1	1
537	芸香科	簕欓花椒	*Zanthoxylum avicennae*	野生	5	乔木	否	否	1	1	1	1	1	1	1	1
538	芸香科	琉球花椒	*Zanthoxylum beecheyanum*	栽培	5	灌木	是	否	1	1	1	1	0	1	1	1
539	芸香科	两面针	*Zanthoxylum nitidum*	野生	5	藤本	否	否	1	1	1	1	1	1	1	1
540	苦木科	鸦胆子	*Brucea javanica*	野生	5	灌木	否	否	1	1	1	1	1	1	1	1
541	橄榄科	乌榄	*Canarium pimela*	栽培	5	乔木	否	否	1	1	1	1	1	1	1	1
542	橄榄科	橄榄	*Canarium subulatum*	栽培	5	乔木	否	否	1	1	1	1	1	1	1	1
543	楝科	米仔兰	*Aglaia odorata*	野生	5	灌木	否	否	1	1	1	1	1	1	1	1
544	楝科	大叶山楝	*Aphanamixis grandifolia*	野生	5	乔木	否	否	0	1	1	1	1	0	0	0
545	楝科	山楝	*Aphanamixis polystachya*	野生	5	乔木	否	否	1	0	0	0	0	1	1	1
546	楝科	麻楝	*Chukrasia tabularis*	栽培	5	乔木	否	否	1	1	1	1	1	1	1	1
547	楝科	非洲楝	*Khaya senegalensis*	栽培	5	乔木	是	否	1	1	1	1	1	1	1	1
548	楝科	楝	*Melia azedarach*	野生	5	乔木	否	否	1	1	1	1	1	1	1	1
549	楝科	香椿	*Toona sinensis*	野生	5	乔木	否	否	0	0	0	1	1	1	1	1
550	楝科	杜楝	*Turraea pubescens*	野生	5	灌木	否	否	0	0	1	1	0	1	1	1
551	无患子科	滨木患	*Arytera littoralis*	野生	5	乔木	否	否	0	0	1	1	1	1	1	1
552	无患子科	倒地铃	*Cardiospermum halicacabum*	野生	5	藤本	否	否	1	1	1	1	1	1	1	1
553	无患子科	龙眼	*Dimocarpus longan*	栽培	5	乔木	否	否	1	1	1	1	1	1	1	1
554	无患子科	车桑子	*Dodonaea viscosa*	野生	5	灌木	否	否	1	1	1	1	1	1	1	1
555	无患子科	复羽叶栾树	*Koelreuteria bipinnata*	栽培	5	乔木	否	否	1	1	1	1	1	1	1	1
556	无患子科	荔枝	*Litchi chinensis*	栽培	5	乔木	否	否	1	1	1	1	1	1	1	1
557	无患子科	褐叶柄果木	*Mischocarpus pentapetalus*	野生	5	乔木	否	否	0	0	0	0	1	0	0	0
558	无患子科	柄果木	*Mischocarpus sundaicus*	野生	5	乔木	否	否	1	0	0	1	0	1	1	1
559	无患子科	无患子	*Sapindus saponaria*	野生	5	乔木	否	否	0	1	1	1	1	1	1	1
560	漆树科	岭南酸枣	*Allospondias lakonensis*	栽培	5	乔木	否	否	1	1	1	0	1	1	1	1
561	漆树科	人面子	*Dracontomelon duperreanum*	栽培+野生	5	乔木	否	否	1	1	1	1	1	1	1	1
562	漆树科	厚皮树	*Lannea coromandelica*	野生	5	乔木	否	否	1	1	1	1	1	0	0	0
563	漆树科	杧果	*Mangifera indica*	栽培	5	乔木	否	否	1	1	1	1	1	1	1	1
564	漆树科	扁桃	*Mangifera persiciformis*	栽培	5	乔木	否	否	1	1	1	1	1	1	1	1
565	漆树科	黄连木	*Pistacia chinensis*	野生	5	乔木	否	否	0	0	0	0	1	0	1	1
566	漆树科	盐肤木	*Rhus chinensis*	野生	5	灌木	否	否	1	1	1	1	1	1	1	1
567	漆树科	滨盐肤木	*Rhus chinensis* var. *roxburghii*	野生	5	灌木	否	否	1	1	1	1	1	1	1	1
568	漆树科	野漆	*Toxicodendron succedaneum*	野生	5	乔木	否	否	1	1	1	1	1	1	1	1
569	漆树科	木蜡树	*Toxicodendron sylvestre*	野生	5	乔木	否	否	1	1	1	1	1	1	1	1
570	牛栓藤科	云南牛栓藤	*Connarus yunnanensis*	野生	5	藤本	否	否	0	0	0	1	0	0	0	0
571	牛栓藤科	小叶红叶藤	*Rourea microphylla*	野生	5	藤本	否	否	1	1	1	1	1	1	1	1
572	胡桃科	黄杞	*Engelhardia roxburghiana*	野生	5	乔木	否	否	1	1	1	1	1	1	1	1
573	山茱萸科	八角枫	*Alangium chinense*	野生	5	灌木	否	否	1	1	1	1	1	1	1	1

序号	科名	种名	学名	来源	类型	生活型	外来种	入侵种	钦南区	银海区	海城区	铁山港区	合浦县	港口区	防城区	东兴市
574	山茱萸科	土坛树	*Alangium salviifolium*	野生	5	乔木	否	否	1	0	0	0	1	0	0	0
575	五加科	白簕	*Eleutherococcus trifoliatus*	野生	5	灌木	否	否	1	1	1	1	1	1	1	1
576	五加科	鹅掌柴	*Heptapleurum heptaphyllum*	野生	5	乔木	否	否	1	1	1	1	1	1	1	1
577	五加科	幌伞枫	*Heteropanax fragrans*	栽培	5	乔木	否	否	1	1	1	1	1	1	1	1
578	五加科	辐叶鹅掌柴	*Schefflera actinophylla*	栽培	5	乔木	是	否	1	1	1	1	1	1	1	1
579	伞形科	积雪草	*Centella asiatica*	野生	5	草本	否	否	1	1	1	1	1	1	1	1
580	五加科	天胡荽	*Hydrocotyle sibthorpioides*	野生	5	草本	否	否	1	1	1	1	1	1	1	1
581	五加科	南美天胡荽	*Hydrocotyle verticillata*	栽培	5	草本	是	是	1	1	1	1	0	1	1	1
582	杜鹃花科	杜鹃	*Rhododendron simsii*	栽培	5	灌木	否	否	1	1	1	1	0	1	1	1
583	柿科	黄果柿	*Diospyros decandra*	野生+栽培	5	乔木	否	否	0	0	0	0	0	0	0	1
584	柿科	光叶柿	*Diospyros diversilimba*	野生	5	灌木	否	否	0	0	0	0	0	0	0	0
585	柿科	乌材	*Diospyros eriantha*	野生	5	乔木	否	否	1	1	1	1	1	1	1	1
586	柿科	柿	*Diospyros kaki*	栽培	5	乔木	否	否	1	1	1	1	1	1	1	1
587	山榄科	金叶树	*Donella lanceolata* var. *stellatocarpa*	野生	5	乔木	否	否	0	1	1	1	1	0	1	0
588	山榄科	紫荆木	*Madhuca pasquieri*	野生	5	乔木	否	否	0	0	0	0	0	0	1	0
589	山榄科	铁线子	*Manilkara hexandra*	野生	5	乔木	否	否	0	0	0	1	1	0	0	1
590	山榄科	人心果	*Manilkara zapota*	栽培	5	乔木	是	否	0	1	1	1	1	1	1	1
591	报春花科	蜡烛果	*Aegiceras corniculatum*	野生	1	灌木	否	否	1	1	1	1	1	1	1	1
592	报春花科	大罗伞树	*Ardisia hanceana*	野生	5	灌木	否	否	1	1	1	1	1	1	1	1
593	报春花科	雪下红	*Ardisia villosa*	野生	5	灌木	否	否	1	1	1	1	1	1	1	1
594	报春花科	酸藤子	*Embelia laeta*	野生	5	藤本	否	否	1	1	1	1	1	1	1	1
595	报春花科	白花酸藤果	*Embelia ribes*	野生	5	藤本	否	否	1	1	1	1	1	1	1	1
596	报春花科	杜茎山	*Maesa japonica*	野生	5	灌木	否	否	1	1	1	1	1	1	1	1
597	报春花科	鲫鱼胆	*Maesa perlarius*	野生	5	灌木	否	否	1	1	1	1	1	1	1	1
598	报春花科	打铁树	*Myrsine linearis*	野生	5	乔木	否	否	1	1	1	1	1	1	1	1
599	报春花科	密花树	*Myrsine seguinii*	野生	5	灌木	否	否	1	1	1	1	1	1	1	1
600	山矾科	山矾	*Symplocos botryantha*	野生	5	灌木	否	否	0	1	1	1	1	1	1	1
601	山矾科	白檀	*Symplocos paniculata*	野生	5	灌木	否	否	1	1	1	1	1	1	1	1
602	山矾科	珠仔树	*Symplocos racemosa*	野生	5	灌木	否	否	1	1	1	1	1	0	0	0
603	龙胆科	灰莉	*Fagraea ceilanica*	栽培	5	灌木	否	否	1	1	1	1	1	1	1	1
604	马钱科	水田白	*Mitrasacme pygmaea*	野生	5	草本	否	否	1	0	0	0	0	1	1	1
605	木樨科	扭肚藤	*Jasminum elongatum*	野生	5	藤本	否	否	1	1	1	1	1	1	1	1
606	木樨科	桂叶素馨	*Jasminum laurifolium*	野生	5	藤本	否	否	1	0	1	1	1	1	1	1
607	木樨科	小萼素馨	*Jasminum microcalyx*	野生	5	藤本	否	否	0	0	0	0	0	0	1	1
608	木樨科	青藤仔	*Jasminum nervosum*	野生	5	藤本	否	否	1	1	1	1	1	1	1	1
609	木樨科	厚叶素馨	*Jasminum pentaneurum*	野生	5	藤本	否	否	1	1	1	1	1	1	1	1
610	木樨科	白皮素馨	*Jasminum rehderianum*	野生	5	藤本	否	否	1	0	1	1	1	1	1	1
611	木樨科	锈鳞木樨榄	*Olea europaea* subsp. *cuspidata*	栽培	5	灌木	否	否	1	1	1	1	1	1	1	1
612	木樨科	牛矢果	*Osmanthus matsumuranus*	野生	5	乔木	否	否	0	0	0	1	1	1	1	1
613	夹竹桃科	紫蝉花	*Allamanda blanchetii*	栽培	5	灌木	是	否	1	1	1	1	0	1	1	1
614	夹竹桃科	软枝黄蝉	*Allamanda cathartica*	栽培	5	灌木	是	否	1	1	1	1	1	1	1	1
615	夹竹桃科	糖胶树	*Alstonia scholaris*	栽培+野生	5	乔木	否	否	1	1	1	1	1	1	1	1
616	夹竹桃科	长春花	*Catharanthus roseus*	野生+栽培	5	草本	是	否	1	1	1	1	1	1	1	1
617	夹竹桃科	白长春花	*Catharanthus roseus* 'Albus'	野生+栽培	5	草本	是	否	0	1	1	1	1	0	0	0
618	夹竹桃科	海杧果	*Cerbera manghas*	野生	2	乔木	否	否	1	1	1	1	1	1	1	1
619	夹竹桃科	思茅山橙	*Melodinus cochinchinensis*	野生	5	藤本	否	否	1	0	0	1	1	1	1	1
620	夹竹桃科	夹竹桃	*Nerium oleander*	栽培	5	灌木	否	否	1	1	1	1	1	1	1	1
621	夹竹桃科	红鸡蛋花	*Plumeria rubra*	栽培	5	乔木	是	否	1	1	1	1	1	1	1	1
622	夹竹桃科	鸡蛋花	*Plumeria rubra* 'Acutifolia'	栽培	5	乔木	是	否	1	1	1	1	1	1	1	1
623	夹竹桃科	萝芙木	*Rauvolfia verticillata*	栽培	5	灌木	否	否	1	1	1	1	0	1	1	1
624	夹竹桃科	羊角拗	*Strophanthus divaricatus*	野生	5	藤本	否	否	1	1	1	1	1	1	1	1

序号	科名	种名	学名	来源	类型	生活型	外来种	入侵种	钦南区	银海区	海城区	铁山港区	合浦县	港口区	防城区	东兴市
625	夹竹桃科	重瓣狗牙花	*Tabernaemontana divaricata* 'Flore Pleno'	栽培	5	灌木	是	否	1	1	1	1	0	1	1	1
626	夹竹桃科	黄花夹竹桃	*Thevetia peruviana*	栽培	5	灌木	是	否	1	1	1	1	1	1	1	1
627	夹竹桃科	弓果藤	*Toxocarpus wightianus*	野生	5	藤本	否	否	1	1	1	1	1	1	1	1
628	夹竹桃科	络石	*Trachelospermum jasminoides*	野生	5	藤本	否	否	1	1	1	1	1	1	1	1
629	夹竹桃科	杜仲藤	*Urceola micrantha*	野生	5	藤本	否	否	1	1	1	1	1	1	1	1
630	夹竹桃科	酸叶胶藤	*Urceola rosea*	野生	5	藤本	否	否	1	1	1	1	1	1	1	1
631	夹竹桃科	倒吊笔	*Wrightia pubescens*	野生	5	乔木	否	否	1	1	1	1	1	1	1	1
632	夹竹桃科	牛角瓜	*Calotropis gigantea*	栽培+野生	5	灌木	否	否	1	1	1	1	1	1	1	0
633	夹竹桃科	圆果牛角瓜	*Calotropis procera*	野生+栽培	5	灌木	是	否	0	0	1	0	1	0	0	0
634	夹竹桃科	肉珊瑚	*Cynanchum acidum*	野生	5	藤本	否	否	0	0	1	0	1	0	0	0
635	夹竹桃科	海南杯冠藤	*Cynanchum insulanum*	野生	5	藤本	否	否	0	0	1	0	1	0	0	0
636	夹竹桃科	眼树莲	*Dischidia chinensis*	野生	5	藤本	否	否	1	1	1	1	1	1	1	1
637	夹竹桃科	圆叶眼树莲	*Dischidia nummularia*	野生	5	藤本	否	否	1	0	0	1	1	0	0	0
638	夹竹桃科	海岛藤	*Gymnanthera oblonga*	野生	5	藤本	否	否	1	1	1	1	1	0	0	0
639	夹竹桃科	匙羹藤	*Gymnema sylvestre*	野生	5	藤本	否	否	1	1	1	1	1	1	1	1
640	夹竹桃科	马莲鞍	*Streptocaulon griffithii*	野生	5	藤本	否	否	1	1	1	1	1	1	1	1
641	茜草科	水团花	*Adina pilulifera*	野生	5	灌木	否	否	1	0	0	1	1	1	1	0
642	茜草科	浓子茉莉	*Benkara scandens*	野生	5	灌木	否	否	0	0	0	1	1	1	1	0
643	茜草科	鸡爪簕	*Benkara sinensis*	野生	5	灌木	否	否	0	0	0	1	1	1	1	0
644	茜草科	猪肚木	*Canthium horridum*	野生	5	灌木	否	否	1	1	1	1	1	1	1	1
645	茜草科	山石榴	*Catunaregam spinosa*	野生	5	灌木	否	否	1	1	1	1	1	1	1	1
646	茜草科	小粒咖啡	*Coffea arabica*	栽培	5	灌木	是	否	0	0	1	1	1	1	1	0
647	茜草科	虎刺	*Damnacanthus indicus*	野生	5	灌木	否	否	1	0	0	1	1	1	1	0
648	茜草科	栀子	*Gardenia jasminoides*	野生+栽培	5	灌木	否	否	1	1	1	1	1	1	1	1
649	茜草科	白蟾	*Gardenia jasminoides* var. *fortuniana*	栽培	5	灌木	否	否	1	1	0	0	1	1	1	1
650	茜草科	长隔木	*Hamelia patens*	栽培	5	灌木	是	否	0	1	1	1	0	1	1	1
651	茜草科	广花耳草	*Hedyotis ampliflora*	野生	5	草本	否	否	0	0	0	0	0	0	1	0
652	茜草科	纤花耳草	*Hedyotis angustifolia*	野生	5	草本	否	否	0	0	0	0	0	0	1	0
653	茜草科	耳草	*Hedyotis auricularia*	野生	5	草本	否	否	1	1	1	1	1	1	1	1
654	茜草科	伞房花耳草	*Hedyotis corymbosa*	野生	5	草本	否	否	1	1	1	1	1	1	1	1
655	茜草科	白花蛇舌草	*Hedyotis diffusa*	野生	5	草本	否	否	1	1	1	1	1	1	1	1
656	茜草科	牛白藤	*Hedyotis hedyotidea*	野生	5	藤本	否	否	1	1	1	1	1	1	1	1
657	茜草科	松叶耳草	*Hedyotis pinifolia*	野生	5	草本	否	否	1	1	1	1	1	1	0	1
658	茜草科	方茎耳草	*Hedyotis tetrangularis*	野生	5	草本	否	否	0	1	1	1	0	0	0	0
659	茜草科	粗叶耳草	*Hedyotis verticillata*	野生	5	草本	否	否	1	1	1	1	1	1	1	1
660	茜草科	龙船花	*Ixora chinensis*	野生+栽培	5	灌木	否	否	1	1	1	1	1	1	1	1
661	茜草科	小叶龙船花	*Ixora coccinea* 'Xiaoye'	栽培	5	灌木	否	否	1	1	1	1	0	1	1	1
662	茜草科	海南龙船花	*Ixora hainanensis*	野生	5	灌木	否	否	0	0	1	0	0	0	0	0
663	茜草科	粗叶木	*Lasianthus chinensis*	野生	5	灌木	否	否	0	0	0	0	1	1	1	0
664	茜草科	双花耳草	*Leptopetalum biflorum*	野生	5	草本	否	否	0	0	0	0	0	1	1	0
665	茜草科	盖裂果	*Mitracarpus hirtus*	野生	5	草本	是	是	1	1	1	1	1	1	1	1
666	茜草科	鸡眼藤	*Morinda parvifolia*	野生	5	藤本	否	否	1	1	1	1	1	1	1	1
667	茜草科	楠藤	*Mussaenda erosa*	野生	5	藤本	否	否	1	1	1	1	1	1	1	1
668	茜草科	玉叶金花	*Mussaenda pubescens*	野生	5	藤本	否	否	1	1	1	1	1	1	1	1
669	茜草科	鸡屎藤	*Paederia foetida*	野生	5	藤本	否	否	1	1	1	1	1	1	1	1
670	茜草科	南山花	*Prismatomeris connata*	野生	5	灌木	否	否	1	0	0	0	1	1	1	0
671	茜草科	九节	*Psychotria asiatica*	野生	5	灌木	否	否	1	1	1	1	1	1	1	1
672	茜草科	蔓九节	*Psychotria serpens*	野生	5	藤本	否	否	1	1	1	1	1	1	1	1
673	茜草科	墨苜蓿	*Richardia scabra*	野生	5	草本	是	是	1	1	1	1	1	1	1	1
674	茜草科	阔叶丰花草	*Spermacoce alata*	野生	5	草本	是	是	1	1	1	1	1	1	1	1

广西滨海植物

序号	科名	种名	学名	来源	类型	生活型	外来种	入侵种	钦南区	银海区	海城区	铁山港区	合浦县	港口区	防城区	东兴市
675	茜草科	糙叶丰花草	*Spermacoce hispida*	野生	5	草本	?	否	1	1	1	1	1	0	0	0
676	茜草科	光叶丰花草	*Spermacoce remota*	野生	5	草本	是	是	1	1	1	1	1	1	1	1
677	茜草科	水锦树	*Wendlandia uvariifolia*	野生	5	灌木	否	否	1	1	1	1	1	1	1	1
678	忍冬科	忍冬	*Lonicera japonica*	栽培+野生	5	藤本	否	否	1	1	1	1	1	1	1	1
679	忍冬科	南方荚蒾	*Viburnum fordiae*	野生	5	灌木	否	否	1	1	1	1	1	1	1	1
680	忍冬科	海南荚蒾	*Viburnum hainanense*	野生	5	灌木	否	否	0	0	0	1	1	0	1	0
681	菊科	黄花蒿	*Artemisia annua*	野生	5	草本	否	否	1	1	1	1	1	1	1	1
682	菊科	茵陈蒿	*Artemisia capillaris*	野生	3	草本	否	否	1	1	1	1	1	1	1	1
683	菊科	牡蒿	*Artemisia japonica*	野生	5	草本	否	否	1	1	1	1	1	1	0	0
684	菊科	猪毛蒿	*Artemisia scoparia*	野生	5	草本	否	否	1	0	0	0	1	0	0	0
685	菊科	马兰	*Aster indicus*	野生	5	草本	否	否	1	1	1	1	1	1	1	1
686	菊科	金盏银盘	*Bidens biternata*	野生	5	草本	否	否	0	0	0	0	0	0	0	1
687	菊科	鬼针草	*Bidens pilosa*	野生	5	草本	是	是	1	1	1	1	1	1	1	1
688	菊科	百能葳	*Blainvillea acmella*	野生	5	草本	否	否	1	0	1	1	1	1	1	1
689	菊科	柔毛艾纳香	*Blumea axillaris*	野生	5	草本	否	否	1	1	1	1	1	1	1	1
690	菊科	石胡荽	*Centipeda minima*	野生	5	草本	否	否	1	1	1	1	1	1	1	1
691	菊科	飞机草	*Chromolaena odoratum*	野生	5	草本	是	是	1	1	1	1	1	1	1	1
692	菊科	蓟	*Cirsium japonicum*	野生	5	草本	否	否	1	1	1	1	1	1	1	0
693	菊科	粘毛白酒草	*Conyza leucantha*	野生	5	草本	否	否	0	1	1	1	1	0	1	0
694	菊科	芙蓉菊	*Crossostephium chinense*	栽培	5	草本	否	否	1	1	1	0	1	1	1	1
695	菊科	羊耳菊	*Duhaldea cappa*	野生	5	草本	否	否	1	1	1	1	1	1	1	1
696	菊科	鳢肠	*Eclipta prostrata*	野生	5	草本	否	否	1	1	1	1	1	1	1	1
697	菊科	地胆草	*Elephantopus scaber*	野生	5	草本	否	否	1	1	1	1	1	1	1	1
698	菊科	一点红	*Emilia sonchifolia*	野生	5	草本	否	否	1	1	1	1	1	1	1	1
699	菊科	小蓬草	*Erigeron canadensis*	野生	5	草本	是	是	1	1	1	1	1	1	1	1
700	菊科	天人菊	*Gaillardia pulchella*	栽培	5	草本	是	否	1	1	1	0	0	1	0	0
701	菊科	勋章菊	*Gazania rigens*	栽培	5	草本	是	否	1	1	1	0	0	1	0	0
702	菊科	鹿角草	*Glossocardia bidens*	野生	5	草本	否	否	0	0	0	0	1	0	0	0
703	菊科	田基黄	*Grangea maderaspatana*	野生	5	草本	否	否	1	0	0	0	1	0	0	0
704	菊科	白子菜	*Gynura divaricata*	野生	5	草本	否	否	1	1	1	1	1	1	1	1
705	菊科	白凤菜	*Gynura formosana*	野生	5	草本	否	否	1	1	1	1	1	1	1	1
706	菊科	菊芋	*Helianthus tuberosus*	野生	5	草本	是	否	1	1	1	1	1	1	1	1
707	菊科	泥胡菜	*Hemisteptia lyrata*	野生	5	草本	否	否	1	1	1	1	1	1	1	1
708	菊科	剪刀股	*Ixeris japonica*	野生	5	草本	否	否	1	1	1	1	1	1	1	1
709	菊科	苦荬菜	*Ixeris polycephala*	栽培	5	草本	否	否	1	1	1	1	1	1	1	1
710	菊科	六棱菊	*Laggera alata*	野生	5	草本	否	否	1	1	1	1	1	1	1	1
711	菊科	匐枝栓果菊	*Launaea sarmentosa*	野生	5	草本	否	否	1	1	1	1	1	0	0	0
712	菊科	卤地菊	*Melanthera prostrata*	野生	5	草本	否	否	1	1	1	0	1	0	0	0
713	菊科	微甘菊	*Mikania micrantha*	野生	5	藤本	是	是	1	1	1	1	1	1	1	1
714	菊科	银胶菊	*Parthenium hysterophorus*	野生	5	草本	是	是	1	1	1	1	1	1	1	1
715	菊科	阔苞菊	*Pluchea indica*	野生	2	草本	否	否	1	1	1	1	1	1	1	1
716	菊科	光梗阔苞菊	*Pluchea pteropoda*	野生	3	草本	否	否	0	1	0	1	1	0	0	1
717	菊科	翼茎阔苞菊	*Pluchea sagittalis*	野生	5	草本	否	否	1	1	1	1	1	1	1	1
718	菊科	假臭草	*Praxelis clematidea*	野生	5	草本	是	是	1	1	1	1	1	1	1	1
719	菊科	荔枝草	*Salvia plebeia*	野生	5	草本	否	否	0	1	1	1	1	0	1	0
720	菊科	豨莶	*Sigesbeckia orientalis*	野生	5	草本	否	否	1	1	1	1	1	1	1	1
721	菊科	三裂蟛蜞菊	*Sphagneticola trilobata*	野生	5	草本	是	是	1	1	1	1	1	1	1	1
722	菊科	钻叶紫菀	*Symphyotrichum subulatum*	野生	5	草本	是	是	1	1	1	1	1	1	1	1
723	菊科	金腰箭	*Synedrella nodiflora*	野生	5	草本	是	是	1	1	1	1	1	1	1	1
724	菊科	肿柄菊	*Tithonia diversifolia*	野生	5	灌木	是	是	1	1	1	1	1	1	1	1
725	菊科	羽芒菊	*Tridax procumbens*	野生	3	草本	是	是	1	1	1	1	1	1	1	1
726	菊科	扁桃斑鸠菊	*Vernonia amygdalina*	栽培	5	灌木	是	否	1	1	1	1	1	1	1	1
727	菊科	夜香牛	*Vernonia cinerea*	野生	5	草本	否	否	1	1	1	1	1	1	1	1
728	菊科	李花菊	*Wollastonia biflora*	野生	5	草本	否	否	1	1	1	1	1	1	1	1
729	菊科	北美苍耳	*Xanthium chinense*	野生	5	草本	是	是	1	1	1	1	1	1	1	1

序号	科名	种名	学名	来源	类型	生活型	外来种	入侵种	钦南区	银海区	海城区	铁山港区	合浦县	港口区	防城区	东兴市
730	菊科	多花百日菊	*Zinnia peruviana*	栽培	5	草本	是	是	1	1	1	0	0	1	1	0
731	白花丹科	补血草	*Limonium sinense*	野生	3	草本	否	否	1	1	1	1	1	1	1	1
732	白花丹科	蓝花丹	*Plumbago auriculata*	栽培	5	灌木	是	否	1	1	1	1	1	1	1	1
733	白花丹科	白花丹	*Plumbago zeylanica*	栽培	5	灌木	否	否	1	1	1	1	1	1	1	1
734	车前科	车前	*Plantago asiatica*	野生	5	草本	否	否	1	1	1	1	1	1	1	1
735	草海桐科	离根香	*Goodenia pilosa* subsp. *chinensis*	野生	5	草本	否	否	1	0	0	0	1	0	1	0
736	草海桐科	小草海桐	*Scaevola hainanensis*	野生	3	草本	否	否	1	0	1	0	0	0	1	0
737	草海桐科	草海桐	*Scaevola sericea*	野生	5	灌木	否	否	1	1	1	1	1	1	1	1
738	紫草科	基及树	*Carmona microphylla*	野生+栽培	5	灌木	否	否	1	1	1	1	1	1	1	1
739	紫草科	厚壳树	*Ehretia acuminata*	野生	5	乔木	否	否	1	1	1	1	1	1	1	1
740	紫草科	宿苞厚壳树	*Ehretia asperula*	野生	5	藤本	否	否	0	0	1	0	0	0	0	0
741	紫草科	大尾摇	*Heliotropium indicum*	野生	5	草本	否	否	0	0	1	0	0	0	0	0
742	茄科	酸浆	*Alkekengi officinarum*	野生	5	草本	否	否	0	1	1	1	1	0	1	0
743	茄科	洋金花	*Datura metel*	野生	5	灌木	是	是	1	1	1	1	1	1	1	1
744	茄科	曼陀罗	*Datura stramonium*	野生	5	灌木	是	是	1	1	1	1	1	1	1	1
745	茄科	枸杞	*Lycium chinense*	栽培	5	灌木	否	否	1	1	1	1	1	1	1	1
746	茄科	烟草	*Nicotiana tabacum*	野生+栽培	5	草本	是	否	1	1	1	1	1	1	1	1
747	茄科	苦蘵	*Physalis angulata*	野生	5	草本	是	是	1	1	1	1	1	1	1	1
748	茄科	假烟叶树	*Solanum erianthum*	野生	5	灌木	是	是	1	1	1	1	1	1	1	1
749	茄科	龙葵	*Solanum nigrum*	野生	5	草本	否	否	1	1	1	1	1	1	1	1
750	茄科	海南茄	*Solanum procumbens*	野生	5	灌木	否	否	1	1	1	1	1	0	0	0
751	茄科	水茄	*Solanum torvum*	野生	5	灌木	是	是	1	1	1	1	1	1	1	1
752	茄科	野茄	*Solanum undatum*	野生	5	灌木	否	否	0	0	1	0	1	0	0	0
753	茄科	刺天茄	*Solanum violaceum*	野生	5	灌木	否	否	0	0	1	0	1	1	1	1
754	旋花科	银背藤	*Argyreia mollis*	野生	5	藤本	否	否	1	1	1	1	1	1	1	1
755	旋花科	菟丝子	*Cuscuta chinensis*	野生	5	藤本	否	否	1	1	1	1	1	1	1	1
756	旋花科	马蹄金	*Dichondra micrantha*	野生	5	草本	否	否	1	1	1	1	1	1	1	1
757	旋花科	土丁桂	*Evolvulus alsinoides*	野生	5	草本	否	否	1	1	1	1	1	1	1	1
758	旋花科	猪菜藤	*Hewittia malabarica*	野生	5	藤本	否	否	1	1	1	1	1	0	0	0
759	旋花科	蕹菜	*Ipomoea aquatica*	栽培	5	藤本	否	否	1	1	1	1	1	1	1	1
760	旋花科	番薯	*Ipomoea batatas*	栽培	5	藤本	是	否	1	1	1	1	1	1	1	1
761	旋花科	五爪金龙	*Ipomoea cairica*	野生	5	藤本	是	是	1	1	1	1	1	1	1	1
762	旋花科	假厚藤	*Ipomoea imperati*	野生	5	藤本	否	否	0	0	0	0	1	0	0	0
763	旋花科	牵牛	*Ipomoea nil*	野生	5	藤本	是	是	1	1	1	1	1	1	1	1
764	旋花科	小心叶薯	*Ipomoea obscura*	野生	5	藤本	否	否	1	1	1	1	1	0	0	0
765	旋花科	厚藤	*Ipomoea pes-caprae*	野生	5	藤本	否	否	1	1	1	1	1	1	1	1
766	旋花科	虎掌藤	*Ipomoea pes-tigridis*	野生	5	藤本	否	否	0	0	1	0	1	1	0	0
767	旋花科	茑萝	*Ipomoea quamoclit*	栽培+野生	5	藤本	是	是	1	1	1	1	1	1	1	1
768	旋花科	金钟藤	*Merremia boisiana*	野生	5	藤本	否	否	0	1	1	1	1	1	1	1
769	旋花科	篱栏网	*Merremia hederacea*	野生	5	藤本	否	否	1	1	1	1	1	1	1	1
770	旋花科	地旋花	*Xenostegia tridentata*	野生	5	藤本	否	否	0	0	1	0	0	0	0	0
771	车前科	毛麝香	*Adenosma glutinosum*	野生	5	草本	否	否	1	1	1	1	1	1	1	1
772	车前科	假马齿苋	*Bacopa monnieri*	野生	3	草本	否	否	1	0	0	0	0	1	1	1
773	母草科	长蒴母草	*Lindernia anagallis*	野生	5	草本	否	否	1	1	1	1	1	1	1	1
774	母草科	泥花草	*Lindernia antipoda*	野生	5	草本	否	否	1	1	1	1	1	1	1	1
775	母草科	母草	*Lindernia crustacea*	野生	5	草本	否	否	1	1	1	1	1	1	1	1
776	车前科	伏胁花	*Mecardonia procumbens*	野生	5	草本	是	是	1	1	1	1	1	1	1	1
777	车前科	野甘草	*Scoparia dulcis*	野生	5	草本	是	是	1	1	1	1	1	1	1	1
778	车前科	轮叶离药草	*Stemodia verticillata*	野生	5	草本	是	否	1	1	1	1	1	1	1	1
779	列当科	独脚金	*Striga asiatica*	野生	5	草本	否	否	1	1	1	1	1	1	1	1
780	紫葳科	吊瓜树	*Kigelia africana*	栽培	5	乔木	是	否	1	1	1	1	1	1	1	1
781	紫葳科	炮仗花	*Pyrostegia venusta*	栽培	5	藤本	是	否	1	1	1	1	1	1	1	1
782	紫葳科	海南菜豆树	*Radermachera hainanensis*	栽培	5	乔木	否	否	1	1	1	1	1	1	1	1

序号	科名	种名	学名	来源	类型	生活型	外来种	入侵种	钦南区	银海区	海城区	铁山港区	合浦县	港口区	防城区	东兴市
783	紫葳科	火焰树	*Spathodea campanulata*	栽培	5	乔木	是	否	1	1	1	1	1	1	1	1
784	爵床科	小花老鼠簕	*Acanthus ebracteatus*	野生	1	灌木	否	否	0	0	0	0	0	0	1	0
785	爵床科	老鼠簕	*Acanthus ilicifolius*	野生	1	灌木	否	否	1	1	1	1	1	1	1	1
786	爵床科	假杜鹃	*Barleria cristata*	野生	5	草本	否	否	1	1	1	1	1	1	1	1
787	爵床科	鳄嘴花	*Clinacanthus nutans*	野生	5	草本	否	否	0	1	0	0	0	0	0	0
788	爵床科	狗肝菜	*Dicliptera chinensis*	野生	5	草本	否	否	1	1	1	1	1	1	1	1
789	爵床科	水蓑衣	*Hygrophila ringens*	野生	5	草本	否	否	1	1	1	1	1	1	1	1
790	爵床科	小驳骨	*Justicia gendarussa*	栽培	5	草本	否	否	1	1	1	1	1	1	1	1
791	爵床科	爵床	*Justicia procumbens*	野生	5	草本	否	否	1	1	1	1	1	1	1	1
792	爵床科	蓝花草	*Ruellia simplex*	栽培	5	草本	是	否	1	1	1	1	1	1	1	1
793	爵床科	黄球花	*Strobilanthes chinensis*	野生	5	草本	否	否	0	0	0	1	1	1	1	1
794	爵床科	翼叶山牵牛	*Thunbergia alata*	栽培	5	藤本	是	否	0	1	1	0	1	0	0	0
795	爵床科	海南山牵牛	*Thunbergia fragrans* subsp. *hainanensis*	野生	5	藤本	否	否	0	0	1	1	1	0	0	0
796	爵床科	山牵牛	*Thunbergia grandiflora*	野生	5	藤本	否	否	1	1	1	1	1	1	1	1
797	玄参科	苦槛蓝	*Pentacoelium bontioides*	野生	3	灌木	否	否	0	0	1	1	1	1	1	1
798	爵床科	海榄雌	*Avicennia marina*	野生	1	灌木	否	否	1	1	1	1	1	1	1	1
799	唇形科	白棠子树	*Callicarpa dichotoma*	野生	5	灌木	否	否	1	1	1	1	1	1	1	1
800	唇形科	大叶紫珠	*Callicarpa macrophylla*	野生	5	灌木	否	否	1	1	1	1	1	1	1	1
801	唇形科	臭牡丹	*Clerodendrum bungei*	野生	5	灌木	否	否	1	1	1	1	1	1	1	1
802	唇形科	灰毛大青	*Clerodendrum canescens*	野生	5	灌木	否	否	1	1	1	1	1	1	1	1
803	唇形科	大青	*Clerodendrum cyrtophyllum*	野生	5	灌木	否	否	1	1	1	1	1	1	1	1
804	唇形科	白花灯笼	*Clerodendrum fortunatum*	野生	5	灌木	否	否	1	1	1	1	1	1	1	1
805	唇形科	龙吐珠	*Clerodendrum thomsonae*	栽培	5	灌木	否	否	1	1	1	1	1	1	1	1
806	马鞭草科	假连翘	*Duranta erecta*	栽培	5	灌木	是	否	1	1	1	1	1	1	1	1
807	马鞭草科	蕾丝假连翘	*Duranta erecta* 'Dark Purple'	栽培	5	灌木	否	否	1	1	1	1	1	1	1	1
808	马鞭草科	金叶假连翘	*Duranta erecta* 'Golden Leaves'	栽培	5	灌木	是	否	1	1	1	1	1	1	1	1
809	马鞭草科	马缨丹	*Lantana camara*	野生	5	灌木	是	是	1	1	1	1	1	1	1	1
810	马鞭草科	过江藤	*Phyla nodiflora*	野生	5	草本	否	否	1	1	1	1	1	1	1	1
811	唇形科	黄药豆腐柴	*Premna cavaleriei*	野生	5	灌木	否	否	0	1	1	1	1	1	1	1
812	唇形科	狐臭柴	*Premna puberula*	野生	5	灌木	否	否	0	0	0	1	1	0	0	0
813	唇形科	伞序臭黄荆	*Premna serratifolia*	野生	2	灌木	否	否	1	1	1	1	1	0	0	0
814	马鞭草科	假马鞭	*Stachytarpheta jamaicensis*	野生	5	草本	是	是	1	1	1	1	1	1	1	1
815	唇形科	山牡荆	*Vitex quinata*	野生	5	乔木	否	否	1	1	1	1	1	1	1	1
816	唇形科	单叶蔓荆	*Vitex rotundifolia*	野生	5	灌木	否	否	1	1	1	1	1	1	1	1
817	唇形科	苦郎树	*Volkameria inermis*	野生	2	灌木	否	否	1	1	1	1	1	1	1	1
818	唇形科	广防风	*Anisomeles indica*	野生	5	草本	否	否	1	1	1	1	1	1	1	1
819	唇形科	益母草	*Leonurus japonicus*	野生	5	草本	否	否	1	1	1	1	1	1	1	1
820	唇形科	滨海白绒草	*Leucas chinensis*	野生	5	草本	否	否	0	1	1	0	1	0	0	0
821	唇形科	疏毛白绒草	*Leucas mollissima* var. *chinensis*	野生	5	草本	否	否	1	1	1	1	1	1	1	1
822	唇形科	留兰香	*Mentha spicata*	栽培	5	草本	否	否	1	0	1	0	0	0	0	0
823	唇形科	山香	*Mesosphaerum suaveolens*	野生	5	草本	是	是	1	1	1	1	1	1	1	1
824	石蒜科	文殊兰	*Crinum asiaticum* var. *sinicum*	野生+栽培	3	草本	否	否	1	1	1	1	1	1	1	1
825	水鳖科	贝克喜盐草	*Halophila beccarii*	野生	4	草本	否	否	0	0	0	0	1	1	1	1
826	水鳖科	小喜盐草	*Halophila minor*	野生	4	草本	否	否	1	0	1	1	0	0	0	0
827	水鳖科	喜盐草	*Halophila ovalis*	野生	4	草本	否	否	1	1	1	1	1	1	1	1
828	眼子菜科	矮大叶草	*Zostera japonica*	野生	4	草本	否	否	1	1	1	1	1	1	1	1
829	川蔓藻科	川蔓藻	*Ruppia maritima*	野生	4	草本	否	否	1	0	0	0	0	0	0	0
830	丝粉藻科	羽叶二药藻	*Halodule pinifolia*	野生	4	草本	否	否	0	0	1	1	1	1	1	1
831	丝粉藻科	二药藻	*Halodule uninervis*	野生	4	草本	否	否	1	1	1	1	1	1	1	1
832	丝粉藻科	针叶藻	*Syringodium isoetifolium*	野生	4	草本	否	否	1	1	1	1	1	1	1	1
833	鸭跖草科	饭包草	*Commelina benghalensis*	野生	5	草本	否	否	1	1	1	1	1	1	1	1
834	鸭跖草科	鸭跖草	*Commelina communis*	野生	5	草本	否	否	1	1	1	1	1	1	1	1
835	鸭跖草科	牛轭草	*Murdannia loriformis*	野生	5	草本	否	否	1	1	1	1	1	1	1	1
836	鸭跖草科	裸花水竹叶	*Murdannia nudiflora*	野生	5	草本	否	否	0	1	1	1	1	1	1	1

序号	科名	种名	学名	来源	类型	生活型	外来种	入侵种	钦南区	银海区	海城区	铁山港区	合浦县	港口区	防城区	东兴市
837	鸭跖草科	紫竹梅	*Tradescantia pallida*	栽培	5	草本	是	否	1	1	1	1	1	1	1	1
838	鸭跖草科	紫背万年青	*Tradescantia spathacea*	栽培	5	草本	是	否	1	1	1	1	1	1	1	1
839	须叶藤科	须叶藤	*Flagellaria indica*	野生	5	藤本	否	否	0	0	0	0	0	0	1	1
840	黄眼草科	硬叶葱草	*Xyris complanata*	野生	5	草本	否	否	0	0	0	0	0	1	1	1
841	黄眼草科	黄眼草	*Xyris indica*	野生	5	草本	否	否	0	0	0	0	1	0	0	0
842	谷精草科	谷精草	*Eriocaulon buergerianum*	野生	5	草本	否	否	0	0	0	0	0	0	1	0
843	凤梨科	凤梨	*Ananas comosus*	栽培	5	草本	是	否	1	1	1	1	1	1	1	1
844	芭蕉科	香蕉	*Musa acuminata* '(AAA)'	栽培	5	草本	否	否	1	1	1	1	1	1	1	1
845	鹤望兰科	旅人蕉	*Ravenala madagascariensis*	栽培	5	乔木	是	否	0	1	1	0	1	1	1	1
846	姜科	华山姜	*Alpinia oblongifolia*	野生	5	草本	否	否	1	1	1	1	1	1	1	1
847	姜科	艳山姜	*Alpinia zerumbet*	野生	5	草本	否	否	1	1	0	1	1	1	1	1
848	姜科	闭鞘姜	*Cheilocostus speciosus*	栽培	5	草本	否	否	1	1	1	1	1	1	1	1
849	姜科	姜	*Zingiber officinale*	栽培	5	草本	否	否	1	1	1	1	1	1	1	1
850	美人蕉科	蕉芋	*Canna edulis*	栽培	5	草本	是	否	1	1	1	1	1	1	1	1
851	竹芋科	竹芋	*Maranta arundinacea*	栽培	5	草本	否	否	0	1	1	1	1	0	0	0
852	天门冬科	天门冬	*Asparagus cochinchinensis*	野生	5	藤本	否	否	1	1	1	1	1	1	1	1
853	天门冬科	非洲天门冬	*Asparagus densiflorus*	栽培	5	藤本	是	否	1	1	1	1	1	1	1	1
854	天门冬科	石刁柏	*Asparagus officinalis*	栽培	5	草本	否	否	0	0	0	1	1	1	1	1
855	阿福花科	山菅	*Dianella ensifolia*	野生	5	草本	否	否	1	1	1	1	1	1	1	1
856	天门冬科	山麦冬	*Liriope spicata*	野生	5	草本	否	否	1	1	1	1	1	1	1	1
857	雨久花科	凤眼蓝	*Eichhornia crassipes*	野生	5	草本	是	是	1	1	1	1	1	1	1	1
858	菝葜科	合丝肖菝葜	*Heterosmilax gaudichaudiana*	野生	5	藤本	否	否	1	0	1	0	1	1	1	1
859	菝葜科	肖菝葜	*Heterosmilax japonica*	野生	5	藤本	否	否	1	1	1	1	1	1	1	1
860	菝葜科	菝葜	*Smilax china*	野生	5	藤本	否	否	1	1	1	1	1	1	1	1
861	菝葜科	马甲菝葜	*Smilax lanceifolia*	野生	5	藤本	否	否	1	1	1	1	1	1	1	1
862	天南星科	尖尾芋	*Alocasia cucullata*	栽培	5	草本	否	否	1	1	1	1	1	1	1	1
863	天南星科	海芋	*Alocasia odora*	野生	5	草本	否	否	1	1	1	1	1	1	1	1
864	天南星科	魔芋	*Amorphophallus konjac*	栽培	5	草本	否	否	0	1	1	1	1	1	1	1
865	天南星科	芋	*Colocasia esculenta*	栽培	5	草本	否	否	1	1	1	1	1	1	1	1
866	天南星科	紫芋	*Colocasia esculenta* 'Tonoimo'	栽培	5	草本	否	否	1	1	1	1	1	1	1	1
867	天南星科	野芋	*Colocasia esculentum* var. *antiquorum*	野生	5	草本	否	否	1	1	1	1	1	1	1	1
868	天南星科	大野芋	*Leucocasia gigantea*	野生	5	草本	否	否	0	0	0	1	1	1	1	1
869	香蒲科	水烛	*Typha angustifolia*	野生	5	草本	否	否	1	1	1	1	1	1	1	1
870	香蒲科	香蒲	*Typha orientalis*	野生+栽培	5	草本	否	否	1	1	1	1	1	1	1	1
871	石蒜科	水鬼蕉	*Hymenocallis littoralis*	栽培	5	草本	是	否	1	1	1	1	1	1	1	1
872	石蒜科	韭莲	*Zephyranthes carinata*	栽培	5	草本	是	否	1	1	1	1	1	1	1	1
873	鸢尾科	射干	*Belamcanda chinensis*	栽培	5	草本	否	否	1	1	1	1	1	1	1	1
874	薯蓣科	黄独	*Dioscorea bulbifera*	野生	5	藤本	否	否	1	1	1	1	1	1	1	1
875	天门冬科	龙舌兰	*Agave americana*	野生	5	草本	是	否	1	1	1	1	1	1	1	1
876	天门冬科	剑麻	*Agave sisalana*	栽培	5	草本	是	否	1	1	1	1	1	1	1	1
877	天门冬科	朱蕉	*Cordyline fruticosa*	栽培	5	灌木	否	否	1	1	1	1	1	1	1	1
878	天门冬科	巨麻	*Furcraea foetida*	栽培	5	草本	是	否	1	1	1	1	1	1	1	1
879	天门冬科	虎尾兰	*Sansevieria trifasciata*	栽培	5	草本	是	否	1	1	1	1	1	1	1	1
880	天门冬科	金边虎尾兰	*Sansevieria trifasciata* var. *laurentii*	栽培	5	草本	是	否	1	1	1	1	1	1	1	1
881	天门冬科	千手丝兰	*Yucca aloifolia*	栽培	5	灌木	是	否	0	1	1	0	1	1	0	0
882	天门冬科	凤尾丝兰	*Yucca gloriosa*	栽培	5	灌木	是	否	1	1	1	1	1	1	1	1
883	棕榈科	三药槟榔	*Areca triandra*	栽培	5	灌木	是	否	1	1	1	1	1	1	1	1
884	棕榈科	霸王棕	*Bismarckia nobilis*	栽培	5	乔木	是	否	1	1	1	1	1	1	1	1
885	棕榈科	布迪椰子	*Butia capitata*	栽培	5	乔木	是	否	1	1	1	0	1	0	0	0
886	棕榈科	白藤	*Calamus tetradactylus*	野生	5	藤本	否	否	0	0	0	1	1	1	1	1
887	棕榈科	短穗鱼尾葵	*Caryota mitis*	栽培	5	灌木	否	否	1	1	1	1	1	1	1	1
888	棕榈科	鱼尾葵	*Caryota ochlandra*	栽培	5	乔木	否	否	1	1	1	1	1	1	1	1
889	棕榈科	椰子	*Cocos nucifera*	野生+栽培	5	乔木	否	否	1	1	1	1	1	1	1	1

序号	科名	种名	学名	来源	类型	生活型	外来种	入侵种	钦南区	银海区	海城区	铁山港区	合浦县	港口区	防城区	东兴市
890	棕榈科	三角椰子	*Dypsis decaryi*	栽培	5	乔木	是	否	1	1	1	0	0	0	1	0
891	棕榈科	散尾葵	*Dypsis lutescens*	栽培	5	灌木	是	否	1	1	1	1	1	1	1	1
892	棕榈科	棍棒椰子	*Hyophorbe verschaffeltii*	栽培	5	乔木	是	否	1	1	1	0	0	0	0	0
893	棕榈科	蒲葵	*Livistona chinensis*	栽培	5	乔木	否	否	1	1	1	1	1	1	1	1
894	棕榈科	加那利海枣	*Phoenix canariensis*	栽培	5	乔木	是	否	1	1	1	1	1	1	1	1
895	棕榈科	海枣	*Phoenix dactylifera*	栽培	5	灌木	是	否	1	1	0	1	0	0	0	1
896	棕榈科	刺葵	*Phoenix loureiroi*	野生	5	灌木	否	否	1	1	1	1	1	1	1	1
897	棕榈科	江边刺葵	*Phoenix roebelenii*	栽培	5	灌木	否	否	1	1	1	1	1	1	1	1
898	棕榈科	银海枣	*Phoenix sylvestris*	栽培	5	乔木	是	否	1	1	1	1	1	1	1	1
899	棕榈科	国王椰子	*Ravenea rivularis*	栽培	5	乔木	是	否	1	1	1	1	0	1	0	0
900	棕榈科	棕竹	*Rhapis excelsa*	栽培	5	灌木	否	否	1	1	1	1	1	1	1	1
901	棕榈科	细棕竹	*Rhapis gracilis*	栽培	5	灌木	否	否	1	1	1	1	0	1	0	1
902	棕榈科	王棕	*Roystonea regia*	栽培	5	乔木	是	否	1	1	1	1	1	1	1	1
903	棕榈科	棕榈	*Trachycarpus fortunei*	栽培	5	乔木	否	否	1	1	1	1	1	1	1	1
904	棕榈科	丝葵	*Washingtonia filifera*	栽培	5	乔木	是	否	1	1	1	1	1	1	1	1
905	棕榈科	狐尾椰	*Wodyetia bifurcata*	栽培	5	乔木	是	否	1	1	1	1	1	1	1	1
906	露兜树科	露兜树	*Pandanus tectorius*	野生	5	灌木	否	否	1	1	1	1	1	1	1	1
907	露兜树科	扇叶露兜树	*Pandanus utilis*	栽培	5	灌木	是	否	1	1	1	1	1	1	1	1
908	兰科	美冠兰	*Eulophia graminea*	野生	5	草本	否	否	1	1	1	1	1	1	1	1
909	兰科	绶草	*Spiranthes sinensis*	野生	5	草本	否	否	0	0	0	1	1	0	0	0
910	帚灯草科	薄果草	*Dapsilanthus disjunctus*	野生	5	草本	否	否	0	0	0	1	1	1	0	0
911	莎草科	海三棱藨草	× *Bolboschoenoplectus mariqueter*	野生	3	草本	否	否	1	0	0	0	1	1	1	0
912	莎草科	球柱草	*Bulbostylis barbata*	野生	5	草本	否	否	1	1	1	1	1	1	1	1
913	莎草科	毛鳞球柱草	*Bulbostylis puberula*	野生	5	草本	否	否	0	0	0	0	0	0	0	1
914	莎草科	华一本芒	*Cladium mariscus*	野生	5	草本	否	否	1	0	0	1	1	1	1	1
915	莎草科	异型莎草	*Cyperus difformis*	野生	5	草本	否	否	1	1	1	1	1	1	1	1
916	莎草科	多脉莎草	*Cyperus diffusus*	野生	5	草本	否	否	0	0	0	0	0	0	1	1
917	莎草科	疏穗莎草	*Cyperus distans*	野生	5	草本	否	否	1	0	1	1	1	1	1	1
918	莎草科	畦畔莎草	*Cyperus haspan*	野生	5	草本	否	否	1	1	1	1	1	1	1	1
919	莎草科	碎米莎草	*Cyperus iria*	野生	5	草本	否	否	1	1	1	1	1	1	1	1
920	莎草科	羽状穗砖子苗	*Cyperus javanicus*	野生	5	草本	否	否	0	1	0	1	0	0	0	1
921	莎草科	茳芏	*Cyperus malaccensis*	野生	3	草本	否	否	1	1	0	0	1	1	0	1
922	莎草科	短叶茳芏	*Cyperus malaccensis* subsp. *monophyllus*	野生	3	草本	否	否	1	1	0	0	1	1	1	1
923	莎草科	断节莎	*Cyperus odoratus*	野生	5	草本	是	否	1	1	1	1	1	1	1	1
924	莎草科	毛轴莎草	*Cyperus pilosus*	野生	5	草本	否	否	1	0	0	0	0	1	1	1
925	莎草科	多枝扁莎	*Cyperus polystachyos*	野生	5	草本	否	否	1	1	1	1	1	1	1	1
926	莎草科	辐射砖子苗	*Cyperus radians*	野生	5	草本	否	否	0	1	1	1	0	0	0	0
927	莎草科	香附子	*Cyperus rotundus*	野生	5	草本	否	否	1	1	1	1	1	1	1	1
928	莎草科	水莎草	*Cyperus serotinus*	栽培	5	草本	否	否	1	1	1	1	1	1	1	1
929	莎草科	粗根茎莎草	*Cyperus stoloniferus*	野生	3	草本	否	否	1	1	1	1	1	1	1	1
930	莎草科	苏里南莎草	*Cyperus surinamensis*	野生	5	草本	是	是	1	1	1	1	1	1	1	1
931	莎草科	三翅秆砖子苗	*Cyperus trialatus*	野生	5	草本	否	否	0	0	0	0	0	0	0	1
932	莎草科	紫果蔺	*Eleocharis atropurpurea*	野生	5	草本	否	否	1	0	0	0	0	0	1	0
933	莎草科	荸荠	*Eleocharis dulcis*	野生+栽培	5	草本	否	否	1	1	1	1	1	1	1	1
934	莎草科	木贼状荸荠	*Eleocharis equisetina*	野生	3	草本	否	否	1	0	0	1	1	1	1	1
935	莎草科	黑籽荸荠	*Eleocharis geniculata*	野生	5	草本	否	否	1	1	1	1	1	1	1	1
936	莎草科	野荸荠	*Eleocharis plantagineiformis*	野生	5	草本	否	否	1	1	1	1	1	1	1	1
937	莎草科	牛毛毡	*Eleocharis yokoscensis*	野生	3	草本	否	否	1	0	0	1	1	0	0	1
938	莎草科	夏飘拂草	*Fimbristylis aestivalis*	野生	5	草本	否	否	1	0	0	0	0	0	0	1
939	莎草科	黑果飘拂草	*Fimbristylis cymosa*	野生	5	草本	否	否	1	1	1	1	1	1	1	1
940	莎草科	佛焰苞飘拂草	*Fimbristylis cymosa* var. *spathacea*	野生	3	草本	否	否	1	1	1	1	1	1	1	1
941	莎草科	两歧飘拂草	*Fimbristylis dichotoma*	野生	3	草本	否	否	1	0	0	0	1	0	0	1
942	莎草科	长穗飘拂草	*Fimbristylis longispica*	野生	5	草本	否	否	0	0	0	0	1	0	0	0

序号	科名	种名	学名	来源	类型	生活型	外来种	入侵种	钦南区	银海区	海城区	铁山港区	合浦县	港口区	防城区	东兴市
943	莎草科	长柄果飘拂草	*Fimbristylis longistipitata*	野生	5	草本	否	否	0	0	0	0	0	0	0	1
944	莎草科	水虱草	*Fimbristylis miliacea*	野生	5	草本	否	否	0	1	1	1	1	1	1	1
945	莎草科	独穗飘拂草	*Fimbristylis ovata*	野生	3	草本	否	否	1	0	0	0	0	1	1	0
946	莎草科	细叶飘拂草	*Fimbristylis polytrichoides*	野生	5	草本	否	否	1	0	0	1	1	1	1	1
947	莎草科	结壮飘拂草	*Fimbristylis rigidula*	野生	3	草本	否	否	1	0	0	0	0	0	0	0
948	莎草科	少穗飘拂草	*Fimbristylis schoenoides*	野生	3	草本	否	否	1	0	0	0	0	1	1	1
949	莎草科	绢毛飘拂草	*Fimbristylis sericea*	野生	5	草本	否	否	1	0	0	0	0	0	1	1
950	莎草科	锈鳞飘拂草	*Fimbristylis sieboldii*	野生	3	草本	否	否	1	0	0	0	0	1	1	1
951	莎草科	短尖飘拂草	*Fimbristylis squarrosa* var. *esquarrosa*	野生	5	草本	否	否	0	0	0	0	1	0	0	1
952	莎草科	双穗飘拂草	*Fimbristylis subbispicata*	野生	3	草本	否	否	1	0	0	0	0	0	0	0
953	莎草科	毛芙兰草	*Fuirena ciliaris*	野生	5	草本	否	否	1	0	0	0	0	1	0	1
954	莎草科	短叶水蜈蚣	*Kyllinga brevifolia*	野生	5	草本	否	否	1	1	1	1	1	1	1	1
955	莎草科	单穗水蜈蚣	*Kyllinga nemoralis*	野生	5	草本	否	否	1	1	1	1	1	1	1	1
956	莎草科	石龙刍	*Lepironia articulata*	野生	5	草本	否	否	0	0	0	0	0	1	1	0
957	莎草科	湖瓜草	*Lipocarpha microcephala*	野生	5	草本	否	否	1	0	0	1	1	1	1	1
958	莎草科	砖子苗	*Mariscus sumatrensis*	野生	5	草本	否	否	1	1	1	1	1	1	1	1
959	莎草科	矮扁莎	*Pycreus pumilus*	野生	5	草本	否	否	1	1	1	1	1	1	1	1
960	莎草科	海滨莎	*Remirea maritima*	野生	3	草本	否	否	0	0	0	1	0	0	0	0
961	莎草科	华刺子莞	*Rhynchospora chinensis*	野生	3	草本	否	否	0	0	0	0	0	0	0	1
962	莎草科	三俭草	*Rhynchospora corymbosa*	野生	5	草本	否	否	1	1	1	1	1	1	1	1
963	莎草科	刺子莞	*Rhynchospora rubra*	野生	3	草本	否	否	1	1	1	1	1	1	1	1
964	莎草科	水葱	*Schoenoplectus tabernaemontani*	野生	3	草本	否	否	1	1	0	0	0	0	1	1
965	莎草科	三棱水葱	*Schoenoplectus triqueter*	野生	3	草本	否	否	1	0	0	0	1	0	0	0
966	莎草科	黑鳞珍珠茅	*Scleria hookeriana*	野生	5	草本	否	否	0	0	0	0	0	0	0	1
967	莎草科	毛果珍珠茅	*Scleria levis*	野生	5	草本	否	否	0	1	1	1	1	1	1	1
968	莎草科	越南珍珠茅	*Scleria tonkinensis*	野生	5	草本	否	否	0	0	0	0	0	0	0	1
969	禾本科	水蔗草	*Apluda mutica*	野生	5	草本	否	否	1	1	1	1	1	1	1	1
970	禾本科	华三芒草	*Aristida chinensis*	野生	5	草本	否	否	0	0	0	0	0	0	0	1
971	禾本科	荩草	*Arthraxon hispidus*	野生	5	草本	否	否	1	1	1	1	1	1	1	1
972	禾本科	野古草	*Arundinella anomala*	野生	5	草本	否	否	0	1	0	0	0	0	1	1
973	禾本科	芦竹	*Arundo donax*	野生	5	草本	否	否	1	1	1	1	1	1	1	1
974	禾本科	地毯草	*Axonopus compressus*	野生	5	草本	是	否	1	1	1	1	1	1	1	1
975	禾本科	箣竹	*Bambusa blumeana*	栽培	5	乔木	否	否	1	1	1	1	1	1	1	1
976	禾本科	粉单竹	*Bambusa chungii*	栽培	5	乔木	否	否	1	1	1	1	1	1	1	1
977	禾本科	东兴黄竹	*Bambusa corniculata*	栽培	5	乔木	否	否	0	0	0	1	0	1	0	0
978	禾本科	大佛肚竹	*Bambusa vulgaris* 'Wamin'	栽培	5	灌木	否	否	1	1	1	1	1	1	1	1
979	禾本科	臭根子草	*Bothriochloa bladhii*	野生	5	草本	否	否	1	1	1	1	1	1	1	1
980	禾本科	臂形草	*Brachiaria eruciformis*	野生	5	草本	否	否	1	1	1	1	1	1	1	1
981	禾本科	蒺藜草	*Cenchrus echinatus*	野生	5	草本	是	是	0	1	1	1	1	1	1	1
982	禾本科	台湾虎尾草	*Chloris formosana*	野生	5	草本	否	否	1	1	1	1	1	1	1	1
983	禾本科	虎尾草	*Chloris virgata*	野生	5	草本	否	否	1	1	1	1	1	1	1	1
984	禾本科	竹节草	*Chrysopogon aciculatus*	野生	5	草本	否	否	1	1	1	1	1	1	1	1
985	禾本科	薏苡	*Coix lacryma-jobi*	野生+栽培	5	草本	否	否	1	1	1	1	1	1	1	1
986	禾本科	狗牙根	*Cynodon dactylon*	野生	3	草本	否	否	1	1	1	1	1	1	1	1
987	禾本科	龙爪茅	*Dactyloctenium aegyptium*	野生	3	草本	否	否	1	1	1	1	1	1	1	1
988	禾本科	长花马唐	*Digitaria longiflora*	野生	5	草本	否	否	1	0	0	1	1	1	1	1
989	禾本科	马唐	*Digitaria sanguinalis*	野生	5	草本	否	否	1	1	1	1	1	1	1	1
990	禾本科	紫马唐	*Digitaria violascens*	野生	5	草本	否	否	0	0	0	0	0	0	0	1
991	禾本科	光头稗	*Echinochloa colona*	野生	5	草本	否	否	1	1	1	1	1	1	1	1
992	禾本科	稗	*Echinochloa crus-galli*	野生	5	草本	否	否	1	1	1	1	1	1	1	1
993	禾本科	鼠妇草	*Eragrostis atrovirens*	野生	5	草本	否	否	1	1	1	1	1	1	1	1
994	禾本科	大画眉草	*Eragrostis cilianensis*	野生	5	草本	否	否	0	0	0	0	0	0	1	0
995	禾本科	华南画眉草	*Eragrostis nevinii*	野生	5	草本	否	否	1	1	1	1	1	1	1	1
996	禾本科	画眉草	*Eragrostis pilosa*	野生	5	草本	否	否	1	1	1	1	1	1	1	1

序号	科名	种名	学名	来源	类型	生活型	外来种	入侵种	钦南区	银海区	海城区	铁山港区	合浦县	港口区	防城区	东兴市
997	禾本科	鲫鱼草	*Eragrostis tenella*	野生	5	草本	否	否	1	1	1	1	1	1	1	1
998	禾本科	蜈蚣草	*Eremochloa ciliaris*	野生	5	草本	否	否	1	1	1	1	1	1	1	1
999	禾本科	假俭草	*Eremochloa ophiuroides*	野生	5	草本	否	否	1	0	0	1	1	0	0	0
1000	禾本科	黄茅	*Heteropogon contortus*	野生	5	草本	否	否	1	1	1	1	1	1	1	1
1001	禾本科	白茅	*Imperata cylindrica*	野生	5	草本	否	否	1	1	1	1	1	1	1	1
1002	禾本科	柳叶箬	*Isachne globosa*	野生	5	草本	否	否	1	1	1	1	1	1	1	1
1003	禾本科	粗毛鸭嘴草	*Ischaemum barbatum*	野生	5	草本	否	否	1	1	1	1	1	1	1	1
1004	禾本科	李氏禾	*Leersia hexandra*	野生	5	草本	否	否	1	1	1	1	1	1	1	1
1005	禾本科	千金子	*Leptochloa chinensis*	野生	5	草本	否	否	1	1	1	1	1	1	1	1
1006	禾本科	细穗草	*Lepturus repens*	野生	5	草本	否	否	0	0	1	0	0	0	0	0
1007	禾本科	淡竹叶	*Lophatherum gracile*	野生	5	草本	否	否	1	1	1	1	1	1	1	1
1008	禾本科	红毛草	*Melinis repens*	野生	5	草本	是	是	1	1	1	1	1	1	1	1
1009	禾本科	刚莠竹	*Microstegium ciliatum*	野生	5	草本	否	否	1	1	1	1	1	1	1	1
1010	禾本科	五节芒	*Miscanthus floridulus*	野生	5	草本	否	否	1	1	1	1	1	1	1	1
1011	禾本科	类芦	*Neyraudia reynaudiana*	野生	5	草本	否	否	1	1	1	1	1	1	1	1
1012	禾本科	蛇尾草	*Ophiuros exaltatus*	野生	5	草本	否	否	0	0	0	0	0	0	0	1
1013	禾本科	竹叶草	*Oplismenus compositus*	野生	5	草本	否	否	1	1	1	1	1	1	1	1
1014	禾本科	旱黍草	*Panicum elegantissimum*	野生	5	草本	否	否	0	0	0	0	0	0	0	1
1015	禾本科	铺地黍	*Panicum repens*	野生	3	草本	是	是	1	1	1	1	1	1	1	1
1016	禾本科	两耳草	*Paspalum conjugatum*	野生	5	草本	是	是	1	1	1	1	1	1	1	1
1017	禾本科	双穗雀稗	*Paspalum paspaloides*	野生	5	草本	否	否	1	1	1	1	1	1	1	1
1018	禾本科	圆果雀稗	*Paspalum scrobiculatum* var. *orbiculare*	野生	5	草本	否	否	1	1	1	1	1	1	1	1
1019	禾本科	雀稗	*Paspalum thunbergii*	野生	5	草本	否	否	1	1	1	1	1	1	1	1
1020	禾本科	丝毛雀稗	*Paspalum urvillei*	野生	5	草本	是	是	1	1	1	1	1	1	1	1
1021	禾本科	海雀稗	*Paspalum vaginatum*	野生	3	草本	否	否	1	1	1	1	1	1	1	1
1022	禾本科	狼尾草	*Pennisetum alopecuroides*	野生	5	草本	否	否	1	1	1	1	1	1	1	1
1023	禾本科	茅根	*Perotis indica*	野生	5	草本	否	否	1	0	0	1	1	1	0	1
1024	禾本科	芦苇	*Phragmites australis*	野生	3	草本	否	否	1	1	1	1	1	1	1	1
1025	禾本科	卡开芦	*Phragmites karka*	野生	5	草本	否	否	1	1	1	1	1	1	1	1
1026	禾本科	筒轴茅	*Rottboellia cochinchinensis*	野生	5	草本	否	否	0	1	1	1	1	0	0	0
1027	禾本科	斑茅	*Saccharum arundinaceum*	野生	5	草本	否	否	1	1	1	1	1	1	1	1
1028	禾本科	甘蔗	*Saccharum officinarum*	栽培	5	草本	否	否	1	1	1	1	1	1	1	1
1029	禾本科	甜根子草	*Saccharum spontaneum*	野生	5	草本	否	否	1	1	1	1	1	1	1	1
1030	禾本科	囊颖草	*Sacciolepis indica*	野生	5	草本	否	否	1	1	1	1	1	1	1	1
1031	禾本科	狗尾草	*Setaria viridis*	野生	5	草本	否	否	1	1	1	1	1	1	1	1
1032	禾本科	互花米草	*Spartina alterniflora*	野生	3	草本	是	是	1	1	1	1	1	1	1	1
1033	禾本科	鬣刺	*Spinifex littoreus*	野生	3	草本	否	否	1	1	1	1	1	1	1	0
1034	禾本科	鼠尾粟	*Sporobolus fertilis*	野生	5	草本	否	否	1	1	1	1	1	1	1	1
1035	禾本科	盐地鼠尾粟	*Sporobolus virginicus*	野生	3	草本	否	否	1	1	1	1	1	1	1	1
1036	禾本科	砂滨草	*Thuarea involuta*	野生	5	草本	否	否	1	0	1	0	0	0	0	0
1037	禾本科	粽叶芦	*Thysanolaena latifolia*	野生	5	草本	否	否	1	1	1	1	1	1	1	1
1038	禾本科	沟叶结缕草	*Zoysia matrella*	野生	3	草本	否	否	0	0	0	0	1	0	0	0

中文名索引

广西滨海植物

学名索引